纺织服装高等教育"十四五"部委级规划教材

纺织科学与工程一流学科本硕博一体化教材

Theory of Melt-blown Nonwoven Forming

熔喷非织造
成形理论

王新厚　孙光武　韩万里

邹方东　王玉栋　辛三法　著

东华大学 出版社

·上海·

内容提要

本书是一部关于熔喷非织造成形理论的研究著作。全书共分四章,第一章为绪论,介绍了熔喷模头设计、熔喷气流场和熔喷纤维成形相关理论及实验的研究进展;第二章重点阐述了熔喷衣架型分配流道设计问题,包括衣架型分配流道设计理论、数值模拟和实验验证等内容;第三章重点阐述了高速气流运动与气流口模设计问题,包括高速气流运动理论、熔喷气流场数值模拟分析、气流口模优化设计等内容;第四章重点阐述了熔喷纤维及纤网成形问题,包括高温高速气流场中的纤维拉伸模型、纤维成形过程模拟和纤维性能预测等内容。

本书通过详细的理论分析和实例验证,系统展示了熔喷非织造成形理论的研究成果,可供从事相关领域研究的研究人员和工程师参考和使用,也可作为纺织工程和非织造科学与工程专业的研究生教材用书。

图书在版编目(CIP)数据

熔喷非织造成形理论 / 王新厚等著. — 上海:
东华大学出版社,2024.5
　ISBN 978-7-5669-2355-4

　Ⅰ. ①熔… Ⅱ. ①王… Ⅲ. ①非织造织物-教材
Ⅳ. ①TS17

中国国家版本馆 CIP 数据核字(2024)第 070088 号

责任编辑 张　静
封面设计 魏依东

出　　　　版　东华大学出版社(上海市延安西路 1882 号,200051)
本 社 网 址　http://dhupress.dhu.edu.cn
天 猫 旗 舰 店　http://dhdx.tmall.com
营 销 中 心　021-62193056　62373056　62379558
印　　　　刷　句容市排印厂
开　　　　本　787 mm×1092 mm　1/16
印　　　　张　15
字　　　　数　320 千字
版　　　　次　2024 年 5 月第 1 版
印　　　　次　2024 年 5 月第 1 次印刷
书　　　　号　ISBN 978-7-5669-2355-4
定　　　　价　99.00 元

前　言

近年来,熔喷非织造布作为口罩的核心过滤材料被大众熟知,而在此之前,作为一种聚合物直接成网法的非织造技术,熔喷只是一种"小众"技术。在熔喷非织造过程中,聚合物原料首先被高温加热熔融,然后被高温气流拉伸成超细纤维,最后自黏合形成纤维网,即熔喷非织造布。熔喷非织造技术不但具有工艺简单、生产效率高等优点,而且其产品具有纤维细度小、比表面积大等独特性能,因此它不仅可以用作过滤材料,还可以用于一次性医疗卫生材料、吸油材料、保暖材料、吸声材料、擦拭材料等方面。

我与熔喷非织造技术的结缘要追溯到 1994 年 3 月,当时我开始进入博士研究生阶段学习。在博士论文选题阶段,我的导师黄秀宝教授给我出了这样一个题目:学校(中国纺织大学)当时自主研制了一台熔喷非织造设备,准备用于生产过滤材料,但生产出来的产品始终存在很大的横向不匀,黄老师希望我能从熔喷非织造成形理论的角度找出原因并解决问题。1997 年 7 月,我在博士毕业论文《熔喷非织造衣架型分配流道的有限元分析》中较系统地回答了这一问题,提出了一种基于聚合物熔体流动有限元分析的熔喷分配流道设计方法,为宽幅熔喷非织造设备的设计奠定了理论基础。通过对熔喷非织造技术的研究,我也确立了自己的研究方向:纺织工程及其相关流体力学和流变学的研究,并且一直沿着这个方向在做研究,包括后来我指导的博士生也大多围绕这个方向在做。到目前为止,我指导完成的博士学位论文有 7 篇是关于熔喷非织造成形理论研究的,内容涵盖聚合物熔体流动及熔体分配流道设计、熔喷气流场分布及气流口模设计、熔喷纤维拉伸模型、熔喷纤网成形理论等。

撰写本书,一方面是想对我们课题组以往的研究工作做一个总结,同时也希望它的出版能助力纺织工程与流体力学、流变学交叉学科人才培养。在本书撰写过程中,我和其他几位作者始终注重理论与实践相结合,介绍了一些实际应用案例,以便读者更好地理解和掌握相关理论和技术。同时,我们也注重传达做学科交叉研究的思路和方法,将不同学科领域的知识和技术结合起来,因此本书在内容上突出了跨学科交叉的特色和优势。本书的撰写分工:第一章,由王新厚、孙光武、韩万里、邹方东主笔;第二章,由韩万里、王新厚主笔;第三章,由邹方东、王玉栋主笔;第四章,由孙光武、辛三法主笔。全书由王新厚策划、增删、修改与定稿。

本书的出版得到了国家自然科学基金项目(51776034 和 51703124)和"纺织科学与工程"一流学科教材基金的大力支持。在此,我要特别感谢我的博士指导教师黄秀宝教授和程悌吾教授,是他们引领我走进纺织工程与流体力学、流变学交叉研究之门。另外,我还要感谢孟凯博士、孙亚峰博士对本书内容的贡献,以及陈长洁博士、李逸飞博士生、高雅硕士生对书稿的认真校对。

熔喷非织造技术及其相关理论仍在迅猛发展,限于作者的知识和水平,书中难免有疏漏、不足之处,敬请读者批评指正。

王新厚

2023 年 9 月

目　录

第一章   绪 论

1 熔喷聚合物分配流道

熔体分配流道要求沿模头横向流动的熔体速度保持均匀一致,这是模头设计取得成功的关键;其次,要求熔体流经整个流道时其压降要适度,以及滞留时间要尽可能短,且无滞留现象发生[1]。很多学者对熔体流动理论进行了研究,并据此设计熔体分配流道,根据流道从圆形截面入口到矩形截面出口的转变形状,相继出现了 T 型、鱼尾型和衣架型等[2-4]。

衣架型分配流道因其流道酷似衣架而得名,歧管直径沿流动方向递减,并与狭缝区截面形成一定倾角,引导熔体沿狭缝区幅宽方向放射(扩散)分配,有利于熔体沿宽幅方向的均匀分配,使熔体在出口处流动均匀,而且熔体滞留时间较短。图 1-1 是熔喷用衣架型分配流道的示意图。

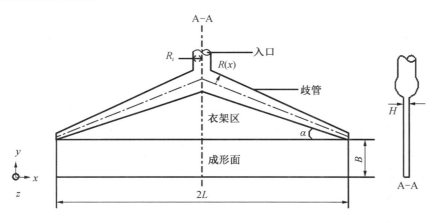

图 1-1 熔喷用衣架型分配流道

衣架型分配流道按其歧管的几何形状可分为线性渐缩衣架型分配流道和曲线渐缩衣架型分配流道。其中线性渐缩衣架型分配流道因设计简单、加工成本低等优点,在实际生产中得到了广泛应用。值得注意的是,熔喷用衣架型分配流道不同于片材、薄膜等生产工艺中应用的分配流道,这是因为熔喷用衣架型分配流道狭缝区中没有调节装置,聚合物熔体经流道分配直接进入喷丝板,然后从喷丝板上的喷丝孔挤出,进入高速高温气流场,受到牵伸而形成纤维,因此熔喷用衣架型分配流道的设计要求更为严格。多年来,国内外化工和纺织领域的相关科技人员对衣架型分配流道的设计和优化进行了诸多研究[5-8]。

1.1 衣架型分配流道设计的理论研究

早前学者为实现衣架型分配流道出口处速度均匀这一目标,对分配流道内的流体流动采用了一维解析法预测。该方法简单易行,且能确切给出设计方程。

20世纪60年代末,Ito[9]首先采用一维解析法对歧管线性渐缩衣架型分配流道进行设计。随后,Chung和Lohkamp、Vergnes、Matsubara等相继采用此方法对歧管线性渐缩衣架型分配流道进行了研究。他们都采用定常、层流、等温等假定[2,10,11],通过运动方程,导出了聚合物熔体的压力降、出口速度分布和应变速率等表达式。1998年,Sun和Zhang[12]分析了聚合物流变性能对衣架型分配流道出口处的速度分布和压力分布的影响,并对分析结果进行了实验验证。2003年,Reid等[13]指出聚合物幂律指数值对歧管设计至关重要,是影响分配流道出口处流体速度均匀性的重要因素。

由于一维解析法将歧管和狭缝中的压力梯度过度简化(该方法认为歧管和狭缝中的流动是相互独立、互不干扰的),因此其分析结果不能正确反映分配流道中流体流动的真实情况,根据此法设计出来的衣架型分配流道无法达到真正均匀分配流体的目的,存在一定的缺陷。另外,得到的歧管形状解析式是基于流体的本构方程为幂律模型推导出来的,这样设计出来的衣架型分配流道加工困难,同时,更换成不同的聚合物原料也不能保证原来的分配性能,局限性较大。随着计算机技术的发展,科研人员开始采用二维乃至三维数值分析方法对衣架型分配流道中的聚合物熔体进行模拟,进一步揭示了熔体的流动实质。

早在1962年,Pearson[14]就开始对二维数值分析方法进行研究,并推导出以流函数为变量的二维幂律流的势方程。后来,许多学者对其进行发展并应用于各种聚合物的加工过程中,如Schläfli[15]采用有限差分方法、Fenner[16]采用有限元的方法对二维幂律流的势方程进行求解,Gutfinger等[17]采用流动分析网格(Folw Analysis Network)对模型中的熔体流动进行了二维分析。1984年,Vergens等[18]对分配流道内的熔体进行了二维非等温流动的模拟,指出对于黏度随温度变化较大的聚合物,应考虑分配流道内部温度对其的影响,防止滞留时间较长而发生热分解。20世纪90年代,Arpin等[19-20]先后对衣架型分配流道内聚合物熔体的流动进行了二维模拟,研究了温度变化对熔体流动的影响,并且做了实验验证,通过模拟和实验对比发现,考虑了温度变化的流动模型的模拟结果与实验结果吻合得较好。

但是,二维分析方法仍然存在对实际三维流动的简化和近似,它的理论前提是假设分配流道的厚度沿其他两个方向的变化很小,而实际生产中衣架型分配流道的歧管到狭缝口的变化非常突出,因此由该方法无法完全了解熔体流动的本质特征。随着计算机技术的进一步发展,越来越多的学者应用三维分析方法对衣架型分配流道中熔体流动进行了研究。通常的三维分析首先需建立包括连续方程、动量方程和本构方程的关于速度和压力的控制方程,结合合理的边界条件,再选择合适的数值计算方法进行求解,从而获得聚合物熔体在衣架型分配流道中的速度、压力或温度分布。

　　在三维数值分析方法中,有限元法是一种常用方法。Wang[21]采用有限元法对幂律聚合物熔体的压力分布和速度分布进行了数值模拟,分析了衣架型分配流道的几何形状对熔体流动的影响,提出一种狗骨状断面的新型流道设计方法。Dooly[22]采用三维有限元法,对多种本构模型的聚合物熔体进行了模拟,如幂律本构模型、Carreau 等。Na等[23-24]对由一维解析设计得到的分配流道进行了三维流动模拟,模拟的结果与二维模拟结果进行了比较,指出二维模拟中采用的润滑近似方法存在很大的误差。他们也讨论了幂律指数、分配流道入口尺寸、歧管角度等参数对衣架型分配流道出口速度分布的影响。结果显示影响出口速度分布均匀性的最重要因素是歧管角度,同时也受幂律指数的影响。Wen 等[25]在三维有限元模拟中着重考虑了流体的惯性力作用,指出随着雷诺数的增加,分配流道中心区的速度分布会出现一个尖峰。后来,Huang[26]又采用二维和三维有限元相结合的方法对衣架型分配流道内流体的流动进行了模拟。其中,歧管部分采用三维模拟,狭缝部分采用二维模拟,在两部分连接处遵循质量守恒定律和压力变化连续条件。结果显示这种方法既可以节省计算时间,同时能达到三维模拟的精度。

1.2　衣架型分配流道的优化设计

　　为获得分配流道出口处的均匀速度和最小的滞留时间,需要对衣架型分配流道进行合理的优化设计,模拟聚合物熔体在衣架型分配流道中的流动,掌握流动规律,据此优化设计分配流道,从而提高分配流道中熔体的分配作用,并防止聚合物热降解,提升产品的质量。

　　1996 年,Chen 等[27]结合一维解析计算和田口优化设计法对线性渐缩歧管衣架型分配流道进行了三维有限模拟,此方法减少了设计中的盲目性,纠正了一维解析设计中存在的偏差。他们选取幂律指数、分配流道宽度、狭缝厚度、歧管角度和入口速率等影响歧管直径变化和歧管内压力降的变量,建立了四因子三水平的正交设计矩阵,以分配流道出口速度均匀度为目标函数,确定了对流体分布影响显著的参数。在此基础上通过计算机模拟对衣架型分配流道的歧管进行修正和优化,结果显示聚合物熔体的均匀性得到明显改善。Smith[28-30]采用设计灵敏度分析法和数值优化方法,用序列二次规划法(SQP法)求解一个或多个设计变量的灵敏度值,使优化的目标函数值达到最小。这种方法相当复杂,优化后的分配流道虽然能满足目标函数的要求,但歧管模型解析式为复杂函数,给加工带来了困难。另外,Lebaal 等[31-32]先后提出两种优化算法,实现了对衣架型分配流道的优化设计。如采用回归分析法建立设计参数与目标函数、约束函数的近似函数关系,解决设计变量与目标函数的隐式关系,进而对设计变量进行优化。这种方法能大大减少计算工作量,缩短计算时间,但最终的设计变量仍为近似函数值,而且最后结果没有通过实验验证。

上述的优化设计方法都是通过各种过渡途径,在指标、设计变量之间建立某种解析关系,然后应用约束条件进行设计变量的优化求解的。因此,这些优化设计方法难以解决基于数值计算且全局搜索的优化问题。

相对于国外研究,国内对衣架型分配流道中聚合物熔体流动研究的起步较晚。1999年,李昌志、申开智[33]通过建立合理的数学模型,开发了衣架型分配流道的优化设计软件,使聚合物熔体沿出口处具有均匀一致的流动速度。但该设计模型主要针对挤出成形加工工艺。后来,张冰等[34]以非等温幂律聚合物熔体为研究对象,采用二次优化计算方法,分别对线形等锥角岐管可调间隙衣架型分配流道的几何参数进行优化。在衣架型分配流道设计理论方面,刘玉军等[35]、龚炫等[36]先后都按照微元法对分配流道进行数学建模,以非牛顿流体在分配流道内的全展流动模型为理论基础,假设所有流径上的压力降相等和岐管内外壁剪切速率相等的设计准则,实现沿分配流道幅宽方向的流量分布均匀设计目标。2010年,周文渊等[37-38]也对挤出片材衣架型分配流道进行三维建模,利用Polyflow软件研究了衣架型分配流道不同岐管夹角对流道压力分布、出口压力、出口速度以及流道内流体滞留时间的影响,通过改变岐管夹角,减少聚合物的滞留时间及滞留面积。

Wang等[39]、Meng等[40]针对熔喷用衣架型分配流道模拟和优化做了大量的工作,采用有限元等数值模拟方法先后分析了成形面高度、岐管角度等设计参数对出口速率的影响,采用激光多普勒测速仪(LDV)和粒子图像测速仪(PIV)对模拟结果进行了实验验证,理论预测趋势与实际比较接近,在此基础上用进化策略方法对衣架模型进行了优化。但该优化过程仅有反映出口速率均匀性的目标函数,没有考虑聚合物熔体在分配流道内的滞留时间。

1.3　衣架型分配流道对聚合物熔体流动的影响

在衣架型分配流道的熔体流动模拟研究中,部分学者指出衣架型分配流道岐管对聚合物熔体流动分配起主要作用,如设计不好,会导致聚合物在分配流道中产生滞流现象。

早在1988年,Liu等[41]就指出如果圆形截面岐管与矩形狭缝的连接处形成尖角区,聚合物熔体在此易形成死区或涡流,从而出现滞留现象。作者采用一维解析法设计了不同形状的非圆形截面岐管,在一定程度上减小了流体的滞留面积。Weinstein等[42]同样用一维解析法对衣架型分配流道岐管和狭缝区进行了分析,指出横向岐管内的熔体压强变化正比于岐管截面积和横向长度平方的倒数,分配流道的幅宽长度对聚合物熔体压力降影响显著。2004年,Huang等[43]通过对衣架型分配流道内聚合物熔体流动进行三维数值模拟,指出这种岐管内流体的滞流主要集中于岐管和狭缝区的过渡区间,这是由于该区域存在较大的几何形状突变和压力降。为避免滞流问题,作者提出了泪滴形截面岐管设计。2005 年,武停启等[44]给出了预测线性锥形歧管衣架型分配流道出口速度分布的计算程序,同时研究了影响出口速度分布的相关因素。其研究结果表明:基于幂律指数 n 为常数设计的衣架型分配流道,如果没有调节块的调节作用,是很难满足实际生产需要的。后来,武停启等[45]分析了衣架型分配流道内的非等温流动,发现分配流道内最高温度出现在歧管中心处。Meng 等[46]设计了泪滴形歧管衣架型分配流道,减小了熔体在歧管内的滞留面积,也进一步解决了分配流道内熔体的滞留问题。Shetty 等[47]对具有双歧管的衣架型分配流道进行了三维模拟,指出狭缝区内的熔体流动只沿出口方向进行,而第一歧管主要对分配流道内熔体流动起横向分配作用,狭缝区内的第二歧管也具有横向微调作用,从而使分配流道的出口速度更为均匀。然而遗憾的是,上述学者仅对歧管内流体的滞流现象进行了研究,没有从滞留时间等方面表述滞留现象的实质因素。

聚合物在衣架型分配流道出口处和喷丝孔出口处的流动直接影响到熔喷产品的横向均匀度。Sun 等[12]对熔喷工艺中衣架型分配流道内熔体的非牛顿流动进行了分析和模拟,指出熔喷工艺中衣架型分配流道内熔体的流动以喷丝板为界分为两部分:一部分是衣架型分配流道内的流动;另一部分是喷丝板内的流动。他们采用幂律模型来描述熔体的非牛顿行为,并通过流变仪测试了熔体的相关流变参数。在此基础上,采用一维解析法对衣架型分配流道内流体的流动进行了分析和计算,通过分别计算歧管和狭缝内的流动,获得分配流道出口单位宽度上的流速分布。除此之外,他们还讨论了熔体在喷丝孔内的流动,指出:熔体到达喷丝孔入口时速度分布会产生较大的变化,因为熔体在入口处要经历拉伸作用并产生收敛流动;当熔体进入入口处一小段距离后,其在喷丝孔内的速度将呈全展流动分布。据此,作者用经验公式计算喷丝孔内的压力降,并根据毛细管内幂律流体的全展流动压力-流率计算公式,获得各喷丝孔出口处的体积流率分布。有关衣架型分配流道出口到喷丝孔出口这一段流程中熔体流动模拟的文献资料较少,究其原因可能是这一段流程的流动模拟,对于橡塑领域的科技工作者来说,不是他们的研究范围,而对于聚合物挤压法非织造技术科技工作者来说,是他们较少涉足的领域。

1.4　衣架型分配流道宽幅化的研究

衣架型分配流道的宽幅化是熔喷非织造装备现代化的重要标志之一。但如何实现宽幅化尚存在一定的技术难点。如果直接加大分配流道的宽度,势必会引起分配流道高度增加,流体在分配流道出口处的速度不匀性程度也会增加,还会提高对分配流道设计的刚度要求及分配流道的密封要求,增加分配流道的加工难度。因此,我国自主制造的3.2 m 宽的熔喷生产线和 Reifenhauser 公司推出的 5.5 m 宽的熔喷生产线都不是通过直接增加分配流道宽度来实现的。分配流道宽幅化的可行途径最早是由德国 Reifenhauser公司提出的多分配流道拼接和组合技术,随后我国宏大研究院有限公司也推出了相似的宽幅分配流道。这种分配流道由两个以上衣架型分配流道在衣架端点相互连接面形成,熔体从各分配流道入口流入,然后流经一个公共的成形面,再由成形面出口流出,图 1-2

所示就是这种分配流道。这一技术可避免上述宽幅分配流道设计加工的困难。

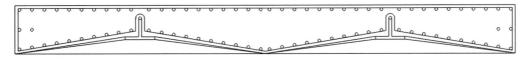

图1-2　组合衣架型分配流道

1997年,Ruschak等[48]提出了双歧管衣架型分配流道设计,即除了衣架型分配流道入口处的主歧管外,在成形面区间内添加了第二个长方形歧管,并指出主歧管主要对聚合物熔体起横向分配作用,但很难保证聚合物熔体在横向上均匀分配。成形面区域中的第二歧管流道采用水平横向设计,聚合物熔体在其横向和纵向都有一定的速度,所以既可以缓和流体速度纵向的不均匀,也可以在横向进行第二次速度分配。对第二歧管的形变因子进行解析分析,还发现长径比(长度方向为衣架型分配流道纵向)会影响第二歧管的分配作用。2012年,Shetty等[47]对双歧管衣架型分配流道的压力和温度分布情况进行了研究,发现这种分配流道设计除了能获得均匀出口速度,还能减小压力差和温度的波动。2008年,Meng等[46]采用优化后的一维解析方法设计歧管线性渐缩衣架型分配流道,将两个单分配流道拼接成组合衣架型分配流道,指出组合分配流道内熔体的速度分布继承了单分配流道的速度分布特点,但在拼接处附近一小块区域存在明显的局部速度分布不匀,这与两个单分配流道的拼接位置密切相关,并影响组合分配流道整体宽度上的速度分布均匀性。王新厚等[49]在衣架型分配流道基础上,设计了多歧管分配流道,聚合物熔体经过一级、二级、三级歧管多次横向分配和纵向缓冲,其横向速度分布逐渐均匀。同时,流体在进入狭缝区之前,经过一个喇叭形狭缝口过渡收敛区域,这有效地避免了传统的衣架型分配流道中歧管和狭缝区之间流道截面积突然减小而引起的熔体速度突变,进而导致流体产生较大扰动的现象。设计的多歧管分配流道在较小的压力降和较均匀的出口速度下,可有效提高产量。

2　熔喷气流场的研究进展

熔喷过程中,聚合物熔体在高温、高速气流场中迅速被牵伸细化成超细纤维,聚合物的几何形态与织态结构的变化都与气流场的状态密切相关。因此,对气流场的研究是整个熔喷工艺研究的基础。在工艺条件恒定时,熔喷气流场主要由熔喷模头决定。目前,在熔喷非织造布生产中,常用的熔喷模头主要有狭槽形熔喷模头和环形熔喷模头。除此之外,研究者们在这两种熔喷模头的基础上进行了一系列的改进研究。研究者们对熔喷模头的设计研究主要分为两大类:第一类是对熔喷模头本身的设计进行改进,如螺旋形熔喷模头和平行板熔喷模头等;第二类是在现有模头的基础上添加辅助装置,如拉瓦尔喷嘴、空气限制器、保温管和静电场辅助装置等。

　　研究者们对熔喷气流场的研究主要分为实验测量和数值模拟两部分。实验测量通常采用接触式测量设备(毕托管、热电偶和热线风速仪)和非接触式测量设备(LDV)等进行。数值模拟主要通过计算流体动力学(Computational Fluid Dynamics,CFD)这一技术来实现。

　　下面就研究者们对各类熔喷模头下熔喷气流场的研究进行综述:

2.1　狭槽形熔喷模头下的气流场

　　如图 1-3 所示,典型的狭槽形熔喷模头由带有一排喷丝孔、坡口角度呈 30°～90°的鼻形模头尖和两个气闸组成,两个气闸分布在模头尖的两侧。

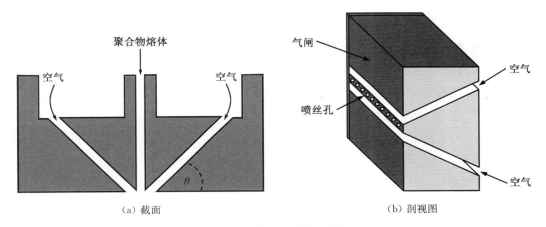

（a）截面　　　　　　　　　　　（b）剖视图

图 1-3　狭槽形熔喷模头结构

　　如图 1-4 所示,根据鼻形模头尖的形状,狭槽形熔喷模头可以分为钝模头和尖模头。其中钝模头的鼻形模头尖有一个平坦的区域,而尖模头没有。基于鼻形模头尖的位置,尖模头又可以分为模头尖与模头底面平齐的平口尖模头、模头尖向内缩的嵌入式尖模头以及模头尖向外延伸的凸出式尖模头。

　　1996 年,Harpham 等[50]采用毕托管测量了常温状态下狭槽形熔喷模头下的气流场。在他们的实验中,采用的是狭槽角度为 60°、狭槽宽度灵活可变的熔喷模头。随后,他们[51]又在该狭槽形熔喷模头下进行空气加热和保温,使得牵伸气流的近场温度提高至321 ℃,从而探究了速度场和温度场的分布规律。

　　Tate 等[52]对 Harpham 等[50-51]在实验中使用的模头进行了适当的改进,改进后的熔喷模头具有可调节的狭槽角度、头端宽度和头端缩进量。他们采用毕托管对改进后的狭槽形熔喷模头的速度场进行了测量,并总结了关于速度场的经验公式。通过对比几种几何结构的熔喷模头下速度场实验数据,他们发现与狭槽角度为 60°的钝模头相比,尖模头

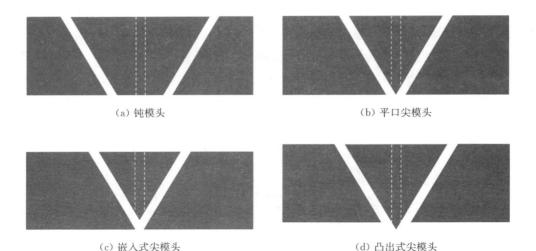

（a）钝模头　　　　　　　　　　　　　　　（b）平口尖模头

（c）嵌入式尖模头　　　　　　　　　　　　（d）凸出式尖模头

图 1-4　不同类型的狭槽形熔喷模头结构

形成的气流速度比钝模头的更高。因此，在空气动力学上，尖模头更优于钝模头，但是尖模头加工难度更高。随后，在之前设计模头的基础上，Tate 等[53]还采用热电偶对熔喷模头下的温度场进行了测量，熔喷模头下的温度场可以用布拉德伯里方程（Bradbury Equation）、纺丝中心线上温度衰减的幂律方程和温度半宽增长的线性方程进行预测。

Moore 等[54]利用毕托管和热电偶对用于实际生产的多孔狭槽形模头下的气流场进行了实验研究。他们证明了多孔狭槽形模头下的平均空气速度和温度的衰减方式与在单孔狭槽形模头中观察到的相似。同时，他们发现由于空气密度存在波动，空气温度会影响空气速度。

陈廷[55]利用 LDV 和热线风速仪对不同几何结构参数的狭槽形熔喷模头下的速度场和温度场进行了测量，实验结果表明，狭槽角度越小，头端宽度越小，槽口宽度越大，纺丝中心线上的气流速度和温度就越高。

由于毕托管、热电偶及热线风速仪等都是接触性测量工具，它们在测量过程中会对熔喷气流场产生干扰，因此不可避免地带有方法本身的误差，具有局限性。LDV 具有动态响应快、对气流场无干扰、不影响气流场分布等优点，但其在测量过程中，需要示踪粒子的介入，且需要示踪粒子与流体一起运动。相对于实验研究，数值模拟具有成本低、周期短、不受实验条件限制等优点，对于实验研究起到重要的指导作用。而且，随着计算机技术及计算流体动力学技术的高速发展，市面上出现了各种各样的 CFD 软件，为数值模拟提供了方便有力的工具。因此，在 21 世纪初，大多数熔喷研究人员都转向于采用 CFD 软件对熔喷气流场进行模拟研究，而且通过 CFD 软件模拟，可以获得靠近熔喷模头位置区域的气流场速度和温度分布，此区域难以用仪器测量。

2002 年，Krutka 等[56]第一次利用 CFD 软件对狭槽形钝模头和狭槽形平口尖模头下的二维常温气流场进行模拟，结果与之前的实验研究[50,52]比较吻合。在此次研究中，他们采用了三种湍流模型(标准 k-ε 模型、可实现的 k-ε 模型和雷诺应力模型),并利用实验结果对模型进行了修正。应用修正后的湍流模型,他们研究了不同狭槽角度的熔喷模头下的气流场分布,结果发现随着狭槽角度增大,模头下的平均速度增大,而湍流强度增强。同时还发现,在狭槽形熔喷钝模头下方存在反向回流区。但由于他们在数值模拟计算中使用的速度较低(最大速度仅为 34.6 m/s),所以他们假设气流是不可压缩的,而在熔喷实际生产中,气流速度可以达到亚音速甚至超音速。因此,他们的这种假设是不恰当的。随后,他们[57]又采用修正的雷诺应力湍流模型对不同结构的狭槽形熔喷尖模头下的二维气流场进行了数值模拟。模拟结果表明,模头下的气流场存在射流合并区和自相似区。在射流合并区,气流具有最高的速度和最大的湍流强度。在射流自相似区,纺丝中心线上两边的气流流动具有相似性,且模头的结构对气流场的影响较大,相比平口尖模头和凸出式尖模头,嵌入式尖模头具有较大的平均速度和湍流强度。接着,他们[58]又对非等温条件下的狭槽形钝模头和平口尖模头下的二维气流场进行了数值模拟。其模拟结果与等温条件下类似,狭槽角度越大,模头下的平均气流速度越高,湍流强度越大。其中,钝模头下的气流场可以分为三个区域:射流单独流动区、射流合并区和自相似区,而尖模头只有射流合并区和自相似区。

陈廷[55]借助计算流体动力学软件 PHOENICS 对七种狭槽形熔喷模头(基于头端宽度、狭槽角度和槽口宽度的组合)下的气流场进行了二维模拟研究。通过对获得的流场矢量图进行分析,发现:减小狭槽角度、增加狭槽槽口宽度以及减小头端宽度,都能使气流场的速度和温度得到提高。

王晓梅[59]也采用雷诺应力湍流模型对狭槽形熔喷尖模头下的二维气流场进行了研究,并基于 Krutka 等[57]的研究,对纺丝中心线上的速度和温度经验方程进行了修正。由于该经验方程考虑了更多的因素,更符合实验数据。

Sun 等[60-61]和孙亚峰[62]分别采用正交设计、单目标遗传算法和多目标遗传算法与计算流体动力学相结合的方法,对狭槽形熔喷模头下的气流场进行了优化,并引入滞止温度作为评价指标。经过优化得到的气流场的速度分布与温度分布,都有显著提高。

在上述对熔喷气流场的实验和计算流体动力学研究中,纤维对熔喷气流场的影响被认为是可以忽略的。然而在熔喷生产过程中,纤维与气流之间是双向耦合的作用。

Krutka 等[63]首次在狭槽形熔喷模头下的气流场中研究了纤维的存在对气流场的影响。他们首先采用流变模型预测了纤维的速度、温度和直径。然后,这些预测值被用作模拟纤维周围气流流动的边界条件,并被代入 Fluent 软件进行求解。结果表明,由于纤维的存在,纺丝中心线上的气流速度的最大值有所增大,而湍流强度有所减弱。纤维之间的气流流速比纤维本身所在区域的中心要高。由于纤维周围的气流不均匀,会导致纤维边缘不同径向位置的剪应力变化。气流流动的温度跟纤维与空气流量的比率有关,随着此比率的增加,热纤维将减缓气流的冷却速率。Klinzing 等[64]对多纤维存在条件下狭槽形熔喷模头的气流场进行了三维数值模拟,结果表明,纤维的存在会引起气流场波动,但该波动对纤维的剪切作用影响不显著。

2.2 环形熔喷模头下的气流场

如图 1-5 所示,环形熔喷模头是指在每个喷丝孔周围环绕着同心气孔的模头,根据同心气孔的形状,可分为圆形、三角形、方形等类型。

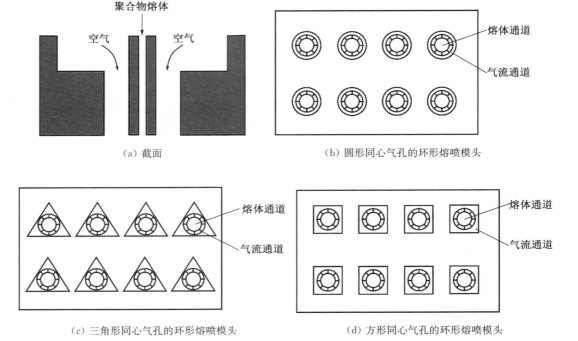

（a）截面　　　　　　　　　　　（b）圆形同心气孔的环形熔喷模头

（c）三角形同心气孔的环形熔喷模头　　　（d）方形同心气孔的环形熔喷模头

图 1-5　环形熔喷模头结构

与狭槽形熔喷模头相似,对环形熔喷模头下气流场的研究也是从常温条件下的风速测量开始的。1989 年,Uyttendaele 等[65]最先利用毕托管对中等雷诺数(3 400～21 500)条件下的单孔环形熔喷模头的气流场进行了实验研究。其实验结果证明:环形熔喷模头气流场中的气流运动状态与雷诺数和气流孔道的长径比无关。然而,他们在实验中对气流场的测量是在常温下进行的,且采用的气流速度较低,这与熔喷实际生产条件不相符。

随后,Majumdar 等[66]在 Uyttendaele 等[65]实验条件的基础上,对单孔环形熔喷模头进行了改进。改进后的环形熔喷模头配备了空气加热装置,并具有可变的气流孔道长径比和内径。在非等温条件下(温度范围:常温至 392 ℃),他们利用毕托管和热电偶分别对单孔环形熔喷模头下的气流场和温度场进行了测量。结果表明:无量纲化后的纺丝中心线上的速度和温度分布与出口温度、雷诺数和气流孔道长径比无关。

在常温条件下,Mohammed 等[67]采用毕托管测量了具有 165 个矩形阵列喷丝孔的环形熔喷模头下的速度场。基于动量守恒方程,建立了一个能很好地拟合实验数据的方程,该方程可以用来预测环形熔喷模头下方任意位置的速度,并且认为在距离环形熔喷模头下方较远的区域,其速度场可以近似为二维射流场。随后,他们[68]又在该环形熔喷模头的基础上增加了空气加热装置,使模头具有调温功能,并测量了非等温环形熔喷气流场的速度和温度分布。基于能量守恒方程,建立了能很好地拟合实验数据的经验方程,它可以用来预测环形熔喷模头下方任意位置的温度,并且认为在距离环形熔喷模头下较远的区域,其温度场近似为二维射流场。

21 世纪初,许多熔喷研究人员采用 CFD 技术对环形熔喷模头下的气流场进行了一系列的模拟研究。Moore 等[69]首先模拟了环形熔喷模头下的等温二维气流场。他们采用实验数据对雷诺应力湍流模型中的参数进行了修正,并用修正后的雷诺应力湍流模型模拟了环形熔喷模头下的气流速度场,其模拟结果与实验数据比较吻合。需要提到的是,他们在模拟计算中采用的气流速度达到了亚音速,把流场中的气流视为可压缩的流体,这是一大进步。但他们忽略了气流场中的能量变化,把入口温度设置为 300 K,这与熔喷实际生产不相符。

Krutka 等[70-71]对六种不同喷丝孔排列结构的多喷丝孔环形熔喷模头下的气流场进行了数值模拟。结果表明,多喷丝孔环形熔喷模头下,气流之间具有一定的影响,且对湍流强度的影响不如气流速度明显。与单个喷丝孔的环形熔喷模头相比,多喷丝孔的环形熔喷模头下气流的最大速度出现在靠近模头底面的位置,且射流扩展速率较低。不同的喷丝孔排列结构的熔喷流场有明显的变化,随着喷丝孔之间的距离越大,射流合并所需的距离也越大。温度场具有和速度场类似的规律,多喷丝孔环形熔喷模头下的温度场衰减比单喷丝慢。随着喷丝孔之间的距离增大,相邻射流的温度场合并所需的距离也会增大。

与对狭槽形熔喷模头下的气流场研究类似,研究人员对环形熔喷模头下气流场的研究也经历了从单纯的气流场研究到考虑纤维存在对气流场影响研究的过程。

Krutka 等[72]在考虑纤维存在的情况下,对环形熔喷模头下的三维气流场进行了模拟研究。结果与狭槽形熔喷模头下气流场的研究类似,由于受到纤维的影响,纤维附近气流场的湍流强度受到一定程度的抑制,且气流的扩散速率有所增加。

2.3　螺旋形熔喷模头下的气流场

螺旋形熔喷模头结构如图 1-6 所示。一个喷丝孔位于模头中心,六个空气喷嘴以等间距的径向模式围绕在模头周围。相比于狭槽形熔喷模头,螺旋形熔喷模头中空气喷嘴与喷丝孔在空间形成一个倾角 θ 和一个扭转角 α。

螺旋形熔喷模头是一种比较特殊的熔喷模头,最初应用于熔融黏合剂的沉积[73]。Moore[74]分别利用毕托管和 CFD 技术对螺旋形熔喷模头下的气流速度场进行了实验测量和数值模拟。相较于环形熔喷模头,螺旋形熔喷模头下的气流场具有更高的衰减速度,这可能是由于多重相互作用的气流产生的湍流波动较高所致。通过增大倾角 θ,从螺旋形熔喷模头喷出的气流逐渐发散。他们还发现标准 k-ε 湍流模型比雷诺应力模型在螺旋形熔喷模头气流场的模拟中有更好的表现。谢胜[75] 对螺旋形熔喷模头下的气流场进行了三维数值模拟,并与狭槽形熔喷模头下的气流场进行了对比分析。分析表明,在狭槽形熔喷模头下的气流场中,气流速度以纺丝中心线方向的分量为主,而横向速度分量较小。在螺旋形熔喷模头下的气流场中,除了纺丝中心线方向的速度分量外,气流的切向速度分量同样也很大。在沿纺丝中心线方向,狭槽熔喷模头中的气流速度和气流温度都大于螺旋形熔喷模头。

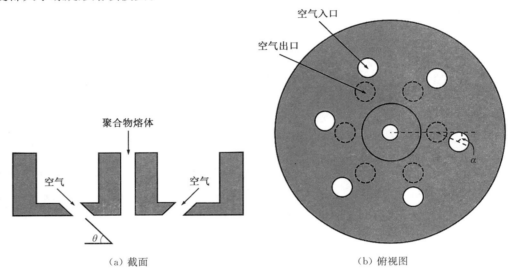

　　　(a) 截面　　　　　　　　　　　　　　　(b) 俯视图

图 1-6　螺旋形熔喷模头结构

2.4　平行板熔喷模头下的气流场

　　平行板熔喷模头最先由 Kwok 等[76] 设计提出。如图 1-7 所示,平行板熔喷模头由两块平行板组成,中间形成熔体通道,并在两边平行排列一组或两组气流通道。这种模头具有设计简单、成本低(通常是传统熔喷模头的十分之一)、使用方便等优点。

　　Hassan 等[77] 对平行板熔喷模头制备的熔喷纤维性能进行了测试。通过调整工艺参数,他们利用该模头制备了直径在 $3 \sim 10 \, \mu m$ 的熔喷纤维。然而,在相同的工艺条件下,利用平行板熔喷模头生产的熔喷纤维比利用传统的狭槽形熔喷模头生产的纤维粗 $3 \sim 5$ 倍。因此,他们提出了一系列对平行板熔喷模头进行改进的方法:提高气流速度,增加熔体通道周围的气流通道,将气流通道与熔体通道倾斜一定的角度以增加气流牵伸力,进一步细化纤维。然而遗憾的是,他们没有对平行板熔喷模头下的气流场进行任何实验或数值模拟研究。

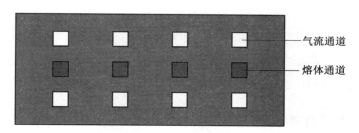

（a）一组气流通道

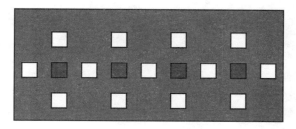

（b）两组气流通道

图 1-7 平行板熔喷模头结构

2.5 带辅助装置的熔喷模头下的气流场

上述研究主要集中在通过熔喷模头本身结构设计的改进来优化熔喷气流场,进而增强对熔喷纤维的细化作用,以获得较细的熔喷纤维。然而,熔喷模头结构一旦确定,就很难进行更改,且设计新的熔喷模头会大幅增加经济成本。所以,基于经济成本和加工难度的考虑,研究人员在现有熔喷模头的基础上添加了一系列辅助装置,以优化熔喷气流场。

2.5.1 带拉瓦尔喷嘴的熔喷模头下的气流场

如图 1-8 所示,Tan 等[78]在狭槽形熔喷模头的基础上加装了拉瓦尔喷嘴,并分别采用纹影仪和 CFD 技术对改装后的熔喷模头下的气流场进行了实验测量和数值模拟。结果表明:在进气压力相同的条件下,加装了拉瓦尔喷嘴的熔喷气流场中,纺丝中心线上的最大气流速度显著增加。虽然采用拉瓦尔喷嘴可以有效地细化熔喷纤维,但是拉瓦尔喷嘴产生的超音速气流不仅对熔喷设备有损伤,而且可能会损伤工作人员的听力。

（a）狭槽形熔喷模头

（b）带拉瓦尔喷嘴的熔喷模头

图 1-8 带拉瓦尔喷嘴的熔喷模头结构

2.5.2 带稳流件的熔喷模头下的气流场

为了制备更细的熔喷纤维并减少生产能耗，Wang 等[79-80]、王玉栋[81]设计了带内稳流件和外稳流件的新型狭槽形熔喷模头，以及带内稳流件的新型环形熔喷模头（图1-9）。经过数值模拟分析，他们发现：带内稳流件或同时带外稳流件的新型狭槽形熔喷模头更

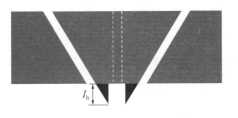

（a）带内稳流件的狭槽形熔喷模头

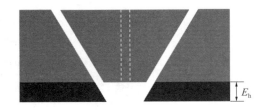

（b）带外稳流件的狭槽形熔喷模头

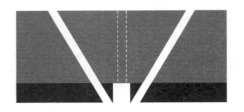

（c）同时带内外稳流件的狭槽形熔喷模头

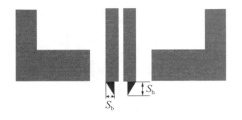

（d）带内稳流件的环形熔喷模头

图1-9 带稳流件的熔喷模头结构

有利于熔喷纤维的细化和熔喷纤维生产能耗的减少；而带内稳流件的新型环形模头可以增大纺丝中心线上的气流速度和温度，降低流场中的湍流强度峰值，并且减少模头附近区域内气流的回流。

（a）原熔喷模头

2.5.3 带空气限制器的熔喷模头下的气流场

Hassan 等[82]提出了一种改进熔喷气流场的新方法。如图1-10所示，他们在狭槽形熔喷模头底面加装空气限域器，并采用CFD技术模拟了不同长度 L、宽度 W、角度 Φ 等参数条件下的空气限域器对气流场的影响。模拟结果表明：加载空气限域器后，纺丝中心线上的最大气流速度和温度平台延长了10～

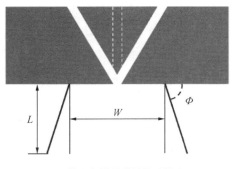

（b）带空气限域器的熔喷模头

图1-10 带空气限域器的熔喷模头结构

15 mm 的长度,这有利于纤维的拉伸细化。他们提出的方法比较经济环保,既不需要设计新的模头,也不需要牺牲产量,就能制备出更细的熔喷纤维。

2.5.4　带保温管的熔喷模头下的气流场

在熔喷过程中,由于聚合物熔体的温度急剧下降,熔体的有效牵伸主要发生在距离模头底面 2 cm 的位置区域。因此,减缓聚合物熔体射流温度的衰减,使之长时间保持高于熔点的温度,更有利于熔喷纤维的牵伸细化。Hao 等[83]在狭槽形熔喷模头的底面加装了一个具有加热能力的保温管,如图 1-11 所示,并采用 CFD 技术研究了保温管对熔喷气流场的影响。结果表明:保温管对熔喷气流场的温度、速度和湍流动能均具有增强作用。通过对最终制得的熔喷纤维进行扫描电镜分析,结果发现:使用加装保温管的熔喷模头可以获得直径更细的熔喷纤维。然而,与此同时,纤维直径的不匀率从 7.2% 增加到 35.4%。

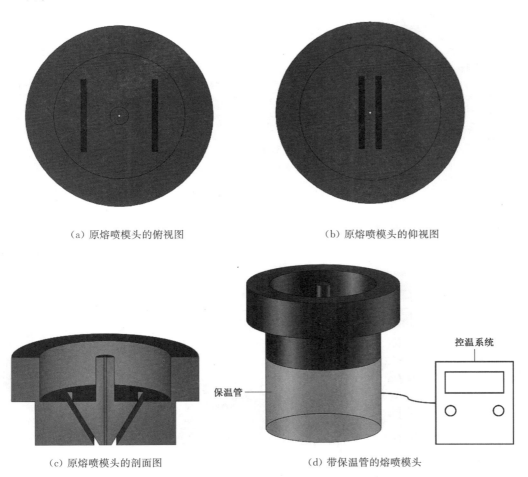

（a）原熔喷模头的俯视图　　　　　　　　（b）原熔喷模头的仰视图

（c）原熔喷模头的剖面图　　　　　　　　（d）带保温管的熔喷模头

图 1-11　带保温管的熔喷模头结构

2.5.5 静电场辅助牵伸的熔喷气流场

二次牵伸场的引入被认为是减小熔喷纤维直径的有效方法。Lee 等[84]设计了一种多喷嘴的熔喷静电纺丝装置,该装置可以将气流牵伸力和静电场力结合起来,对纤维进行协同牵伸,并最终获得直径最小为 260 nm 的熔喷纤维。陈宏波等[85]结合熔喷和无针静电纺丝的特点设计了一种熔喷静电微分纺丝模头,并利用该模头成功制得平均直径为 300 nm 的超细熔喷纤维。基于直接在狭槽形熔喷模头上加载静电场的情况下,Meng[86]采用数值模拟的方法研究了熔喷模头下气流场和静电场的分布。他认为在熔喷过程中结合静电场力和气流牵伸力可能是制备纳米纤维的一种好方法,然而这种方法可能会对熔喷设备造成一定的损害。如图 1-12 所示,Pu 等[87]报道了一种新型静电场辅助熔喷工艺,他们在熔喷模头的下方 2 cm 处悬挂了一个铜框,并给铜框加载高压静电。最终,在不牺牲产量的前提下,制备出直径最小为 600 nm 的熔喷纤维。但他们没有对熔喷模头下的气流场和静电场进行数值模拟等深入分析。

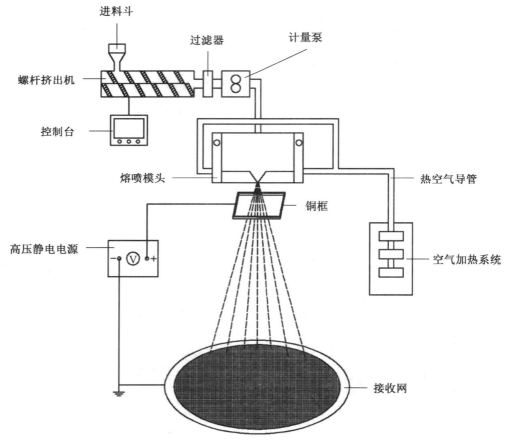

图 1-12 静电场辅助牵伸的熔喷设备

本节就国内外研究人员对各种熔喷模头下熔喷气流场的研究进行了综述。研究人员对熔喷模头的设计研究主要从改进熔喷模头的几何结构以及在现有模头的基础上添加辅助装置两个方面着手,利用实验测量和数值模拟的方法,对熔喷气流场进行了详细的研究分析。这些基础性的研究对熔喷生产过程中的能耗降低以及熔喷产品性能的提升具有重要的现实意义。

3 熔喷纤维动力学理论及实验研究的发展

3.1 熔喷纤维动力学理论

Uyttendaele 等[88]最早将熔纺过程中纤维的理论方程引入熔喷工艺。然而,熔喷过程中纤维受到湍流效应导致其运动不稳定,发生无规律鞭动,而熔纺过程中纤维是相对稳定的。所以,他们的熔喷纤维理论模型只能描述沿纺丝中心线的纤维直径、速度、温度等物理量的变化,该理论由此被称为一维模型。随后,研究人员引入纤维在其他方向的受力和运动,逐渐将熔喷纤维理论模型扩展到三维空间。其间,出现了另外两种经典模型:Sinha 等[89]和 Yarin 等[90]的准一维模型及 Zeng 等[91]和 Sun 等[92]的球链模型。该节以这三种模型为基础,讲述纤维成形理论的发展。

Uyttendaele 等[88]的一维模型,其连续方程、动量方程和能量守恒方程如下:

$$A\boldsymbol{v}_{fz} = \boldsymbol{Q} \tag{1-1}$$

$$\frac{\mathrm{d}}{\mathrm{d}z}\left[\pi \frac{d^2}{4}(\boldsymbol{\tau}^{zz} - \boldsymbol{\tau}^{xx})\right] = j\pi dC_f \rho_a \frac{\boldsymbol{v}_r^2}{2} + \rho_f \boldsymbol{Q} \frac{\mathrm{d}\boldsymbol{v}_{fz}}{\mathrm{d}z} - \frac{\pi d^2}{4}\rho_f g \tag{1-2}$$

$$\rho_f C_{pf}\boldsymbol{v}_{fz} \frac{\mathrm{d}T_f}{\mathrm{d}z} = -\frac{4h}{d_f}(T_f - T_a) \tag{1-3}$$

式中:A 为纤维横截面积;$\boldsymbol{v}_{fz}$ 为纤维沿 z 方向(由于是一维模型,纤维轴向与 z 方向总是相同)的运动速度;$\boldsymbol{Q}$ 为聚合物体积流率;d 为纤维直径;$\boldsymbol{\tau}^{zz}$ 和 $\boldsymbol{\tau}^{xx}$ 分别为外应力在 x 方向(与 z 方向垂直)和 z 方向的分量;C_f 为摩擦阻力系数;ρ_a 为气流密度;$\boldsymbol{v}_r$ 为气流与纤维的相对速度;ρ_f 为聚合物密度;g 为重力加速度;j 与拉伸力的方向有关,若 $\boldsymbol{v}_{af} < \boldsymbol{v}_{fz}$,则 j 为 -1,反之则为 $+1$;$\boldsymbol{v}_{az}$ 为气流速度在 z 方向的分量;h 为对流传热系数;T_f 为纤维温度;T_a 为空气温度;C_{pf} 为纤维比热容。

Matsui 等[93]提供了有关摩擦阻力系数 C_f 的实验方程:

$$C_f = \beta(Re)^{-n_b} \tag{1-4}$$

其中:β 和 n_b 为固定系数,可以由 Majumdar 等[94]的实验确定;Re 为空气雷诺数。

Uyttendaele 等[88]在一维模型中提出了熔喷工艺中高速气流的雷诺数方程：

$$Re = \frac{d \mid \boldsymbol{v}_r \mid}{\mu_a} \tag{1-5}$$

式中：μ_a 为空气黏度。

为求解式(1-2)中的 $\boldsymbol{\tau}^{zz}$ 和 $\boldsymbol{\tau}^{xx}$，Uyttendaele 等[88]引入 Middleman[95]提出的牛顿流体假设和 Phan-Thien and Tanner（简称 PTT）模型[96]，用于描述聚合物的黏弹力学行为。

$$\boldsymbol{\tau}^{zz} = 2\eta_f \frac{\mathrm{d}\boldsymbol{v}_{fz}}{\mathrm{d}z} \tag{1-6.1}$$

$$\boldsymbol{\tau}^{xx} = -\eta_f \frac{\mathrm{d}\boldsymbol{v}_{fz}}{\mathrm{d}z} \tag{1-6.2}$$

$$\boldsymbol{\tau}^{zz} = \sum_i \boldsymbol{\tau}_i^{zz} \tag{1-7.1}$$

$$\boldsymbol{\tau}^{xx} = \sum_i \boldsymbol{\tau}_i^{xx} \tag{1-7.2}$$

$$\boldsymbol{\tau}_i^{zz} \exp\left[\frac{K}{G_i}(2\boldsymbol{\tau}_i^{xx} + \boldsymbol{\tau}_i^{zz})\right] + \lambda_i \left[\boldsymbol{v}_{fz} \frac{\mathrm{d}\boldsymbol{\tau}_i^{zz}}{\mathrm{d}z} - 2(1-n_s)\boldsymbol{\tau}_i^{zz} \frac{\mathrm{d}\boldsymbol{v}_{fz}}{\mathrm{d}z}\right] = 2G_i\lambda_i \frac{\mathrm{d}\boldsymbol{v}_{fz}}{\mathrm{d}z} \tag{1-8.1}$$

$$\boldsymbol{\tau}_i^{xx} \exp\left[\frac{K}{G_i}(2\boldsymbol{\tau}_i^{xx} + \boldsymbol{\tau}_i^{zz})\right] + \lambda_i \left[\boldsymbol{v}_{fz} \frac{\mathrm{d}\boldsymbol{\tau}_i^{xx}}{\mathrm{d}z} + (1-n_s)\boldsymbol{\tau}_i^{xx} \frac{\mathrm{d}\boldsymbol{v}_{fz}}{\mathrm{d}z}\right] = -G_i\lambda_i \frac{\mathrm{d}\boldsymbol{v}_{fz}}{\mathrm{d}z} \tag{1-8.2}$$

式中：η_f 为聚合物剪切黏度；K 为高熔体流动速度下的应力渗透(stress saturation)有关的参数；λ 为聚合物应力松弛时间；n_s 为剪切变稀系数；G 为聚合物剪切模量。

在熔纺过程中，在模头下方的某个位置，纤维细化停止，该位置被称为"凝固点"。一般认为凝固现象是由应力引起的结晶化[97]或聚合物微观结构变化[98]导致的。Uyttendaele[98]认为在"凝固点"处有应力平衡：重力与气流拉伸力之和等于纤维内部的流变力。这可作为模型停止计算的边界条件：当纤维满足该条件时，纤维直径停止变化。一维模型可预测纤维在熔喷过程中温度、直径和速度的变化。但预测结果与实验结果相比有较大差异。一维模型虽然考虑了另一个方向上的黏弹力，但不能预测纤维在其他方向的运动。模型中的能量守恒方程也没有考虑热辐射问题。模型中的气流拉伸力，需要测量气流速度才能计算，但是由于采用了比托管这种接触式测量仪器，其气流速度测量结果相对于非接触测量不够精确。从目前的角度看，该模型还存在相当多的问题，然而在当时，将熔纺理论引入熔喷工艺，确实是一种创新，因此被称为经典的一维模型。

由于经典的一维模型存在上述问题，Chen 等[99]认为纤维的密度和比热容不是常数，而应是与温度相关的函数，所以式(1-2)和式(1-3)中的 ρ_f 和 C_{pf} 需改为 $\rho_f(T_f)$ 和

$C_{pf}(T_f)$。 他们也采用幂律流体方程代替牛顿流体方程,所以式(1-6)和式(1-7)可改写如下:

$$\boldsymbol{\tau}^{zz} = 2\eta\left(\frac{\mathrm{d}\boldsymbol{v}_{fz}}{\mathrm{d}z}\right)^{n_p} \tag{1-9.1}$$

$$\boldsymbol{\tau}^{xx} = -\eta\left(\frac{\mathrm{d}\boldsymbol{v}_{fz}}{\mathrm{d}z}\right)^{n_p} \tag{1-9.2}$$

式中:n_p 表示幂律指数。

$$\frac{\mathrm{d}\boldsymbol{P}}{\mathrm{d}x} + \boldsymbol{q}_\tau = 0 \tag{1-9.3}$$

此外,Chen 等[100]采用 CFD 软件模拟了熔喷气流的速度场和温度场,模拟结果取代原模型中的气流温度和速度测量结果,从而可避免接触式测量对流场的影响。随后,Chen 等[101-102]将改进的模型拓展至不同材料和工艺条件,验证模型的适用范围和有效性。Zhao[103]也报道了类似的改进,不再赘述。值得一提的是,Rovère 等[104]采用经典的一维模型模拟熔纺的中空纤维成形过程,也获得了较好的模拟结果。

Jarecki 等[105]也对经典的一维模型进行改进,他们同样把聚合物的密度作为温度的函数,同时引入纤维结晶:

$$\rho_f = (1-X)\rho_{am} + X\rho_c \tag{1-10.1}$$

$$\rho_{am} = \frac{1\,000}{1.\,145 + 9.\,03 \times 10^{-4}\,T_f} \tag{1-10.2}$$

式中:ρ_{am} 为纤维非定形区密度;ρ_c 为晶区密度;X 为结晶度。

由应力引起的结晶可由 Nakamura 等[106]提出的非等温结晶动力学模型描述:

$$\frac{\mathrm{d}X}{\mathrm{d}z} = \frac{n_T K_{st}}{v_{fz}}\left(1 - \frac{X}{X_\infty}\right)\left[-\ln\left(1 - \frac{X}{X_\infty}\right)\right]^{1-\frac{1}{n_T}} \tag{1-11}$$

式中:K_{st} 为纤维结晶速率,与温度和拉伸应力有关。

由于引入了结晶,剪切黏度 η_f 可表达如下:

$$\eta_f = \eta_f(T_f)\eta_X(X) \tag{1-12}$$

上式中 η_X 是结晶相关的黏度,可由下式定义:

$$\eta_f = \begin{cases} \eta_0\exp\left(\dfrac{E_a}{K_B T_f}\right) & T_f > T_g \\ \infty & T_f \leqslant T_g \end{cases} \tag{1-13.1}$$

$$\eta_X = \left(1 - \frac{X}{X^*}\right)^{-n_T} \tag{1-13.2}$$

式中：η_0 为经验系数；E_a 为活化自由能，该指标描述聚合物的黏-温依赖性，其值越大，聚合物的黏度对温度越敏感；T_g 为聚合物玻璃化转变温度；K_B 为玻尔兹曼常数；X^* 为纤维固化时的结晶度；n_T 为临界指数。

与 Chen 等[99]类似，Jarecki 等[105]也将比热容与温度相关联：

$$C_{pf} = C_{p0} + C_{p1} T_f \tag{1-14}$$

他们在动量方程中还考虑了表面张力 $\boldsymbol{F}_s$，所以方程(1-2)可改为：

$$\frac{\mathrm{d}\boldsymbol{F}}{\mathrm{d}z} = j\pi d_f C_f \rho_a \frac{\boldsymbol{v}_r^2}{2} + \rho_f Q \frac{\mathrm{d}\boldsymbol{v}_{fz}}{\mathrm{d}z} - \frac{\pi d^2}{4}\rho_f g - \frac{\pi}{2}\frac{\mathrm{d}(\boldsymbol{F}_s d)}{\mathrm{d}z} \tag{1-15}$$

式中：$\boldsymbol{F}$ 为纤维受到的合力。

他们在能量守恒方程中则考虑了结晶热和黏性摩擦热，所以方程(1-3)可改为：

$$\rho_f C_{pf} \boldsymbol{v}_{fz} \frac{\mathrm{d}T_f}{\mathrm{d}z} = \rho_f \Delta h \frac{\mathrm{d}X}{\mathrm{d}z} + tr(\boldsymbol{p} \cdot \boldsymbol{D}) - \frac{4h}{d_f}(T_f - T_a) \tag{1-16}$$

式中：Δh 为单位质量的结晶热；$\boldsymbol{p}$ 和 $\boldsymbol{D}$ 分别为内应力和形变速率张量。

式(1-15)中的表面张力与纤维温度有关，其经验方程如下：

$$F_s = 2.94 \times 10^{-2} - 5.6 \times 10^{-5} T_f \tag{1-17}$$

此外，Jarecki 等[105]认为熔喷纤维在牵伸过程中会发生破裂而细化成许多细小的纤维，这导致纤维表面能进一步增加，此时应该会有大量内能转化为表面能。依据这样的假设，他们模拟出纤维破裂后的直径。上述公式中出现的参数可在他们已发表的论文中找到[106-109]。但是，Shambaugh 随后指出在 Jarecki 等的研究工作中，缺少纤维凝固点的相关描述，这导致停止计算的条件不明确。Shambaugh 等[110]借鉴了 Jarecki 等有关纤维结晶的理论研究，并再次完善了自己的经典模型。然而，Nakamura 等[111]提出的非等温结晶动力学模型仅可描述聚合物在静态条件下温度变化对结晶度的影响，并没有考虑外力拉伸对材料的影响。这与聚合物在熔喷气流场中受力拉伸有差异。Coppola 等[112]、Zheng 等[113]和 Zuidema[114]认为，外力拉伸也会引起聚合物结晶变化，他们提出另一种在外力和温度变化条件下的结晶动力学模型，用以研究材料的活化晶核数目、成核速率和晶体生长速率与外力的关系，为了与静态结晶动力学模型相区别，该模型被称为动态结晶动力学模型。很明显，熔喷纤维的结晶过程适宜采用动态结晶动力学模型。在第四章中，笔者将采用该模型模拟熔喷纤维的结晶过程。

由于忽视了纤维在另一个方向的运动，熔喷经典模型仅能用于描述纤维沿纺丝中心线的运动。所以，在模拟过程中，纤维其实是沿着直线运动并逐渐远离喷丝孔的。这与 Narasimhan 等[115]有关熔喷区域划分问题中区域 1 的描述类似。在此研究中，他们将熔喷工艺分为三个区域：区域 1 是一个气流低速区，纤维在该区域中的运动与熔纺类似，纤维比较稳定且无鞭动;区域 2 则远离喷丝孔,纤维鞭动逐渐剧烈,并发生破裂,形成许多细小的纤维;区域 3 则是纤维鞭动最剧烈的区域。为了描述熔喷工艺的区域 2 和 3,经典一维模型需进一步改进。

Ju 等[116]通过实验测量了气流拉伸力沿纤维轴向和径向的分量,这为理论模型的改进提供了实验基础。随后,Rao 等[117]以 Ju 等的实验研究为基础,将经典一维模型推广到二维空间。气流拉伸力被定义为沿纤维轴向的分量 $\boldsymbol{F}_{d,t}$ 和垂直纤维轴向的分量 $\boldsymbol{F}_{d,n}$:

$$\boldsymbol{F}_{d,t} = \frac{1}{2}\pi dl C_f \rho_a (\boldsymbol{v}_{r,t})^2 \tag{1-18.1}$$

$$\boldsymbol{F}_{d,n} = \frac{1}{2} dl C_p \rho_a (\boldsymbol{v}_{r,n})^2 \tag{1-18.2}$$

模型中,纤维被认为由多个纤维段组成。上面两式中,l 为纤维段的长度,$\boldsymbol{v}_{r,t}$ 和 $\boldsymbol{v}_{r,n}$ 分别为纤维相对速度 $\boldsymbol{v}_r$ 在纤维轴向和垂直纤维轴向的分量。

方程(1-4)中的雷诺数已经被改为:

$$Re_{dt} = \frac{\rho_a \boldsymbol{v}_{r,t} d}{\mu_a} \tag{1-19}$$

方程(1-18.2)中的 C_p 可表达为[116]:

$$C_p = 6.958 Re_{dn}^{-0.4399} \cdot \left(\frac{d}{d_m}\right)^{0.4044} \tag{1-20}$$

式中:d_m 为纤维平均直径。

雷诺数 Re_{dn} 则为:

$$Re_{dn} = \frac{\rho_a \boldsymbol{v}_{r,n} d}{\mu_a} \tag{1-21}$$

经典一维模型中的能量守恒方程即式(1-3),对流传热系数与 Nusselt 数有关[118-119]:

$$Nu_{\psi=90°} = 0.764 Re^{0.38} \tag{1-22}$$

式中的雷诺数 Re 已经被改写为:

$$Re = \frac{\rho_a \upsilon_r d}{\mu_a} \tag{1-23}$$

ψ 为纤维轴与 $\boldsymbol{v}_r$ 的夹角:

$$\psi = \tan^{-1}\left(\frac{|\boldsymbol{v}_{r,n}|}{|\boldsymbol{v}_{r,t}|}\right) \tag{1-24}$$

为了求解 h，还需要另外两个方程[120]：

$$Nu = \frac{hd}{k_a} \tag{1-25.1}$$

$$\frac{Nu}{Nu_{\psi=90°}} = 0.59\sin^{0.849}(\psi) + 0.4 \tag{1-25.2}$$

整个求解过程的停止条件不再为"凝固点"的应力平衡，而改为纤维速度与气流速度相同。此外，为了模拟纤维鞭动，他们给纤维附加了初始振动，在 x 方向增加纤维位移 $10^{-5}\Delta z$。所以，随着纤维远离喷丝孔，其 Δz 增大，纤维鞭动幅度越大。

二维模型可以预测纤维在两个方向上的运动，这完全符合环形模头的特点。因为环形模头在沿模头半径方向上的流场速度和温度分布都是相同的。但是，二维模型不适用于狭槽模头，因为狭槽模头的流场并非具有与环形模头类似的对称性，流场速度与温度的分布在狭槽宽度和长度方向并不一致。Marla 等[121-122]发现这个问题后，将二维流场推广至三维空间。但是在二维空间中，纤维的轴向一旦确定，垂直于轴向的方向仅有一个。然而在三维空间中，垂直于轴向的方向有无穷多个，如何确定其中一个呢？Marla 等提出了一个很好的解决办法。如图 1-13 所示，纤维轴向单位矢量可以表示为：

$$\boldsymbol{f}_t = \sin(\varphi)\cos(\alpha)\boldsymbol{i} + \sin(\varphi)\sin(\alpha)\boldsymbol{j} + \cos(\varphi)\boldsymbol{k} \tag{1-26}$$

上式中，$\boldsymbol{i}$、$\boldsymbol{j}$ 和 $\boldsymbol{k}$ 分别是 x、y、z 方向的单位矢量。相对速度 $\boldsymbol{v}_r$ 由此可表达为：

$$\boldsymbol{v}_r = \boldsymbol{v}_a - \boldsymbol{v}_f = (v_{ax} - v_{fx})\boldsymbol{i} + (v_{ay} - v_{fy})\boldsymbol{j} + (v_{az} - v_{fz})\boldsymbol{k} \tag{1-27}$$

纤维垂直方向与轴向构成一个平面 $\boldsymbol{U}$，如图 1-14 所示。气流拉伸力是由于纤维和流场存在速度差而产生的，因此该力的方向必然在纤维相对速度方向与纤维轴向构成的平面 $\boldsymbol{U}$ 内。平面 $\boldsymbol{U}$ 可以写为：

$$\boldsymbol{U} = \boldsymbol{f}_t \times \boldsymbol{v}_r \tag{1-28}$$

垂直于轴向的矢量 $\boldsymbol{f}_n$ 既垂直于平面 $\boldsymbol{U}$ 也垂直于 $\boldsymbol{f}_t$，所以有：

$$\boldsymbol{f}_n = \frac{\boldsymbol{f}_t \times \boldsymbol{U}}{\|\boldsymbol{f}_t \times \boldsymbol{U}\|} \tag{1-29}$$

一旦确定了纤维的 $\boldsymbol{f}_n$ 和 $\boldsymbol{f}_t$，许多矢量在这两个方向的分量就可以方便地表达，如相对速度在 $\boldsymbol{f}_n$ 和 $\boldsymbol{f}_t$ 上的分量为 $v_{r,t} = \boldsymbol{v}_r \cdot \boldsymbol{f}_t$ 和 $v_{r,n} = \boldsymbol{v}_r \cdot \boldsymbol{f}_n$。将所有的矢量推广至三维空间后，采用和 Rao 等[117]相同的计算方法，Marla 等[121-122]也对纤维的直径、鞭动、温度等物理量进行预测，同时借鉴 Rovère 等[104]的工作，将模型应用于中空纤维直径和运动的预测[123]。

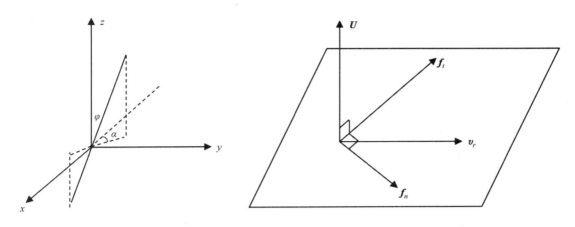

图 1-13 纤维在三维空间中的取向   图 1-14 纤维的方向矢量

  另一方面,鉴于颗粒在气流中的运动问题早已有成熟研究,一些学者倾向于将纤维与颗粒联系起来。Yamamoto 等[124]认为纤维由小球粘连而成,如图 1-15(a)所示。只要改变球间距和角度,就可以模拟纤维的卷绕、弯曲和拉伸。Zeng 等[125]则将该模型推广至纺纱问题,将纱线看成由小球和弹性杆串联而成,如图 1-15(b)所示。最终,Wang 等[39]将类似模型应用于熔喷理论,纤维被认为是由弹簧和球组成的,如图 1-15(c)所示。

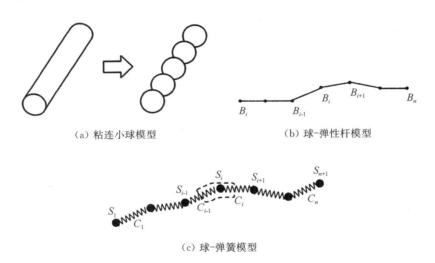

(a) 粘连小球模型   (b) 球-弹性杆模型

(c) 球-弹簧模型

图 1-15 纤维模型

  这样,纤维中存在弹性回复力 $\boldsymbol{F}_e$ 和弯曲回复 $\boldsymbol{F}_b$,以抵抗纤维发生相应的形变,所以:

$$\boldsymbol{F}_e = -k_e \Delta \boldsymbol{l}_e \qquad (1\text{-}30.1)$$

$$\boldsymbol{F}_b = -k_b \Delta \boldsymbol{l}_b \qquad (1\text{-}30.2)$$

式中:k_e 为有关弹性模量的系数;k_b 为有关纤维弯曲刚度的系数;$\Delta \boldsymbol{l}_e$ 为纤维段的净拉伸

长度；Δl_b 为纤维段的净弯曲长度。

根据牛顿第二运动定律，球 i 的运动控制方程为：

$$m_i \frac{\mathrm{d}^2 \boldsymbol{r}_i}{\mathrm{d}t^2} = \boldsymbol{F}_{ei} + \boldsymbol{F}_{bi} + \boldsymbol{F}_{di} \tag{1-31}$$

式中：$\boldsymbol{F}_{di}$ 为球 i 上的气流拉伸力；$\boldsymbol{r}_i$ 为球 i 的空间位置；m_i 为球 i 的质量。

m_i 可由下式确定：

$$m_i = \frac{\rho_f}{2}(l_{i-1,i} + l_{i,i+1}) \tag{1-32}$$

式中：$l_{i-1,i}$ 和 $l_{i,i+1}$ 分别为纤维段 $(i-1, i)$ 和 $(i, i+1)$ 的长度。

事实上，纤维是一种黏弹材料，而式(1-30.2)中的 $\boldsymbol{F}_b$ 是线性的，这与黏弹材料的力学性能不一致，所以 Wu 等[127]提出了一个改进方程：

$$\boldsymbol{F}_b = \frac{\pi}{16}\frac{\sigma_\theta k_c}{\sqrt{x_i^2 + y_i^2}}(d_{i-1,i}^2 + d_{i,i+1}^2)\left[|x_i|\,\text{sign}(x_i)\boldsymbol{i} + |y_i|\,\text{sign}(y_i)\boldsymbol{j}\right] \tag{1-33}$$

式中：σ_θ 为表面张力系数；k_c 为纤维段 $(i-1, i)$ 和 $(i, i+1)$ 的曲率；$d_{i-1,i}$ 和 $d_{i,i+1}$ 分别为纤维段 $(i-1, i)$ 和 $(i, i+1)$ 的直径。

2014 年，Wu 等[128]还将改进后的模型用于模拟环形模头下的纤维成形过程。随后，曾泳春将原本用于描述纺纱的球-弹性杆模型改为基于拉格朗日方法的球-链模型，用于描述熔喷纤维成形过程。

准一维模型是改进的一维模型，它也可以用于解决纤维在其他方向的动力学问题。Tan 等[129]在经典一维模型的基础上考虑对时间的偏导数，从而模拟不同时刻下纤维物理量的变化情况。随后，Zhou 等[130]引入 PTT、Giesekus、Upper-Convected Maxwell（简称 UCM）等本构方程，描述材料的黏弹行为。为了模拟纤维的鞭动，他们仿照 Rao 等[117]的方法，也在纤维的垂直运动方向增加位移，其约等于 $\exp(\omega t)$。

Entov 和 Yarin[131]在 40 年前提出一种经典的准一维模型，用来描述液滴在流体中的动力学问题。2010 年，Sinha 等[89]和 Yarin 等[90]将该模型拓展至熔喷领域。他们认为纤维被平行气流吹喷，施加在纤维上的力可以分解为拉伸力 $\boldsymbol{q}_\tau$ 和提升力 $\boldsymbol{q}_n$（图 1-16）：

$$\boldsymbol{q}_\tau = 0.65\pi\frac{d}{2}\rho_a \boldsymbol{v}_r^2\left(\frac{\boldsymbol{v}_r d}{\boldsymbol{v}_a}\right)^{-0.81} \tag{1-34.1}$$

$$\boldsymbol{q}_n = -\rho_a \boldsymbol{v}_r^2 \pi\left(\frac{d}{2}\right)^2 \frac{\partial^2 H}{\partial r^2} \tag{1-34.2}$$

式中：r 为纤维沿长度方向的运动距离；H 代表纤维沿径向的运动距离，H 与 r 和时间 t 有关。

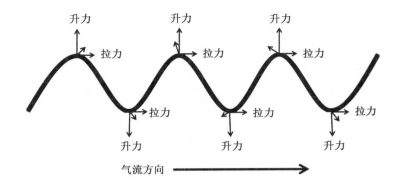

图 1-16　准一维模型中力在纤维上的分解

若纤维不可拉伸并忽视其弯曲刚度,则有以下力平衡方程:

$$\frac{\mathrm{d}\boldsymbol{P}}{\mathrm{d}x} + \boldsymbol{q}_\tau = 0 \tag{1-35}$$

式中:

$$\boldsymbol{P} = \boldsymbol{\sigma}_{rr} A \tag{1-36.1}$$

$$\boldsymbol{\sigma}_{rr} = \frac{\boldsymbol{q}_\tau (L-r)}{A} \tag{1-36.2}$$

纤维的动量平衡方程如下:

$$\rho_f A \frac{\partial^2 H}{\partial t^2} = \frac{\partial^2 H}{\partial r^2} \boldsymbol{P} + \boldsymbol{q}_n \tag{1-37}$$

利用上述模型可以模拟纤维的运动路径,所以可以直接获得纤维的鞭动规律。最近,他们的模型还拓展到多孔喷丝过程,并模拟了纤网结构和纤维结晶度[132]。

Chung 等[133]则利用 Yarin 等的准一维模型,做了更多细节研究,观察哪些因素影响纤维鞭动。随后,他们发现如果不在准一维模型中添加横向位移,纤维并不会发生鞭动。事实上,Rao 等[117]、Zeng 等[91]、Xie 等[134]都采用在模型中为纤维添加一定的横向位移的方法来模拟纤维鞭动,而横向位移的大小和变化频率则决定了纤维鞭动的振幅和频率。所以,如何获得纤维真实的鞭动频率和振幅是一个有难度的问题。关于该问题的解决方法,将在第四章介绍。

3.2　熔喷纤网成形理论的发展

在日常生活中,往往有这样的生活经验:手上拿着一根线,将其慢慢放置在桌上,线会卷绕,形成一个个小圈;倒蜂蜜或挤奶油时,黏稠的蜂蜜或奶油同样会形成一个个圈,如图 1-17 所示[135]。

（a）蜂蜜卷绕　　　（b）硅油高速卷绕　　　（c）硅油低速卷绕

图 1-17　液体卷绕现象

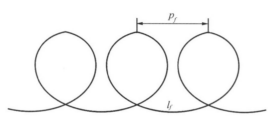

图 1-18　液体卷绕成形

Barnes 等[136] 和 Taylor[137] 仔细研究过这一现象，并称之为"液体卷绕"。随后，Hearle 等[138-140] 发表了一系列实验研究论文，他们将纱线放置于可控速度的传送带上，研究了纱线在不同的喂入速度、下落高度、传送带移动速度条件下发生的卷绕情况。他们发现，当传送带静止时，纱线会在传送带上形成一个个同心圆，而当传送带移动时，纱线会在传送带上形成一个个卷绕的圈，如图 1-18 所示。他们给出以下公式描述圈的尺寸变化：

$$\frac{l_f}{p_f} = \frac{v_f}{v_c} \tag{1-38}$$

式中：l_f 为单个圈的周长；p_f 为圈距；v_f 和 v_c 分别为纱线下落速度和传送带移动速度。

由此可以知道，若纱线下落速度与传送带移动速度之比越大，则单个圈的周长越长；若该比值越小，则圈之间的距离越大。

Griffith 等[141] 和 Tchavdarov 等[142] 也报道了针对这一现象的实验研究。Mahadevan 等[143-144] 首次从理论上试图解释该现象。他们将纱线视作可以弯曲并卷绕的弹性杆，以 Kirchhoff-Love 方程为基础，忽视杆的外部形变和剪切形变。根据模拟结果，他们认为纱线刚度在实验中的影响并不大，而纱线质量和喂入速度增大则会导致传送带上的成圈尺寸增大。几年后，Habibi 等[145] 指出 Mahadevan 等的理论研究中，所有方程的惯性项有错误，这导致其解有偏离。Habib 等[146] 利用弹性流体重复了"液体卷绕"实验，并证明了弹性流体与绳子、纱线等一样，都可以发生卷绕。Chiu-Wenster 等[147] 首次采用黏性流体进行实验，研究了流速、输送流体的孔径尺寸、下落高度及传送带移动速度对黏性流体在传送带上卷绕的影响。当传送带移动速度足够大时，黏性流体会受到沿传送带移动方向的拉伸；若此时逐渐减小传送带移动速度，则黏性流体受到的拉伸逐渐减弱；当传送带移动速度足够小时,靠近传送带部分的流体会往反方向移动,形成一个类似人体"脚后跟"的曲线部位,如图 1-19 所示。他们还对传送带上的图案进行了特征分析与分类,如图 1-20 所示。此外,他们也提出了相应的力学模型,仔细分析了黏性流体接触到传送

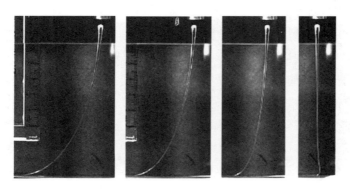

图 1-19 黏性液体在不同速度的传送带表面流下的实验(从左到右,速度逐渐下降)

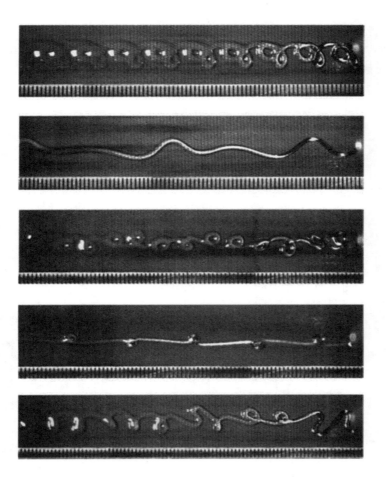

图 1-20 黏性液体在传送带上卷绕形成的典型图案

带后的力学问题,其中内力、毛细效应及重力都对最终的结果产生影响。Mohammad 等[148-149]进行了相似的研究工作,把流体在无外力作用下堆积在传送带上的过程进行了可视化模拟,并且将模拟过程的源码以开源的方式放置于哥伦比亚大学计算机学院的网站上。至此,任何人都可以使用该源码方便地对这种物理学现象进行模拟。

"液体卷绕"现象是液体在没有外力作用下自然堆积在平面上的物理现象,但是当流体受到外力作用时,问题会复杂化。Battocchio 等[150]仔细研究了流体在外力作用下的非稳态行为。他们认为目前的研究忽视了流体触碰到传送带后的物理接触问题。为此,他们分析了气流拉伸力,并将该力分解为沿流体轴向力和径向力,并认为轴向力导致流体的尾端在传送带被拉伸,但是同时流体尾端应受到传送带的摩擦力。为了精确预测流体的沉积位置,他们为流体创造了一个理想的鞭动,让流体在气流中发生鞭动,最终成功预测了流体在传送带上的堆积位置。然而,这种正弦曲线式的鞭动方程由于过于理想化,在一定程度上导致流体的鞭动偏离实际情况。

针对聚合物熔体在流场中的复杂运动问题,早在 1984 年,Entvo 和 Yarin[131]就给出了理论解释。在熔喷过程中,纤维落在成网帘之前受到来自模头高速气流的吹喷作用,还受到来自成网帘下方的抽吸风作用,流场的复杂情况也使得纤维在流场中鞭动剧烈,从而影响纤维在成网帘上的位置。Yarin 等[90]在研究熔喷纤维成形机理时,仔细考察了纤维受到的气流拉伸力、黏弹力、能量和动量守恒问题。但是,该模型仅描述一根纤维。随后,他们将模型推广至研究多根纤维在成网帘上形成纤网的机理。他们在原模型的基础上进行改进,其方法是当纤维落在成网帘上时,纤维的 ξ 和 H 坐标被"冻结"(图 1-21),纤维的其他物理参数也停止计算,此时纤维沿成网帘的移动方向运动。在重复模拟多根纤维后,他们获得图 1-21 所示的纤网模拟形态。随后,他们预测了纤网的面密度分布和纤维直径分布。Yarin 课题组的 Sinha-Ray 等[151]以该模型为基础,分析了纤维的下落规律,研究了纤维在成网帘上的角度问题,并预测了纤网中的取向分布,研究了成网帘速度、模拟时间、接收距离(DCD)等对取向的影响。同时,该模型还用于模拟多孔纺丝条件下的纤网结构[152]。几年后,该课题组的 Ghosal 等[153]进一步模拟了纤网的孔隙率和过滤效率。他们假想将纤网沿 ξ—H 平面切开,如图 1-22 所示,可以获得该平面内的孔隙率,

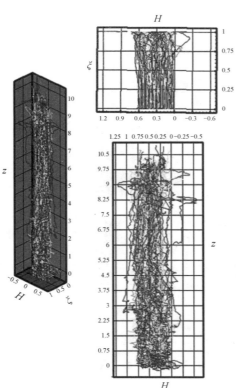

图 1-21　准一维模型模拟的熔喷过程

若沿 z 方向切开多个,则可以逐渐获得整个纤网的孔隙率。然而,他们的研究中没有理论预测出纤网中的孔数目、孔径等有效的细观结构信息。

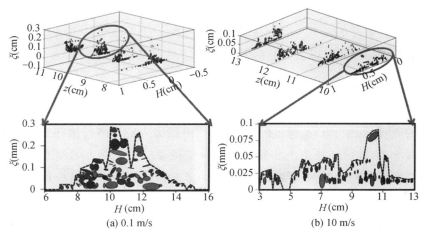

图 1-22 纤网不同位置横截面模拟

在 Shambaugh 课题组的 Chhabra 等[154] 提出的理论模型中,纤维被认为由无穷多个球彼此串联。他们认为,纤维的运动可以使用马尔可夫链进行解释,即:(1)一个球的运动只与邻近的球有关;(2)球未来的状态独立于其历史状态,只与球的当前状态有关。所以,当球落在成网帘上时,它未来的位置由当前状态决定,而不是历史状态。为此,他们构建了一种随机模型,计算了纤维落在成网帘上各位置的概率分布,并采用单喷丝孔熔喷设备进行了验证。但是,这个随机模型没有进一步采用多喷丝孔熔喷设备进行验证,也没有研究成网帘移动带来的影响。

此外,还有一种针对纤网形态的模拟软件 FIDYST,目前已经商业化。该软件以随机模型为基础,由 Götz 等[155]、Bonilla 等[156]、Marheineke 等[157] 开发。Götz 等[155] 认为早期的 FIDYST 耗费了太多计算机资源,所以提出一种简化的随机模型,但没有考虑湍流对纤维运动的影响,且成网帘仍是静止的。所以,Bonilla 等[156] 在模型中考虑了气流的湍流动能、耗散率等,从而生成一种随机力,它可以引起纤维发生鞭动,并讨论了采用移动的成网帘接收纤维的问题。Marheineke 等[158] 则认为 Bonilla 等[156] 考虑的这种随机力作用于纤维时应该对纤维产生线性拉伸,建议采用 Taylor 拉伸模型[137] 解释该问题。然而,Taylor 拉伸模型仅适用于大雷诺数条件即[20,30 000],且纤维与流场速度方向的夹角必须在$(\pi/36, \pi/2)$,而纤维在成网帘上的运动是一个小雷诺数问题(雷诺数与物体之间的相对速度有关,此时纤维和气流的速度接近,相对速度较小)。所以,Marheineke 等[159] 改进了 Taylor 拉伸模型,以适用于小雷诺数和任意夹角。模拟结果采用粒子图像测速(PIV)实验进行验证,其结果与实验相符。然而,他们的实验还需要在更广的雷诺数条件下,利用不同种类的纤维进行验证。随后,Klar 等[160] 总结了上述随机模型,并推广至三维空间；Kolb 等[161]、Bonilla 等[162]、Bouin 等[163]、Borsche 等[164]和 Wieland 等[165-166]进一步改善该模型，形成逐渐成熟的 FIDYST 模拟仿真软件。但是，Battocchio 等[150]发表论文认为，该软件中的很多参数无法直接通过实验测量，且其模拟结果需进一步验证才能推广应用。

3.3 熔喷纤维在线测量方法

由纤维成形理论模拟得到的结果，如何验证？在喷丝孔至成网帘这段距离中，熔体究竟发生了什么，才能细化成纤维？上述问题只有通过在线测量，才能一一回答。所以，针对纤维的直径、速度、鞭动、温度的在线测量，可帮助人们了解纤维在此过程中的变化。相对于离线测量，在线测量由于高速气流和纤维鞭动的影响是非常复杂且费时费力的。为了精确获得纤维物理量的在线测量结果，许多高科技测量设备被应用到实验过程中，如 LDV、激光衍射、红外相机等。

3.3.1 纤维鞭动的在线测量实验

观察纤维在气流中运动的最有效方法就是高速摄影，可采用高速相机拍摄或高速频闪摄影法进行研究。Shambaugh 课题组广泛采用了高速频闪摄影技术[117,122,167]。其中，Chhabra 等[167]采用两台相机，在正交方向上同步拍摄了纤维运动产生的影像，称之为"纤维锥"。他们发现纤维锥的横截面是椭圆，但当 DCD 增大后，则变为圆形。纤维锥的半径事实上与纤维鞭动的振幅有关，振幅越大则纤维锥的半径越大。通过类似的实验，Moore 等[168]研究了纤维振幅的规律，发现振幅与模头温度有关。Beard 等[169]、Xie 等[170-173]采用高速相机研究了纤维鞭动规律和速度变化情况。当纤维由喷丝孔挤出时，将被气流加速，随着远离喷丝孔，气流速度衰减，则纤维也逐渐减速，直到纤维沉积在成网帘上。

此外，研究人员希望清楚地拍摄整根纤维的运动路径。前文提到 Shambaugh 等[174]将熔喷工艺分为三个区域，为了拍摄纤维在区域Ⅰ的运动情况，Sinha-Ray 等[89]将一根细线贴在喷丝孔处，模拟熔喷丝，随后拍摄的图片如图 1-23(a)所示。可以发现，纤维发生鞭动的同时始终有一小段保持直线状。随后，Benavides 等[175]和 Ruamsuk 等[176]将相机对准喷丝孔，也拍摄到了聚合物溶液喷射的初始路径，如图 1-23(b)和(c)所示。这些图片验证了 Shambaugh 等提出的假设。Bresee[177]拍摄了整根纤维的运动过程，如图 1-24 所示。可以发现，在接近喷丝孔区域，纤维几乎保持直线运动，但逐渐远离喷丝孔时，纤维开始相互纠缠。Bresee 等[178]关注纤维在成网帘附近的运动，发现纤维在到达成网帘上方约 3 cm 处才开始减速。此外，纤维在成网帘上方时主要沿着垂直于机器方向(CD)排列。这与笔者团队在纤网中观察到的情况不一样，在纤网中，纤维主要沿着机器方向(MD)排列。Bresee 认为这可能是纤维在沉积到成网帘上时，有一个较强的外力导致纤维取向重新发生排列。

（a）细线模拟实验

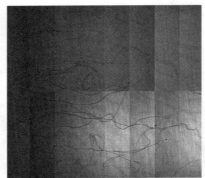

（b）溶液喷丝实验

（c）熔体喷丝实验

图 1-23 模头附近的鞭动观察实验

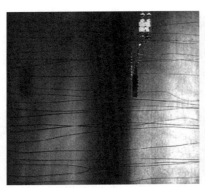

近模头区域

距模头4 cm区域

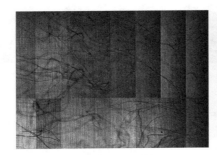

距模头9 cm区域

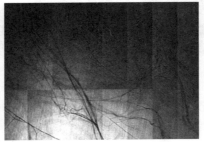

距模头19 cm区域

图 1-24 纤维在气流中的运动过程

3.3.2 纤维直径的在线测量实验

纤维直径是我们主要关注的熔喷结构参数之一,因为纤维直径往往决定了纤网的最终用途和应用表现。同样,高速摄影技术被认为是可以直接测量纤维直径的有效方法。Uyttendaele 等[88]、Marla 等[121-122]、Bansal 等[179]、Moore 等[168]、Marla 等[180]、Yin 等[181]、Ruamsuk 等[182]、Bresee 等[183-184]、Xie 等[171]都发表了有关高速摄影技术在线测量纤维直径的论文。基于由高速摄影获得的图片,Xie 等[185]提出了一种纤维直径的计算方法:

$$Q = \frac{1}{4}\pi d \cdot \Delta l_e \tag{1-39}$$

结合图 1-25(a),上式中 Δl_e 表示图片中纤维形成的卷绕在不同时间的长度差,即纤维被拉伸的净伸长。

由于质量守恒,所以纤维直径一定会根据式(1-39)发生变化。然而,在实际的实验操作中,很难获得精确的测量结果,因为在图片中如何确定纤维形成的卷绕的起始点和终止点? 这是个难题。此外,图片中纤维表面光照度不均匀,导致纤维部分边界与背景融合难以区分。另一方面,Benavides 等[175]报道了一个精确定量观察纤维在空中弯曲的实验。他们把颗粒放入熔体,然后通过高速相机拍摄纤维运动,这些纤维中的颗粒起标定的作用,这样可以方便地标定出纤维卷绕的起始点和终点,如图 1-25(b)所示。如果Xie 等[185]的实验能结合 Benavides 等[175]的研究进行改进,有希望开发出一种在线测量纤维直径的好方法。

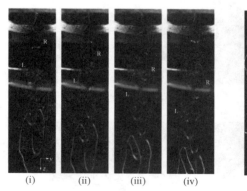
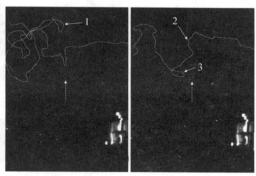

(a) 纯聚合物长丝　　　　　　　　　(b) 掺杂颗粒的聚合物长丝

图 1-25　长丝在气流中的卷绕

然而,高速摄影技术也有其限制,主要包括:(1)为了获得清楚的照片,在拍摄过程中一般会补光,纤维表面很容易发生光照度不均匀的现象,导致图片中有部位不清晰;(2)高速相机的景深往往较小,导致不能同时聚焦多根纤维;(3)如果镜头中同时出现多根纤维,很难分辨纤维的边界。因此,研究人员提出采用 LDV 在线测量纤维直径。事实上,单束激光早就被用于测量纤维直径[186-188]。利用 LDV 时,两束激光相交,在空间中产生一个交汇的光叠加区域,一旦有物体进入该区域,该物体就会散射激光,通过接收散射的激光并分析其波长和频率来确定物体的尺寸和速度。基于此方法,Chhabra 等[167]测量了纤维锥的半径,Wu 等[189]测量了纤维速度。随后,他们还将 LDV 的测量结果与高速相机的测量结果进行对比。采用 LDV 时,在远离喷丝孔位置>5 cm 处进行测量,结果更加精确。

然而,LDV 也有一定的缺陷。Moore 等[190]认为两束激光交汇区域仅为 1 mm,很难捕捉到其中的纤维。所以,Moore 等认为激光衍射技术有较大的测量区域及几乎瞬时的响应,其测量效果会更好。不过,他们在其论文中也承认在激光衍射测量之前,必须采用实际的纤维尺寸进行标定,其标定结果会直接影响实验精度。

总之,上述方法各有其优势和弊端,高速摄影技术考验操作者的拍摄技巧和图像处理能力,LDV 则很难捕捉到快速鞭动,激光衍射则需要测试前进行标定。

3.3.3　空气拉力测量

在熔纺和熔喷工艺中,聚合物都由外力牵伸细化。在熔纺过程中,由于纤维相对稳定,测量纤维的拉伸力较为简单。然而在熔喷工艺中,纤维由于受到气流的湍流影响而产生鞭动,测量其拉伸力则较为复杂。Gould 等[191]认为,纤维在流场中保持静止和运动状态时,其受到的气流拉伸力差异非常小。因此,熔喷加工过程中的气流拉力可以通过在静止纤维上吹喷气流进行测量。如图 1-26(a)显示,Majumdar 等[94]将一根铝丝贴在天平的底部并穿过喷丝孔,铝丝受到气流吹喷,读取天平上的读数,即可认为它是气流拉力。通过对涤纶、锦纶、芳纶和不锈钢纤维丝的大量实验,得出式(1-4)中的 β 取 0.78、

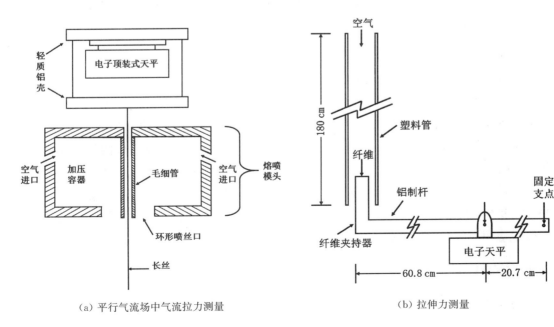

(a) 平行气流场中气流拉力测量　　　　　　　　　(b) 拉伸力测量

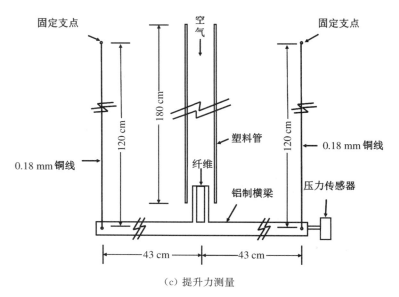

（c）提升力测量

图 1-26 气流拉力测量实验

n_b 取 0.61，对熔喷气流拉伸过程比较合适。随后，Ju 等[116]认为熔喷工艺中，气流拉伸力并非始终平行于纤维轴向。与图 1-16 类似，他们也将气流拉力分解为拉伸力和提升力，并设计了两种方法来测量这两个分力，如图 1-26(b)和(c)所示。

3.3.4 纤维温度在线测量

纤维的温度会直接影响纤维的直径。熔体只有在高温条件下才容易拉伸，温度较低时则会逐渐固化。红外相机常用于在线测量纤维的温度。然而，由于相机的分辨率不够，且纤维尺寸较小，测量结果并不精确。Bansal 等[179]由此提出一个修正方程：

$$T_c = (\text{SRF}) T_f + (1 - \text{SRF}) T_a \tag{1-40}$$

上式中，T_c 为相机上的温度读数，SRF（slit response function）称为"狭缝响应函数"。该函数由相机制造商提供，用于根据环境温度修正被测物的温度。根据式(1-40)的修正方法，Bansal 等发现随着 DCD（以 z 表示）增大，纤维温度下降。当 $z \approx 4$ cm 时，纤维温度保持不变。式(1-40)似乎解决了红外相机测量纤维温度不准确的问题。然而，函数 SRF 与被拍摄物体的形状并无关联，即不管被拍摄物体是球体、圆柱体还是其他形体，函数 SRF 都相同。但是，不同形状的物体在反射红外线时存在明显差别。因此，Marla 等[192]提出一个标定方法，获得了更精确的结果[180]。除了红外相机，数字红外测温仪也应用在纤维温度的在线测量中[181,193]。

3.4 熔喷纤维离线测量方法

与在线测量相比，离线测量是一个相对简单的方法。收集纤维后，通过光学显微镜、扫描电镜（SEM）等观察纤维表面结构，再通过其他设备或技术如差示扫描量热仪（DSC）、X 射线衍射、红外光谱等进行表征。上述方法可以方便地测量纤维的直径、结晶度、分子链取向度等结构参数。此外，为了解纤网的结构，还需要测量面密度、孔径、孔隙率、纤维取向等参数。

3.4.1 纤维直径的离线测量方法

使用光学显微镜测量纤维直径，是较为直接且方便的方法。有较多论文报道了采用光学显微镜观察纤维并测量纤维直径的方法[190,194-198]。在使用光学显微镜进行拍摄的过程中，研究人员总是希望获得更加清晰的照片，所以提高光学显微镜的放大倍数是一个必要步骤。然而，光学显微镜的景深有限制，其放大倍数越高，就越难以聚焦多根纤维，无法获得清晰的照片。因此，超景深显微镜或三维显微镜逐渐被用于观察纤维[101-102,199-201]。

扫描电镜也常用于观察纤维，近年来有关扫描电镜测量纤维的报道更多[129,190,196-197,202-216]。然而，利用扫描电镜观察纤维也有弊端：（1）适用于扫描电镜的样品相对于整张纤网来说非常小，其拍摄图片包含的纤网结构不一定有代表性，因此需要在纤网中多处取样观察；（2）制样时，需要在样品表面做喷金处理，该过程可能会对纤网结构产生影响；（3）对于导电性较差的纤维材料，如聚丙烯，拍摄时扫描电镜的镜头可能会出现漂移，难以控制，导致拍摄的电镜照片模糊。

不论采用光学显微镜还是扫描电镜拍摄纤维图片，都需要对图片做进一步处理，主要包括锐化、边界提取、平滑等操作，其目的是增强纤维亮度，使得纤维边界清晰等。一些图像处理软件，如 Image-Pro Plus、Motic Images、Image J 等，在该方面都有应用[101-102,195,199-201,204,209-211,213]。

3.4.2 纤维结晶度的测量方法

纤维的结晶度会影响纤维的力学性能。广角 X 射线衍射（WAXD）、小角 X 射线散射（SAXS）及 DSC 都可以测量纤维的结晶度。

Uyttendaele 等[88]采用 DSC 测得聚丙烯熔喷纤维的结晶度约为 0.5。Hegde 等[217]和 Ghosal 等[219]报道了类似的结果。然而，Xiao 等[218]得到了聚丙烯熔喷纤维的结晶度为 0.14 的结果。Kayser 等[194]通过偏光显微镜发现纤维的双折射率在 $z > 4$ cm 时增加。因为双折射率与结晶有关，当纤维发生结晶时，其双折射率会突然增加。这意味着，大部分纤维在细化完成后才会发生结晶。然而，Bresee 等[193]通过综合对比纤维的双折射率、WAXD 和 SAXS 的测试结果，认为聚丙烯纤维在沉积到成网帘之前不会发生结晶。由于熔喷纤维的微观结构易受到工艺参数的影响，而目前关于熔喷工艺参数对纤维结晶度影响规律的研究鲜有报道，所以上述测试结果还需进一步验证。

3.4.3 纤网面密度分布的测量方法

熔喷非织造布作为一种重要的过滤材料，其过滤性能往往与面密度分布均匀性有关。例如面密度分布不均匀的非织造布,其某些部位会偏薄,用作过滤材料时,颗粒很容易通过,影响过滤效率。目前,各国标准中测量面密度均匀性的方法主要是将非织造布样品切成等面积的片,称取各片的质量,计算各片的单位面积质量,由此来衡量面密度均匀性。

测量非织造布面密度的方法比较多[219-222]。Rovère 等[104]和 Moore 等[168]提出了光照吸收测量法,如图 1-27(a)所示,光源位于管的顶端,中部可以放置非织造布样品,底部是一个照度计,用于测量透过非织造布样品的光的强度。Sun 等[224]也报道了相似的实验,如图 1-27(b)所示,他们使用相机拍摄样品,并对照片灰度进行分析。上述实验的原理是比尔朗博定律,即面密度与透光强度存在相关性:透光强度越强,照片灰度值越大,则样品面密度越轻。为了观察到纤网结构的细节,Bresee 课题组[225-230]发明了一种自动对焦并拍摄纤网照片的设备,其结构如图 1-27(c)所示。将样品贴在 X—Y 载物台上后开启实验,载物台会沿着 X 或 Y 方向移动,每移动到一个位置,相机便通过自动对焦装置对焦纤网并拍照。根据拍摄的照片,对纤网的面密度分布和纤维取向进行定量分析。以

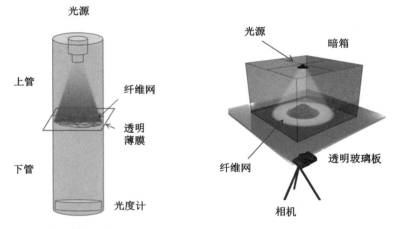

(a) 通过测量透射光强分析纤网面密度　　　　(b) 通过测量透射纤网照片分析纤网面密度

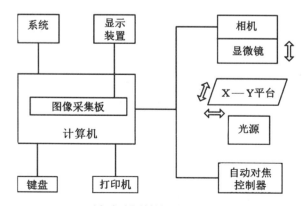

(c) 可自动对焦并拍摄纤网照片的设备

图 1-27　纤网面密度分析实验

该设备为基础,Bresee 课题组开发了 WebPro 软件,专门用于分析纤网的直径、取向、面密度甚至一些结构不匀参数[208-211]。类似地,东华大学 Wang(王荣武)等[231]开发了一套可以自动对焦并拍摄纤网照片的系统,其特色在于可以将不同景深的照片合成为一张照片,该方法在一定程度上解决了由于景深限制,图像处理方法往往仅适用于薄型纤网的问题。

3.4.4 纤网孔径分布与孔隙率的离线测量方法

纤网孔径和孔隙率会影响过滤时能通过的颗粒粒径。纤网孔径较大时,非织造布的呼吸阻力会降低,但能通过的颗粒数会增加。毛细管流动孔隙度仪和库尔特孔隙度仪是纤网孔径和孔隙率常用的测试仪器[202,205-206,209,232]。此外,有报道提到图像处理软件 Image J 可以测量纤网孔径[212]。ASTM F902 测试标准提供了一种利用气流测试孔径的方法,其原理主要依据下式:

$$\bar{D}^2 = \frac{32 \mu_a v_a h_c}{\Delta p} \tag{1-41}$$

式中:$\bar{D}$ 为平均毛细管等效孔径;Δp 为空气通过纤网前后的压力降;h_c 为纤网厚度。

由上式可知,在实验中只需要测量压力降和气流速度,便可计算出纤网孔径。基于式(1-41),Tsai[233-234]提出一个改进的方程:

$$\bar{D} = d \sqrt{\frac{32}{(1 - c^2) f(c)}} \tag{1-42}$$

上式中,c 代表纤维体积与纤网体积之比,$f(c)$ 定义如下:

$$f(c) = \frac{5.6c}{-\ln c + 2c - 0.5c^2 - 1.5} \tag{1-43}$$

由此可知,只要确定 c,就可根据纤维直径计算出 $\bar{D}$。

3.4.5 纤维取向分布的离线测量方法

纤维取向描述了纤网中纤维沿某个方向的排列情况。纤网中大部分纤维沿 MD 方向排列[169,208]。一种简单的间接测量纤网取向的方法是分别测量纤网沿 CD 和 MD 方向拉伸的强力,其比值代表纤网取向程度。另一种常见方法是利用图像处理技术分析拍摄的光学显微镜图像或扫描电镜图像[231,235-239]。采用该方法时,首先需要在图像中标示出纤网的 CD 和 MD 方向,然后提取纤维的轴向,计算轴向与 CD 和 MD 方向的夹角。若采用扫描电镜,拍摄时需要提前在样品上留下标记,否则拍摄得到的图像中缺少标记,导致无法计算夹角。

参考文献

[1]唐志玉. 塑料挤塑模与注塑模优化设计[M]. 北京:机械工业出版社,2000.

［2］Matsubara Y. Residence time distribution of polymer melts in the linearly tapered coat-hanger die［J］. Polymer Engineering & Science, 1983, 23(1)：17-19.

［3］张宝忠. T型流道平缝模中的熔体流动分析及流道尺寸设计［J］. 宁波职业技术学院学报, 2003, 7(1)：87-88.

［4］郭燕坤. 熔喷非织造用衣架型模头的研究［D］. 上海：东华大学, 2005.

［5］Han W L, Wang X H. Optimal geometry design of double coat-hanger die for melt blowing process［J］. Fibers and Polymers, 2014, 15：1190-1196.

［6］Meng K, Wang X H. Numerical simulation and analysis of fluid flow in double melt-blown die［J］. Textile Research Journal, 2013, 83(3)：249-255.

［7］Han W L, Wang X H. Multi-objective optimization of the coat-hanger die for melt-blowing process［J］. Fibers and Polymers, 2012, 13：626-631.

［8］Meng K, Wang X H, Chen Q G. Fluid flow in coat-hanger die of melt blowing process：Comparison of numerical simulations and experimental measurements［J］. Textile Research Journal, 2011, 81(16)：1686-1693.

［9］Ito K. Flow of melts in flat die［J］. Kobunshi Kagaku, 1963, 20(216)：193-200.

［10］Vergnes B, Saillard P, Plantamura B. Methods of calculating extrusion sheeting dies［J］. Kunststoffe-German Plastics, 1980, 70(11)：750-752.

［11］Chung C I, Lohkamp D T. Designing coat-hanger dies by power-law approximation［J］. Modern Plastics, 1976, 53(3)：52-55.

［12］Sun Q, Zhang D. Analysis and simulation of non-Newtonian flow in the coat-hanger die of a meltblown process［J］. Journal of Applied Polymer Science, 1998, 67(2)：193-200.

［13］Reid J D, Campanella O H, Corvalan C M, et al. The influence of power-law rheology on flow distribution in coathanger manifolds［J］. Polymer Engineering & Science, 2003, 43(3)：693-703.

［14］Pearson J R A. Non-newtonian flow and die design［J］. Trans. J. Plast. Inst., 1964, 32：239-244.

［15］Schläfli D. Analysis of Polymer Flow through Coathanger Melt Distributors［J］. International Polymer Processing, 1995, 10(3)：195-199.

［16］Fenner R T. Principle of Polymer Processing［M］. London：MacMillan Press, Ltd., 1979.

［17］Gutfinger C, Broyer E, Tadmor Z. Analysis of a cross head die with the flow analysis network (FAN) method［J］. Polymer Engineering & Science, 1975, 15(5)：381-385.

［18］Vergens B, Saillard P, Agassant J F. Non-isothermal flow of a molten polymer in a coat-hanger die［J］. Polymer Engineering & Science, 1984, 24(12)：980-987.

［19］Arpin B, Lafleur P G, Sanschagrin B. A personal computer software program for coathanger die simulation［J］. Polymer Engineering & Science, 1994, 34(8)：657-664.

［20］Arpin B, Lafleur P G, Vergnes B. Simulation of polymer flow through a coat-hanger die：A comparison of two numerical approaches［J］. Polymer Engineering & Science, 1992, 32(3)：206-212.

［21］Wang Y. The flow distribution of molten polymers in slit dies and coathanger dies through three-dimensional finite element analysis[J]. Polymer Engineering & Science, 1991, 31(3): 204-212.

[22] Dooley J. Simulating the flow in a film die using finite element analysis[J]. SPE-ANTEC Technical Papers, 1990, 36: 168.

[23] Na S Y, Do H K. Three-dimensional simulation of polymer melt flow in a coat-hanger die[J]. Journal of Chemical Engineering of Japan, 1996, 29(1): 1-11.

[24] Na S Y, Kim D H. Three-dimensional modelling of non-newtonian fluid flow in a coat-hanger die [J]. Korean Journal of Chemical Engineering, 1995, 12: 236-243.

[25] Wen S H, Liu T J, Tsou J D. Three-dimensional finite element analysis of polymeric fluid flow in an extrusion die. Part I: Entrance effect[J]. Polymer Engineering & Science, 1994, 34(10): 827-834.

[26] Huang C C. Optimal design of a linearly tapered coat-hanger die[C]. Technical Papers of The Annual Technical Conference-Society of Plastics Engineers Incorporated, 1996: 260-264.

[27] Chen C, Jen P, Lai F S. Optimization of the coathanger manifold via computer simulation and an orthogonal array method[J]. Polymer Engineering & Science, 1997, 37(1): 188-196.

[28] Smith D E, Tortorelli D A, Tucker III C L. Optimal design for polymer extrusion. Part I: Sensitivity analysis for nonlinear steady-state systems [J]. Computer Methods in Applied Mechanics and Engineering, 1998, 167(3-4): 283-302.

[29] Smith D E, Tortorelli D A, Tucker III C L. Optimal design for polymer extrusion. Part II: Sensitivity analysis for weakly-coupled nonlinear steady-state systems[J]. Computer Methods in Applied Mechanics and Engineering, 1998, 167(3-4): 303-323.

[30] Smith D E, Wang Q. Optimization-based design of polymer sheeting dies using generalized Newtonian fluid models[J]. Polymer Engineering & Science, 2005, 45(7): 953-965.

[31] Lebaal N, Puissant S, Schmidt F. Application of a response surface method to the optimal design of the wall temperature profiles in extrusion die[J]. International Journal of Material Forming, 2010, 3: 47-58.

[32] Lebaal N, Schmidt F, Puissant S. Design and optimization of three-dimensional extrusion dies, using constraint optimization algorithm[J]. Finite Elements in Analysis and Design, 2009, 45(5): 333-340.

[33] 李昌志, 申开智. 衣架式板材与片材挤出机头优化设计软件的研制[J]. 中国塑料, 1999, 13(3): 79-83.

[34] 张冰, 江波, 许澍华. 衣架机头的优化计算及压力分布模拟[J]. 塑料, 2001, 30(2): 33-37.

[35] 刘玉军, 王钧效. 衣架式纺丝模头设计理论研究[J]. 纺织学报, 2008, 29(3): 97-100.

[36] 龚炫, 吴宏武. 衣架式模头设计理论及其流道数值模拟验证[J]. 塑料, 2010, 39(2): 1-3.

[37] 周文渊, 熊传胜, 孟雅新, 等. 内模填充衣架式机头内物料停留时间的数值模拟[J]. 中国塑料, 2010, 24(1): 59-63.

[38] 周文渊, 熊传胜, 杨宝红, 等. 不同角度内模填充衣架型机头的数值模拟[J]. 塑料科技, 2010 (7): 72-76.

[39] Wang X H, Chen T, Huang X B. Simulation of the polymeric fluid flow in the feed distributor of

melt blowing process[J]. Journal of Applied Polymer Science，2006，101(3)：1570-1574.

[40] Meng K，Wang X H，Huang X B. Optimal design of the coat-hanger die used for producing melt-blown fabrics by finite element method and evolution strategies[J]. Polymer Engineering & Science，2009，49(2)：354-358.

[41] Liu T J，Hong C N，Chen K C. Computer-aided analysis of a linearly tapered coat-hanger die[J]. Polymer Engineering & Science，1988，28(23)：1517-1526.

[42] Weinstein S J，Ruschak K J. One-dimensional equations governing single-cavity die design[J]. AIChE Journal，1996，42(9)：2401-2414.

[43] Huang Y，Gentle C R，Hull J B. A comprehensive 3-D analysis of polymer melt flow in slit extrusion dies[J]. Advances in Polymer Technology：Journal of The Polymer Processing Institute，2004，23(2)：111-124.

[44] 武停启，江波，许澍华，等. 线性锥形衣架机头流率分布数值模拟[J]. 塑料，2005，34(5)：95-99.

[45] Wu T Q，Jiang B，Xu S H，et al. Three-dimensional nonisothermal simulation of a coat hanger die[J]. Journal of Applied Polymer Science，2006，101(5)：2911-2918.

[46] Meng K，Wang X H，Huang X B. Numerical analysis of the stagnation phenomenon in the coat-hanger die of melt blowing process[J]. Journal of Applied Polymer Science，2008，108(4)：2523-2527.

[47] Shetty S，Ruschak K J，Weinstein S J. Model for a two-cavity coating die with pressure and temperature deformation[J]. Polymer Engineering & Science，2012，52(6)：1173-1182.

[48] Ruschak K J，Weinstein S J. Modeling the secondary cavity of two-cavity dies[J]. Polymer Engineering & Science，1997，37(12)：1970-1976.

[49] 王新厚，韩万里. 一种均匀分配宽幅衣架型模头：201110228176.9[P]. 2011-08-10.

[50] Harpham A S，Shambaugh R L. Flow field of practical dual rectangular jets[J]. Industrial & Engineering Chemistry Research，1996，35(10)：3776-3781.

[51] Harpham A S，Shambaugh R L. Velocity and temperature fields of dual rectangular jets[J]. Industrial & Engineering Chemistry Research，1997，36(9)：3937-3943.

[52] Tate B D，Shambaugh R L. Modified dual rectangular jets for fiber production[J]. Industrial & Engineering Chemistry Research，1998，37(9)：3772-3779.

[53] Tate B D，Shambaugh R L. Temperature fields below melt-blowing dies of various geometries[J]. Industrial & Engineering Chemistry Research，2004，43(17)：5405-5410.

[54] Moore E M，Papavassiliou D V，Shambaugh R L. Air velocity, air temperature, fiber vibration and fiber diameter measurements on a practical melt blowing die[J]. International Nonwovens Journal，2004，13(3)：43-53.

[55] 陈廷. 熔喷非织造气流拉伸工艺研究[D]. 上海：东华大学，2003.

[56] Krutka H M，Shambaugh R L，Papavassiliou D V. Analysis of a melt-blowing die：Comparison of CFD and experiments[J]. Industrial & Engineering Chemistry Research，2002，41(20)：5125-5138.

[57] Krutka H M, Shambaugh R L, Papavassiliou D V. Effects of die geometry on the flow field of the melt-blowing process [J]. Industrial & Engineering Chemistry Research, 2003, 42 (22): 5541-5553.

[58] Krutka H M, Shambaugh R L, Papavassiliou D V. Effects of temperature and geometry on the flow field of the melt blowing process[J]. Industrial & Engineering Chemistry Research, 2004, 43 (15): 4199-4210.

[59] 王晓梅. 熔喷工艺气流对纤维运动及热熔纤网质量影响的研究[D]. 上海：东华大学, 2005.

[60] Sun Y F, Wang X H. Optimization of air flow field of the melt blowing slot die via numerical simulation and genetic algorithm [J]. Journal of Applied Polymer Science, 2010, 115 (3): 1540-1545.

[61] Sun Y F, Liu B W, Wang X H, et al. Air-flow field of the melt-blowing slot die via numerical simulation and multiobjective genetic algorithms[J]. Journal of Applied Polymer Science, 2011, 122(6): 3520-3527.

[62] 孙亚峰. 微纳米纤维纺丝拉伸机理的研究[D]. 上海：东华大学, 2011.

[63] Krutka H M, Shambaugh R L, Papavassiliou D V. Effects of the polymer fiber on the flow field from a slot melt blowing die[J]. Industrial & Engineering Chemistry Research, 2008, 47(3): 935-945.

[64] Klinzing W P, Sparrow E M. Three-dimensional fluid flow in the processing of fine fibers[J]. Industrial & Engineering Chemistry Research, 2008, 47(22): 8754-8761.

[65] Uyttendaele M A J, Shambaugh R L. The flow field of annular jets at moderate Reynolds numbers [J]. Industrial & Engineering Chemistry Research, 1989, 28(11): 1735-1740.

[66] MajumdaR B, Shambaugh R L. Velocity and temperature fields of annular jets[J]. Industrial & Engineering Chemistry Research, 1991, 30(6): 1300-1306.

[67] Mohammed A, Shambaugh R L. Three-dimensional flow field of a rectangular array of practical air jets[J]. Industrial & Engineering Chemistry Research, 1993, 32(5): 976-980.

[68] Mohammed A, Shambaugh R L. Three-dimensional temperature field of a rectangular array of practical air jets[J]. Industrial & Engineering Chemistry Research, 1994, 33(3): 730-735.

[69] Moore E M, Shambaugh R L, Papavassiliou D V. Analysis of isothermal annular jets: Comparison of computational fluid dynamics and experimental data[J]. Journal of Applied Polymer Science, 2004, 94(3): 909-922.

[70] Krutka H M, Shambaugh R L, Papavassiliou D V. Analysis of multiple jets in the Schwarz melt-blowing die using computational fluid dynamics[J]. Industrial & Engineering Chemistry Research, 2005, 44(23): 8922-8932.

[71] Krutka H M, Shambaugh R L, Papavassiliou D V. Analysis of the temperature field from multiple jets in the Schwarz melt blowing die using computational fluid dynamics [J]. Industrial & Engineering Chemistry Research, 2006, 45(14): 5098-5109.

[72] Krutka H M, Shambaugh R L, Papavassiliou D V. Effects of the polymer fiber on the flow field from an annular melt-blowing die[J]. Industrial & Engineering Chemistry Research, 2007, 46(2):

655-666.

[73] Ziecker R A，Boger B J，Lewis D N. Adhesive spray gun and nozzle attachment：USRE033484E1 [P]. 1990-12-11.

[74] Moore E M. Experimental and computational analysis of the aerodynamics of melt blowing dies [D]. Norman：University of Oklahoma，2004.

[75] 谢胜. 熔喷气流场及纤维运动的计算与实验研究[D]. 上海：东华大学，2015.

[76] Kwok K C，Van Erden D L，Zentmyer H J. Meltblowing method and apparatus：US6074597[P]. 2000-06-13.

[77] Hassan M A，Khan S A，Pourdeyhimi B. Fabrication of micro-meltblown filtration media using parallel plate die design[J]. Journal of Applied Polymer Science，2016，133(7).

[78] Tan D H，Herman P K，Janakiraman A，et al. Influence of Laval nozzles on the air flow field in melt blowing apparatus[J]. Chemical Engineering Science，2012，80：342-348.

[79] Wang Y D，Wang X. Investigation on a new annular melt-blowing die using numerical simulation [J]. Industrial & Engineering Chemistry Research，2013，52(12)：4597-4605.

[80] Wang Y D，Wang X. Numerical analysis of new modified melt-blowing dies for dual rectangular jets[J]. Polymer Engineering & Science，2014，54(1)：110-116.

[81] 王玉栋. 熔喷气流场的分析与优化[D]. 上海：东华大学，2014.

[82] Hassan M A，Anantharamaiah N，Khan S A，et al. Computational fluid dynamics simulations and experiments of meltblown fibrous media：New die designs to enhance fiber attenuation and filtration quality[J]. Industrial & Engineering Chemistry Research，2016，55(7)：2049-2058.

[83] Hao X B，Yang Y，Zeng Y C. Retarding the decay of temperature in the air flow field during the melt blowing process using a thermal insulation tube[J]. Textile Research Journal，2019，90(5-6)：606-616.

[84] Kim B S，Kim I S，Kim K W，et al. Development of melt blown electrospinning apparatus of isotactic polyproylene[J]. NSTI-Nanotech，2010，1：826-829.

[85] 陈宏波，何万林，秦永新，等. 熔喷静电微分纺丝法制备纳米纤维[J]. 塑料，2017，46(4)：121-124.

[86] Meng K. Investigation on compound field of electrospinning and melt blowing for producing nanofibers[J]. International Journal of Numerical Methods for Heat & Fluid Flow，2017，27(2)：282-286.

[87] Pu Y，Zheng J，Chen F X，et al. Preparation of polypropylene micro and nanofibers by electrostatic-assisted melt blown and their application[J]. Polymers，2018，10(9)：959-970.

[88] Uyttendaele M A J，Shambaugh R L. Melt-blowing：General equation development and experiment verification[J]. AIChE J.，1990，36(2)：175-186.

[89] Sinha-Ray S，Yarin A L，Pourdeyhimi B. Meltblowing：I-Basic physical mechanisms and threadline model[J]. J. Appl. Phys.，2010，108(3).

[90] Yarin A L，Sinha-Ray S，Pourdeyhimi B. Meltblowing：II-Linear and nonlinear waves on viscoelastic polymer jets[J]. J. Appl. Phys.，2010，108(3).

［91］Zeng Y C，Sun Y F，Wang X H. Numerical approach to modeling fiber motion during melt blowing［J］. J. Appl. Polym. Sci. ，2011，119(4)，2112-2123.

［92］Sun Y F，Zeng Y C，Wang X H. Three-dimensional model of whipping motion in the processing of microfibers［J］. Ind. Eng. Chem. Res. ，2011，50(2)：1099-1109.

［93］Matsui M. Air drag on a continuous filament in melt spinning［J］. Trans. Soc. Rheol. ，1976，20 (3)：465-473.

［94］Majumdar B，Shambaugh R L. Air drag on filaments in the melt blowing process［J］. J. Rheol. ，1990，34(4)：591-601.

［95］Middleman S. Fundamentals of Polymer Processing［M］. New York：McGraw-Hill，1977.

［96］Phan-Thien N. A nonlinear network viscoelastic model［J］. J. Rheol. ，1978，22(3)：259-283.

［97］Ziabicki A，Kawai H. High-speed Fiber Spinning：Science and Engineering Aspects［M］. New York：Wiley，1985.

［98］Ishizuka O，Koyama K，Nokubo H. Elongational viscosity in the isothermal melt spinning of polypropylene［J］. Polym. ，1980，21(6)：691-698.

［99］Chen T，Huang X. Modeling polymer air drawing in the melt blowing nonwoven process［J］. Text. Res. J. ，2003，73(7)：651-654.

［100］Chen T，Huang X B. Air drawing of polymers in the melt blowing nonwoven process：Mathematical modelling［J］. Model. Simul. Mater. Sci. Eng. ，2004，12(3)：381-388.

［101］Chen T，Li L，Huang X. Fiber diameter of polybutylene terephthalate melt-blown nonwovens ［J］. J. Appl. Polym. Sci. ，2005，97(4)：1750-1752.

［102］Chen T，Wang X，Huang X. Effects of processing parameters on the fiber diameter of melt blown nonwoven fabrics［J］. Text. Res. J. ，2005，75(1)：76-80.

［103］Zhao Bo. Numerical modeling and experimental investigation of fiber diameter of melt blowing nonwoven web［J］. Int. J. Cloth. Sci. Tech. ，2015，27(1)：91-98.

［104］Rovère A D，Shambaugh R L. Melt-spun hollow fibers：Modeling and experiments［J］. Polym. Eng. Sci. ，2001，41(7)：1206-1219.

［105］Jarecki L，Ziabicki A. Mathematical modelling of the pneumatic melt spinning of isotactic polypropylene. Part II. Dynamic model of melt blowing［J］. Fibres & Textiles in Eastern Europe，2008，16(5)：17-24.

［106］Ziabicki A. Crystallization of polymers in variable external conditions［J］. Colloid. Polym. Sci. ，1996，274(3)：209-217.

［107］Jarecki L，Ziabicki A，Blim A. Dynamics of hot-tube spinning from crystallizing polymer melts ［J］. Comput. Theor. Polym. Sci. ，2000，10 (12)：63-72.

［108］Jarecki L，Ziabicki A，Lewandowski Z，et al. Dynamics of air drawing in the melt blowing of nonwovens from isotactic polypropylene by computer modeling［J］. J. Appl. Polym. Sci. ，2011，119：53-65.

［109］Jarecki L，Lewandowski Z. Mathematical modelling of the pneumatic melt spinning of isotactic polypropylene. Part III. Computations of the process dynamics［J］. Fibres & Textiles in Eastern

Europe，2009，17(1)：75-80.

[110] Shambaugh B R，Papavassiliou D V，Shambaugh R L．Next-generation modeling of melt blowing [J]．Ind. Eng. Chem. Res. ，2011，50(21)：12233-12245.

[111] Nakamura K，Katayama K，Amano T．Some aspects of nonisothermal crystallization of polymers．Ⅱ．Consideration of the isokinetic condition[J]．The Journal of Applied Polymer Science，1973，17(4)：1031-1041.

[112] Coppola S，Grizzuti N，Maffettone P L．Microrheological modeling of flow-induced crystallization [J]．Macromolecules，2001，34(14)：5030-5036.

[113] Zheng R，Kennedy P K．A model for post-flow induced crystallization：General equations and predictions[J]．Journal of Rheology，2004，48(4)：823-842.

[114] Zuidema H．Flow Induced Crystallization of Polymers[D]．Eindhoven：Eindhoven University of Technology，2000.

[115] Narasimhan K M，Shambaugh R L．The Melt blowing of polyolefins[C]．New York：The 59th Annual Meeting of the Society of Rheology，1987.

[116] Ju Y D，Shambaugh R L．Air drag on fine filaments at oblique and normal angles to the air stream [J]．Polym. Eng. Sci. ，1994，34(12)：958-964.

[117] Rao R S，Shambaugh R L．Vibration and stability in the melt blowing process[J]．Ind. Eng. Chem. Res. ，1933，32(12)：3100-3111.

[118] Andrews E H．Cooling of a spinning threadline[J]．J. Appl. Phys. ，1959，10 (1)：39-43.

[119] Kase S，Matsuo T．Studies on melt spinning. I. Fundamental equations on the dynamics of melt spinning[J]．Journal of Polymer Science (Part A：General Papers)，1965，3(7)：2541-2554.

[120] Morgan V T．Advances in Heat Transfer[M]．Vol. 11．New York：Academic Press，1976.

[121] Marla V T，Shambaugh R L．Three-dimensional model of the melt-blowing process[J]．Ind. Eng. Chem. Res. ，2003，42(26)：6993-7005.

[122] Marla V T，Shambaugh R L．Modeling of the melt blowing performance of slot die[J]．Ind. Eng. Chem. Res. ，2004，43(11)：2789-2797.

[123] Marla V T，Shambaugh R L，Papavassiliou D V．Modeling the melt blowing of hollow fibers[J]．Ind. Eng. Chem. Res. ，2006，45(1)：407-415.

[124] Yamamoto S，Matsuoka T．A method for dynamic simulation of rigid and flexible fibers in a flow field[J]．J. Chem. Phys. ，1993，98(1)：644-650.

[125] Zeng Y C，Yu C W．Numerical simulation of fiber motion in the nozzle of an air-jet spinning machine[J]．Text. Res. J. ，2004，74(2)：117-122.

[126] Wang X M，Ke Q F．Computational simulation of the fiber movement in the melt-blowing process [J]．Ind. Eng. Chem. Res. ，2005，44(11)：3912-3917.

[127] Wu L L，Chen T．A generalized model for the melt blowing nonwoven process[J]．Int. J. Nonlin. Sci. Num. Simul. ，2010，11：281-285.

[128] Wu L L，Huang D，Chen T．Modeling the Nanofiber fabrication with the melt blowing annular die[J]．Matéria(Rio de Janeiro)，2014，19(4)：377-381.

[129] Tan D H, Zhou C, Ellison C J, et al. Meltblown fibers: Influence of viscosity and elasticity on diameter distribution[J]. J. Non-Newtonian Fluid Mech, 2010, 165: 892-900.

[130] Zhou C, Tan D H, Janakiraman A P, et al. Modeling the melt blowing of viscoelastic materials [J]. Chem. Eng. Sci. , 2011, 66(18): 4172-4183.

[131] Entov V M, Yarin A L. The dynamics of thin liquid jets in air[J]. J. Fluid Mech. , 1984, 140: 91-111.

[132] Ghosal A, Chen K, Sinha-Ray S, et al. Modeling polymer crystallization kinetics in the meltblowing process[J]. Ind. Eng. Chem. Res. , 2020, 59(1): 399-412.

[133] Chung C, Kumar S. Onset of whipping in the melt blowing process[J]. J. Non-Newtonian Fluid Mech. , 2013, 192: 37-47.

[134] Xie S, Zeng Y, Han W, et al. An improved Lagrangian approach for simulating fiber whipping in slot-die melt blowing[J]. Fibers. Polym. , 2017, 18(3): 525-532.

[135] Maleki M, Habibi M, Golestanian R, et al. Liquid rope coiling on a solid surface[J]. Phys. Rev. Lett. , 2004, 93(21).

[136] Barnes G, Woodcock R. Liquid rope-coil effect[J]. Am. J. Phys. , 1958, 26(4): 205-209.

[137] Taylor G I. Instability of jets, threads, and sheets of viscous fluid[C]. In: Hetényi M. , Vincenti W G. Applied Mechanics. International Union of Theoretical and Applied Mechanics. Berlin: Springer. 1969: 382-395.

[138] Hearle J W S, Sultan M A I, Govender S. The form taken by threads laid on a moving belt. Part I: Experimental study[J]. J. Text. Inst. , 1976, 67(11): 373-376.

[139] Hearle J W S, Sultan M A I, Govender S. The form taken by threads laid on a moving belt. Part III: Comparison of materials[J]. J. Text. Inst. , 1976, 67(11): 382-386.

[140] Hearle J W S, Sultan M A I, Govender S. The form taken by threads laid on a moving belt. Part II: Mechanisms and theory[J]. J. Text. Inst. , 1976, 67(11): 377-381.

[141] Griffiths R W, Turner J S. Folding of viscous plumes impinging on a density or viscosity interface [J]. Geophys. J. Int. , 1988, 95(2): 397-419.

[142] Tchavdarov B, Yarin A L, Radev S. Buckling of thin liquid jets[J]. J. Fluid. Mech. , 1993, 253: 593-615.

[143] Mahadevan L, Keller J B. Coiling of flexible ropes[J]. Proc. R. Soc. London, Ser. A. , 1950, 542: 1679-1694.

[144] Mahadevan L, Ryu W S, Samuel A D T. Fluid "rope trick" investigated[J]. Nature, 1998, 392 (140).

[145] Habibi M, Ribe N M, Bonn D. Coiling of elastic ropes[J]. Phys. Rev. E. , 2007, 99(15).

[146] Habibi M, Najafi J, Ribe N M. Pattern formation in a thread falling onto a moving belt: An "elastic sewing machine"[J]. Phys. Rev. E. , 2011, 84(1).

[147] Chiu-Webster S, Lister J R. The fall of a viscous thread onto a moving surface: A "fluid-mechanical sewing machine"[J]. J. Fluid. Mech. , 2006, 569: 89-111.

[148] Mohammad K J, Fang D, Jungseock J, et al. Coiling of elastic rods on rigid substrates[J]. Proc.

Natl. Acad. Sci. U. S. A. , 2014, 111(41): 14663-14668.

[149] Mohammad K J, Pedro M R. Pattern morphology in the elastic sewing machine[J]. Extreme. Mech. Lett. , 2014, 1: 76-82.

[150] Battocchio F, Sutcliffe M P F. Modelling fibre laydown and web uniformity in nonwoven fabric [J]. Model. Simul. Mater. Sci. Eng. , 2017, 25(3): 035006-035029.

[151] Sinha-Ray S, Yarin A L, Pourdeyhimi B. Prediction of angular and mass distribution in meltblown polymer lay-down[J]. Polym. , 2013, 54: 860-872.

[152] Yarin A L, Sinha-Ray S, Pourdeyhimi B. Meltblowing: Multiple polymer jets and fiber-size distribution and lay-down patterns[J]. Polym. , 2011, 52: 2929-2938.

[153] Ghosal A, Sinha-Ray S, Yarin A L, et al. Numerical prediction of the effect of uptake velocity on three dimensional structure, porosity and permeability of meltblown nonwoven laydown[J]. Polym. , 2016, 85: 19-27.

[154] Chhabra R, Shambaugh R L. Probabilistic model development of web structure formation in the melt blowing process[J]. Int. Nonwovens. J. , 2004, 13(3): 24-34.

[155] Götz T, Klar A, Marheineke N, et al. A Stochastic model and associated Fokker-Planck equation for the fiber lay-down process in nonwoven production processes[J]. SIAM J. Appl. Math. , 2007, 67(6): 1704-1717.

[156] Bonilla L L, Götz T, Klar A, et al. Hydrodynamic limit of a Fokker-Planck equation describing fiber lay-down processes. SIAM J. Appl. Math. , 2008, 68(3): 648-665.

[157] Marheineke N, Wegener R. Fiber dynamics in turbulent flows: General modeling framework[J]. SIAM J. Appl. Math. , 2006, 66(5): 1703-1726.

[158] Marheineke N, Wegener R. Fiber dynamics in turbulent flows: Specific Taylor drag[J]. SIAM J. Appl. Math. , 2007, 68(1): 1-23.

[159] Marheineke N, Wegener R. Modeling and application of a stochastic drag for fibers in turbulent [J]. Int. J. Multiphase Flow, 2011, 37(2): 136-148.

[160] Klar A, Maringer J, Wegener R. A 3D model for fiber lay-down in nonwoven production processes[J]. Math. Models Methods Appl. Sci. , 2012, 5(1): 97-112.

[161] Kolb M, Savov M, Wubker A. (Non-)ergodicity of a degenerate diffusion modeling the fiber lay down process[J]. SIAM J. Math. Anal. , 2013, 45(1): 1-13.

[162] Bonilla L L, Klar A, Martin S. Higher-order averaging of Fokker-Planck equations for nonlinear fiber lay-down processes[J]. SIAM J. Appl. Math. , 2014, 74(2): 366-391.

[163] Bouin E, Hoffmann F, Mouhot C. Exponential decay to equilibrium for a fiber lay-down process on a moving conveyor belt[J]. SIAM J. Math. Anal. , 2017, 49(4): 3233-3251.

[164] Borsche R, Klar A, Nessler C, et al. A retarded mean-field approach interacting fiber structures [J]. Multiscale Model. Simul. , 2017, 15(3): 1130-1154.

[165] Wieland M, Arne W, Marheineke N, et al. Melt-blowing of viscoelastic jets in turbulent airflows: Stochastic modeling and simulation[J]. Appl. Math. Model. , 2019, 76: 558-577.

[166] Wieland M, Arne W, Marheineke N, et al. Model hierarchy of upper-convected Maxwell models

with regard to simulations of melt-blowing processes[J]. Proc. Appl. Math. Mech., 2019, 19 (1).

[167] Chhabra R, Shambaugh R L. Experimental measurements of fiber threadline vibrations in the melt-blowing process[J]. Ind. Eng. Chem. Res., 1996, 35(11): 4366-4374.

[168] Moore E M, Papavassiliou D V, Shambaugh R L. Air Velocity, air temperature, fiber vibration and fiber diameter measurements on a practical melt blowing die[J]. Int. Nonwovens J., 2004, 13(3): 43-53.

[169] Beard J H, Shambaugh R L, Shambaugh B R, et al. On-line measurement of fiber motion during melt blowing[J]. Ind. Eng. Chem. Res., 2007, 46(22): 7340-7352.

[170] Xie S, Zeng Y C. Online measurement of fiber whipping in the melt-blowing process[J]. Ind. Eng. Chem. Res., 2013, 52(5): 2116-2122.

[171] Xie S, Zheng Y S, Zheng Y C. Influence of die geometry on fiber motion and fiber attenuation in the melt-blowing process[J]. Ind. Eng. Chem. Res., 2014, 53(32): 12866-12871.

[172] Xie S, Zeng Y C. Fiber spiral motion in a swirl die melt-blowing process[J]. Fibers. Polym., 2014, 15(3): 553-559.

[173] Xie S, Han W, Xu X, et al. Lateral diffusion of a free air jet in slot-die melt blowing for microfiber whipping[J]. Polym., 2019, 11(5): 788-801.

[174] Shambaugh R L. A macroscopic view of the melt-blowing process for producing microfibers[J]. Ind. Eng. Chem. Res., 1988, 27(12): 2363-2372.

[175] Benavides R E, Jana S C, Reneker D H. Role of liquid jet stretching and bending instability in nanofiber formation by gas jet method[J]. Macromolecules, 2013, 46(15): 6081-6090.

[176] Ruamsuk R, Takarada W, Kikutani T. Fine filament formation behavior of polymethylpentene and polypropylene near spinneret in melt blowing process[J]. Int. Polym. Proc., 2016, 31(2): 217-223.

[177] Bresee R R. Fiber motion near the collector during melt blowing. Part 1: General considerations [J]. Int. Nonwovens J., 2002, 11(2): 27-34.

[178] Bresee R R, Qureshi U A. Fiber motion near the collector during melt blowing. Part 2: Fly formation, 2002, 11(3): 21-27.

[179] Bansal V, Shambaugh R L. On-line determination of diameter and temperature during melt blowing of polypropylene[J]. Ind. Eng. Chem. Res., 1998, 37(5): 1799-1806.

[180] Marla V T, Shambaugh R L, Papavassiliou D V. Online measurement of fiber diameter and temperature in the melt-spinning and melt-blowing processes[J]. Ind. Eng. Chem. Res., 2009, 48(18): 8736-8744.

[181] Yin H, Yan Z, Ko W, et al. Fundamental description of the melt blowing process[J]. Int. Nonwovens J., 2000, 9(4): 25-28.

[182] Ruamsuk R, Takarada W, Kikutani T. Fine filament formation behavior of polymethylpentene and polypropylene near spinneret in melt blowing process[J]. Int. Polym. Proc., 2016, 31(2): 217-223.

[183] Bresee R R. Fiber motion near the collector during melt blowing. Part 1-General considerations [J]. Int. Nonwovens J., 2002, 11(2): 27-34.

[184] Bresee R R, Qureshi U A. Fiber motion near the collector during melt blowing. Part 2-Fly formation[J]. Int. Nonwovens J., 2002, 11(3): 21-27.

[185] Xie S, Zeng Y C. A geometry method for calculating the fiber diameter reduction in melt blowing [J]. Adv. Mater. Res., 2014, 893: 87-90.

[186] Hamza A A, Fouda I M, El-Farhaty K A, et al. Production of polyethylene fibers and their optical properties and radial differences in orientation[J]. Text. Res. J., 1980, 50 (10): 592-600.

[187] Presby H M. Refractive index and diameter measurements of unclad optical fibers[J]. J. Opt. Soc. Am., 1974, 64: 280-284.

[188] Wilkes J M. Calculating fiber index of refractive from laser back-scattering data[J]. Text. Res. J., 1982, 52 (7): 481-482.

[189] Wu T T, Shambaugh R L. Characterization of the melt blowing process with laser Doppler velocimetry[J]. Ind. Eng. Chem. Res., 1992, 31(1): 379-389.

[190] Moore E M, Shambaugh R L, Papavassiliou D V. Ensemble laser diffraction for online measurement of fiber diameter distribution during the melt blowing process[J]. Int. Nonwovens J., 2004, 13(2): 42-47.

[191] Gould J, Smith F S. Air-drag on synthetic-fiber textile monofilaments and yarns in axial flow at speeds of up to 100 meters per second[J]. Journal of The Textile Institute, 1980, 71(1): 38-49.

[192] Marla V T, Shambaugh R L, Papavassiliou D V. Use of an infrared camera for accurate determination of the temperature of polymer filaments[J]. Ind. Eng. Chem. Res., 2007, 46(1): 336-344.

[193] Bresee R R, Ko W. Fiber formation during melt blowing[J]. Int. Nonwovens J., 2003, 12(2): 21-28.

[194] Kayser J C, Shambaugh R L. The manufacture of continuous polymeric filaments by the melt-blowing process[J]. Polym. Eng. Sci., 1990, 30(19): 1237-1251.

[195] Wang X M, Ke Q F. Experimental investigation of adhesive meltblown web production using accessory air[J]. Polym. Eng. Sci., 2006, 46(1): 1-7.

[196] Lee Y E, Wadsworth L C. Fiber and web formation of melt-blown thermoplastic polyurethane polymers[J]. J. Appl. Polym. Sci., 2007, 105(6): 3724-3727.

[197] Chen Z Y, Wang R W, Zhang X M, et al. Study on measuring microfiber diameter in melt-blown webbased on image analysis[J]. Procedia Eng., 2011, 15: 3516-3520.

[198] Duran K, Duran D, Oymak G, et al. Investigation of the physical properties of meltblown nonwovens for air filtration[J]. Tekstil ve Konfeksiyon, 2013, 23(2): 136-142.

[199] Chen T, Li L Q, Huang X B. Predicting the fibre diameter of melt blown nonwovens: Comparison of physical, statistical and artificial neural network models[J]. Model. Simul. Mater. Sci. Eng., 2005, 13(4): 575-584.

[200] Wu L L, Chen T, Yu J Y. Study on the fiber diameter of polyactic melt blown nonwoven fabrics [J]. Adv. Mater. Res. , 2011, 175-176: 580-584.

[201] Zhao B. Production of polypropylene melt blown nonwoven fabrics. Part II-Effect of process parameters[J]. Indian J. Fibre Text. Res. , 2012, 37: 326-330.

[202] Lee Y, Wadsworth L. Structure and filtration properties of melt blown polypropylene webs[J]. Polym. Eng. Sci. , 1990, 30(22): 1413-1419.

[203] Ellison C J, Phatak A, Giles D W, et al. Melt blown nanofibers: Fiber diameter distributions and onset of fiber breakup[J]. Polym. , 2007, 48(11): 3306-3316.

[204] Uppal R, Bhat G, Eash C, et al. Meltblown nanofiber media for enhanced quality factor[J]. Fibers Polym. , 2013, 14(4): 660-668.

[205] Hassan M A, Yeom B Y, Wilkie A, et al. Fabrication of nanofiber meltblown membranes and their filtration properties[J]. J. Membr. Sci. , 2013, 427: 336-344.

[206] Xu Q D, Wang Y L. The effects of processing parameter on melt-blown filtration materials[J]. Adv. Mater. Res. , 2013, 650: 78-84.

[207] Zhang X M, Wang R W, Wu H B, et al. Automated measurements of fiber diameters in melt-blown nonwovens[J]. J. Ind. Text. , 2014, 43(4): 593-605.

[208] Han W L, Wang X H, Bhat G S. Structure and air permeability of melt blown nanofiber webs [J]. J. Nanomaterials Mol. Nanotechnol. , 2013, 2(3).

[209] Guo M L, Liang H X, Luo Z W, et al. Study on melt-blown processing, web structure of polypropylene nonwovens and its BTX adsorption[J]. Fibers and Polymers, 2016, 17(2): 257-265.

[210] Ruamsk R, Wataru T, Takeshi K. Melt-blowing conditions for preparing webs consisting of fine fibers[J]. AIP Conf. Proc. , 2016, 1779(1).

[211] Yesil Y, Bhat G S. Structure and mechanical properties of polyethylene melt blown nonwovens [J]. Int. J. Cloth. Sci. Tech. , 2016, 28(6): 780-794.

[212] Feng J. Preparation and properties of poly(lactic acid) fiber melt blown non-woven disordered mats[J]. Mater. Lett. , 2017, 189: 180-183.

[213] Kucukali O M, Venkataraman M, Mishra R. Influence of structural parameters on thermal performance of polypropylene nonwovens[J]. Polym Adv. Technol. , 2018, 29(12): 3027-3034.

[214] Ishikawa T, Ishii Y, Ohkoshi Y, et al. Microstructural analysis of melt-blown nonwoven fabric by X-ray micro computed tomography[J]. Text. Res. J. , 2019, 89(9): 1734-1747.

[215] Drabek J, Zatloukal M. Effect of molecular weight and extensional rheology on melt blown process stability for linear isotactic polypropylenes[J]. AIP Conf. Proc. , 2019, 2107(1).

[216] Drabek J, Zatloukal M. Influence of long chain branching on fiber diameter distribution for polypropylene nonwovens produced by melt blown process[J]. J. Rheol. , 2019, 63(4): 519-532.

[217] Hegde R R, Bhat G S. Nanoparticle effects on structure and properties of polypropylene meltblown webs[J]. J. Appl. Polym. Sci. , 2010, 115(2): 1062-1072.

[218] Xiao H M, Gui J Y, Chen G J, et al. Study on correlation of filtration performance and charge behavior and crystalline structure for melt-blown polypropylene electret fabrics[J]. J. Appl. Polym. Sci., 2015, 132(47).

[219] Bresee R R, Dariluk T S. Characterizing nonwoven web structure using image analysis techniques [J]. TAPPI J., 1997, 80(7): 133-138.

[220] Arkady C. Analysis and simulation of nonwoven irregularity and non-homogeneity[J]. Text. Res. J., 1998, 68(4): 242-253.

[221] Liu J L, Zuo B Q, Zeng X Y, et al. Nonwoven uniformity identification using wavelet texture analysis and LVQ neural network[J]. Expert Syst Appl., 2010, 37(3): 2241-2246.

[222] Liu J L, Zuo B Q, Vroman P, et al. Identification of nonwoven uniformity using generalized Gaussian density and fuzzy neural network[J]. J. Text. Inst., 2010, 101(12): 1080-1094.

[223] Bresee R R, Yan Z. Shot development in meltblown webs[J]. J. Text. Inst., 1998, 89(2): 304-319.

[224] Sun G W, Sun X X, Wang X H. Study on uniformity of a melt-blown fibrous web based on an image analysis technique[J]. E-Polym., 2017, 17(3): 211-214.

[225] Huang X C, Bresee R R. Characterizing nonwoven web structure using image analysis techniques. Part I: Pore analysis in thin webs[J]. INDA J. Nonwoven Res., 1993, 5(1): 13-21.

[226] Huang X C, Bresee R R. Characterizing nonwoven web structure using image analysis techniques. Part II: Fiber Orientation analysis in thin webs[J]. INDA J. Nonwoven Res., 1993, 5(2): 14-21.

[227] Huang X C, Bresee R R. Characterizing nonwoven web structure using image analysis techniques. Part III: Web uniformity analysis[J]. INDA J. Nonwoven Res., 1993, 5(3): 28-38.

[228] Huang X C, Bresee R R. Characterizing nonwoven web structure using image analysis techniques. Part IV: Fiber diameter analysis for spunbonded webs[J]. Int. Nonwovens J., 1994, 6(4): 53-59.

[229] Yan Z Y, Bresee R R. Characterizing nonwoven-web structure by using image-analysis techniques. Part V: Analysis of shot in meltblown webs[J]. J. Text. Inst., 1998, 89(2): 320-336.

[230] Yan Z Y, Bresee R R. Flexible multifunction instrument for automated nonwoven web structure analysis[j]. Text. Res. J., 1999, 69(11): 795-804.

[231] Wang R W, Xu B B, Li C L. Accurate fiber orientation measurements in nonwovens using a multi-focus image fusion technique[J]. Text. Res. J., 2014, 84(2): 115-124.

[232] Yesil Y, Bhat G S. Porosity and barrier properties of polyethylene meltblown nonwovens[j]. J. Text. Inst., 2016, 108(6): 1035-1040.

[233] Tsai P P. Characterization of melt blown web properties using air flow technique[J]. Int. Nonwovens J., 1999, 8(2).

[234] Tsai P P. Theoretical and experimental investigation on the relationship between the nonwoven structure and the web properties[J]. Int. Nonwovens J., 2002, 11(4): 33-36.

［235］Kim H S，Pourdeyhimi B. A note on the effect of fiber diameter，fiber crimp and fiber orientation on pore size in thin webs［J］. Int. Nonwovens J. ，2000，9(4)：15-19.

［236］Bresee R R，Qureshi A. Influence of processing conditions on melt blown web structure. Part 1-DCD［J］. Int. Nonwovens J. ，2004，13(1)：49-55.

［237］Bresee R R，Qureshi A，Pelham M C. Influence of processing conditions on melt blown web structure. Part 2-Primary airflow rate［J］. Int. Nonwovens J. ，2005，14(2)：11-18.

［238］Bresee R R，Qureshi A. Influence of processing conditions on melt blown web structure. Part III -Water quench［J］. Int. Nonwovens J. ，2005，14(4)：27-25.

［239］Bresee R R，Qureshi A. Influence of process conditions on melt blown web structure. Part IV-Fiber diameter［J］. Journal of Engineered Fibers and Fabrics，2006，1(1)：32-46.

第二章 熔喷用衣架型分配流道的设计与优化

▌1 衣架型分配流道设计理论

衣架型分配流道的功能是要解决聚合物熔体分配均匀性和聚合物在分配流道中的滞留时间问题,最终使流经衣架型分配流道的聚合物熔体在分配流道出口以等速度流出,从而使产品横向均匀。在熔喷衣架型分配流道设计过程中,针对衣架型分配流道中熔体流动的理论分析分为解析方法和数值方法两大类。其中解析方法的思路是将分配流道中的熔体流动简单地视为一维流动,并给出歧管设计方程。但该方法不能反映分配流道中熔体的真实流动情况。数值方法是将衣架型分配流道中的熔体流动视作二维流动乃至三维流动进行分析的方法,可对二维流动和三维流动相对复杂的数学模型求解。

1.1 熔喷工艺中聚合物熔体的流动

在熔喷生产过程中,聚合物熔体流动时,按照熔体内质点速度分布与流动方向的关系,可分为剪切流动和拉伸流动,其中:剪切流动是指熔体质点的运动速度仅沿着垂直于流动方向发生变化的流动,熔体在分配流道和喷丝孔中的流动属于此流动;拉伸流动是指流动质点的运动速度仅沿着流动方向发生变化的流动,熔体从喷丝板中挤出后在牵伸细化过程中的流动属于此流动。

1.1.1 流体流动特征

流体流动分为稳定流动和不稳定流动。如果流体在输送通道中流动时,其流动状态均保持恒定,不随时间变化,即一切影响流体流动的因素均不随着时间改变,则此种流动称为稳定流动。稳定流动并非指流体在各部位的速度及物理状态都是相同的,而是指在任何一个部位,它们均不随着时间变化。例如在正常操作的纺丝分配流道腔体中,聚合物熔体沿着模腔流道向前的流动,就属于稳定流动,因其流速、流量、压力及温度分布等各种参数均不随着时间变化。

如果流体在输送通道中流动时,其流动状态均随时间变化,即一切影响流动的因素均随着时间变化,此种流动称为不稳定流动。例如,熔喷纤维在高温高速气流场的牵伸过程中,聚合物熔体的流动就属于不稳定流动,因为该聚合物熔体射流的流动速度、温度、压力等各种影响流动的因素均随着时间变化。因此,通常把聚合物熔体的这种牵伸流动认定为不稳定流动。

1.1.2　连续方程

连续方程是基于流体运动时必须遵循的质量守恒定律导出的。假定在空间坐标系中,有一固定的封闭曲面 S,称为控制面。控制面包围的空间称为控制域 V,流体可以通过控制面 S 流进域 V 或从域 V 内流出,如图 2-1 所示。

设占据域 V 的物体密度为 ρ,则域 V 包含的物体总质量 m 为:

$$m = \iiint_V \rho \, \mathrm{d}V \qquad (2\text{-}1)$$

此质量随时间的变化可用随体导数表示:

$$\frac{Dm}{Dt} = \frac{D}{Dt} \iiint_V \rho \, \mathrm{d}V \qquad (2\text{-}2)$$

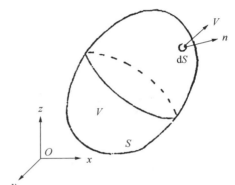

图 2-1　由控制面 S 包围的空间域 V

在不考虑域 V 内物质进行化学反应等过程的情况下,引起域内质量变化的原因有两个:一是域内物质密度的变化;二是流体通过控制面 S 流出或流入引起的质量变化。

在单位时间内,域 V 中流体的密度变化为 $\dfrac{\partial \rho}{\partial t}$,由此引起的质量变化为 $\iiint \dfrac{\partial \rho}{\partial t} \mathrm{d}V$。关于流体流过控制面 S 的质量,可根据图 2-1 求得。设流体的速度矢量为 v,曲面上微面积元 $\mathrm{d}S$ 的外法线方向单位矢量为 n,它与空间笛卡尔坐标 x、y、z 轴的方向余弦分别为 $\cos\alpha$、$\cos\beta$、$\cos\gamma$,则单位时间内流过 $\mathrm{d}S$ 的流体质量为 $\rho v n \mathrm{d}S$,流过整个控制面 S 的质量为 $\oiint_S \rho v n \mathrm{d}S$,利用曲面积分中的高斯定理,将控制面的曲面积分转化为域 V 的体积积分,则:

$$\oiint_S \rho (u\cos\alpha + v\cos\beta + w\cos\gamma) \mathrm{d}S = \iiint_V \left(\frac{\partial \rho u}{\partial x} + \frac{\partial \rho v}{\partial y} + \frac{\partial \rho w}{\partial z} \right) \mathrm{d}V \qquad (2\text{-}3)$$

式中 u、v、w 是速度矢量 v 在 x、y、z 方向的分量。下文中,涉及速度矢量的分量时都以 u、v、w 表示。由此得出,域 V 内流体总的质量变化率如下:

$$\frac{Dm}{Dt} = \frac{D}{Dt} \iiint_V \rho \, \mathrm{d}V = \iiint_V \left(\frac{\partial \rho}{\partial t} + \frac{\partial \rho u}{\partial x} + \frac{\partial \rho v}{\partial y} + \frac{\partial \rho w}{\partial z} \right) \mathrm{d}V \qquad (2\text{-}4)$$

当域 V 内无源无汇且不涉及化学反应过程时,根据质量守恒定律,质量 m 的时间变化率应为零,即式(2-4)等于零。由于质量变化率对于任意的域 V 均成立,所以必须要求被积函数为零,否则就有可能形成一个区域,在此区域内,质量守恒定律不成立,因此:

$$\frac{\partial \rho}{\partial t} + \frac{\partial \rho u}{\partial x} + \frac{\partial \rho v}{\partial y} + \frac{\partial \rho w}{\partial z} = 0 \tag{2-5}$$

由于衣架型分配流道内流体的流动是不可压缩的,密度 ρ 不随时间变化,即 $\frac{\partial \rho}{\partial t} = 0$,因此,式(2-5)可简化为:

$$\frac{\partial u}{\partial x} + \frac{\partial v}{\partial y} + \frac{\partial w}{\partial z} = 0 \tag{2-6}$$

式(2-6)表示速度场的散度为零,用哈密顿(Hamilton)算符 ∇ 可表示为:

$$\nabla \cdot v = 0 \tag{2-7}$$

1.1.3 运动方程

由动量守恒定律可得到运动方程。动量守恒定律可表述为系统动量 $\boldsymbol{K}$ 对时间的导数等于作用于系统上所有外力的合力 $\boldsymbol{F}$,记为:

$$\frac{D}{Dt}K = \sum F \tag{2-8}$$

这是一个矢量式,它分别在坐标 x、y、z 方向具有分量式,即:

$$\frac{D}{Dt}K_x = \sum F_x, \quad \frac{D}{Dt}K_y = \sum F_y,$$

$$\frac{D}{Dt}K_z = \sum F_z$$

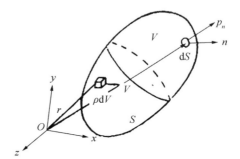

图 2-2 所示域 V 内流体的密度为 ρ,微元体积 dV 中流体的质量为 ρdV,动量的分量为

图 2-2　系统的动量和动量矩

$\rho u dV$、$\rho v dV$、$\rho w dV$。假设 x 方向的动量守恒,则 x 方向的动量变化率可表示为:

$$\frac{D}{Dt}K_x = \frac{D}{Dt}\iiint\limits_V \rho u \, dV = \iiint\limits_V \rho \frac{Du}{Dt} \, dV \tag{2-9}$$

作用在 x 方向的外力 $\sum F_x$ 包括两部分:体积力和表面力。体积力是作用于系统内部每一个质点上的力,如重力、惯性力等,因作用于任一流体微元上的体积力大小一般与流体微元的体积成正比而得此名。设单位质量流体上的体积力为 f_x,则整个系统的体积

力为 $\iiint\limits_{V} \rho f_x \mathrm{d}V$。表面力为流场中假想面一侧的流体对另一侧流体的接触力,如压强、黏性切应力等。假定系统表面微面元 $\mathrm{d}S$ 上 x 方向作用的表面载荷密度为 p_{nx},下标 nx 表示 $\mathrm{d}S$ 的外法线方向单位矢量 $\boldsymbol{n}$ 在 x 轴方向的分量,则整个封闭曲面 S 上 x 方向的总表面力为 $\oiint\limits_{S} p_{nx} \mathrm{d}S$。由此得出,作用于系统 x 方向的外力的合力为:

$$\sum F_x = \iiint\limits_{V} \rho f_x \mathrm{d}V + \oiint\limits_{S} p_{nx} \mathrm{d}S \tag{2-10}$$

由柯西应力公式知[1],$p_{nx} = \sigma_{xx}\cos nx + \sigma_{yx}\cos ny + \sigma_{zx}\cos nz$,其中,$\sigma_{xx}$、$\sigma_{yx}$、$\sigma_{zx}$ 为二阶应力张量 σ 的分量,$\cos nx$、$\cos ny$、$\cos nz$ 代表微面元 $\mathrm{d}S$ 的外法线方向的方向余弦。将 p_{nx} 的计算式代入式(2-10),并用高斯公式将曲面积分转化为体积积分,则得:

$$\sum F_x = \iiint\limits_{V} \rho f_x \mathrm{d}V + \iiint\limits_{V} \left(\frac{\partial \sigma_{xx}}{\partial x} + \frac{\partial \sigma_{yx}}{\partial y} + \frac{\partial \sigma_{zx}}{\partial z} \right) \mathrm{d}V \tag{2-11}$$

根据动量守恒定律,综合式(2-9)与式(2-11)得:

$$\iiint\limits_{V} \left[\rho \frac{Du}{Dt} - \rho f_x - \left(\frac{\partial \sigma_{xx}}{\partial x} + \frac{\partial \sigma_{yx}}{\partial y} + \frac{\partial \sigma_{zx}}{\partial z} \right) \right] \mathrm{d}V = 0 \tag{2-12}$$

上式对于任意域 V 均成立,故被积函数必须为零,整理后得:

$$\left(\frac{\partial \sigma_{xx}}{\partial x} + \frac{\partial \sigma_{yx}}{\partial y} + \frac{\partial \sigma_{zx}}{\partial z} \right) + \rho f_x = \rho \frac{Du}{Dt} \tag{2-13}$$

上式等号右边的随体导数可写成 $\rho \left(\frac{\partial u}{\partial t} + u \frac{\partial u}{\partial x} + v \frac{\partial u}{\partial y} + w \frac{\partial u}{\partial z} \right)$,对于定常流体流动,即场函数不随时间变化,则有 $\frac{\partial u}{\partial t} = 0$,式(2-13)可简化为:

$$\left(\frac{\partial \sigma_{xx}}{\partial x} + \frac{\partial \sigma_{yx}}{\partial y} + \frac{\partial \sigma_{zx}}{\partial z} \right) + \rho f_x = \rho \left(u \frac{\partial u}{\partial x} + v \frac{\partial u}{\partial y} + w \frac{\partial u}{\partial z} \right) \tag{2-14.1}$$

同理可求出 y 方向和 z 方向的相应方程,如下:

$$\left(\frac{\partial \sigma_{xy}}{\partial x} + \frac{\partial \sigma_{yy}}{\partial y} + \frac{\partial \sigma_{zy}}{\partial z} \right) + \rho f_y = \rho \left(u \frac{\partial v}{\partial x} + v \frac{\partial v}{\partial y} + w \frac{\partial v}{\partial z} \right) \tag{2-14.2}$$

$$\left(\frac{\partial \sigma_{xz}}{\partial x} + \frac{\partial \sigma_{yz}}{\partial y} + \frac{\partial \sigma_{zz}}{\partial z} \right) + \rho f_z = \rho \left(u \frac{\partial w}{\partial x} + v \frac{\partial w}{\partial y} + w \frac{\partial w}{\partial z} \right) \tag{2-14.3}$$

式(2-14.1)、式(2-14.2)、式(2-14.3)就是流体的运动方程。

1.1.4 本构方程

本构方程又称为流变状态方程,是描述流变材料所遵循的与材料结构属性相关的力学响应方程,也是描述材料在流变过程中应力张量与应变张量、应变速率张量之间相互关系的方程,这种关系反映了材料本身的结构特征。从本构方程的定义可知,不同的材料类型具有不同的本构关系。

熔喷工艺中衣架型分配流道内流动的是聚合物熔体。这类高分子材料具有相当复杂的本构关系,在外力作用下,它既有黏性行为又有弹性行为,属于黏弹性流体。但是,流体的弹性行为只有在流体流动有突然收缩的情况下才是重要的,而衣架型分配流道的截面变化相对平缓,因而在考虑聚合物的本构关系时,忽略聚合物熔体的弹性性能,将其简化为纯黏性流体。然而,聚合物熔体的黏性也不同于一般的牛顿流体。牛顿流体的黏度是常数,而聚合物熔体的黏度是切变速率的函数,因而其应力与应变速率之间是非线性关系,这类材料称为广义牛顿流体,聚合物的本构方程就是按广义牛顿流体建立的。

不可压缩广义牛顿流体的应力可用矩阵形式表示:

$$\begin{bmatrix} \sigma_{xx} & \sigma_{xy} & \sigma_{xz} \\ \sigma_{yx} & \sigma_{yy} & \sigma_{yz} \\ \sigma_{zx} & \sigma_{zy} & \sigma_{zz} \end{bmatrix} = \begin{bmatrix} -p+\tau_{xx} & \tau_{xy} & \tau_{xz} \\ \tau_{yx} & -p+\tau_{yy} & \tau_{yz} \\ \tau_{zx} & \tau_{zy} & -p+\tau_{zz} \end{bmatrix} \tag{2-15}$$

上式中,p 称为各向同性压力。处在任何状态下的流体内部都具有各向同性压力,它作用在曲面的法向,且沿曲面任何法向的值都相等,负号表示压力方向指向封闭曲面内部。τ 称为偏应力张量。偏应力张量与应变速率张量之间的关系,即本构方程如下:

$$\begin{bmatrix} \tau_{xx} & \tau_{xy} & \tau_{xz} \\ \tau_{yx} & \tau_{yy} & \tau_{yz} \\ \tau_{zx} & \tau_{zy} & \tau_{zz} \end{bmatrix} = \eta(\dot{\gamma}) \begin{bmatrix} \dot{\gamma}_{xx} & \dot{\gamma}_{xy} & \dot{\gamma}_{xz} \\ \dot{\gamma}_{yx} & \dot{\gamma}_{yy} & \dot{\gamma}_{yz} \\ \dot{\gamma}_{zx} & \dot{\gamma}_{zy} & \dot{\gamma}_{zz} \end{bmatrix} = \eta(\dot{\gamma}) \begin{bmatrix} 2\dfrac{\partial u}{\partial x} & \dfrac{\partial u}{\partial y}+\dfrac{\partial v}{\partial x} & \dfrac{\partial w}{\partial x}+\dfrac{\partial u}{\partial z} \\ \dfrac{\partial u}{\partial y}+\dfrac{\partial v}{\partial x} & 2\dfrac{\partial v}{\partial y} & \dfrac{\partial v}{\partial z}+\dfrac{\partial w}{\partial y} \\ \dfrac{\partial w}{\partial x}+\dfrac{\partial u}{\partial z} & \dfrac{\partial v}{\partial z}+\dfrac{\partial w}{\partial y} & 2\dfrac{\partial w}{\partial z} \end{bmatrix}$$

$$\tag{2-16}$$

式中:$\eta(\dot{\gamma})$ 代表非牛顿流体的表观黏度,它是应变速率张量 $\dot{\gamma}$ 的函数。

对于 $\eta(\dot{\gamma})$ 的计算,工程实际中广泛应用的是幂律流体模型,即:

$$\eta(\dot{\gamma}) = K(\dot{\gamma})^{n-1} \tag{2-17}$$

式中:K 为材料常数;n 为幂律指数,或称非牛顿指数。

$\eta(\dot{\gamma})$ 可由下式计算[2]:

$$\eta(\dot{\gamma}) = K \left(\sqrt{\frac{1}{2} II} \right)^{n-1} \tag{2-18}$$

$$II = \sum_{i=1}^{3} \sum_{j=1}^{3} \dot{\gamma}_{ij} \dot{\gamma}_{ji} \tag{2-19}$$

其中：$\dot{\gamma}_{ij}$ 是应变速率张量 $\dot{\gamma}$ 的各个分量，与式（2-16）中 $\dot{\gamma}$ 的张量表达式一一对应，如 $\dot{\gamma}_{11} = \dot{\gamma}_{xx}$，$\dot{\gamma}_{12} = \dot{\gamma}_{xy}$，$\dot{\gamma}_{13} = \dot{\gamma}_{xz}$ 等。

将 $\eta(\dot{\gamma})$ 代入式（2-16），便是偏应力张量与应变速率张量之间的本构关系。

1.2　衣架型分配流道解析方法

衣架型分配流道按其歧管的几何形状，基本上可以分为两大类：一类为线性渐缩（歧管）衣架型分配流道，如图 2-3 所示；另一类为曲线渐缩（歧管）衣架型分配流道，如图 2-4 所示。

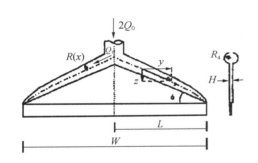

图 2-3　线性渐缩（歧管）衣架型分配流道

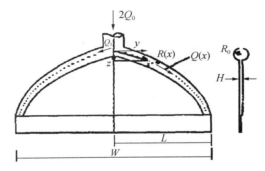

图 2-4　曲线渐缩（歧管）衣架型分配流道

在线性渐缩衣架型分配流道的一维解析设计方法中，采用以下假设[3]：

（1）熔体流动为层流、定常流。

（2）整个流场的温度分布均匀一致。

（3）以幂律模型描述聚合物熔体的黏度。

（4）歧管与缝口中的流动相互独立，互不干扰。

（5）缝口中的流动仅沿机器方向。

在分析过程中，分别采用圆管中的全展流动模型和平行平板间的全展流动模型来描述歧管和狭缝中的熔体流动，然后通过联立其运动方程求得所有可能流径上的压力降、熔体滞留时间、应力和（或）应变速率的表达式，最后通过施加一个或多个设计准则来实现求解[4-5]。

聚合物熔体在圆形单元体中的动量方程 x 向分量（轴向）可简化为：

$$-\frac{\partial p}{\partial x} + \frac{1}{r} \frac{\partial}{\partial r}(r \tau_{rx}) = 0 \tag{2-20}$$

根据假设条件可得熔体速度分布方程：

$$v_x = \frac{nR}{n+1}\left(\frac{R\Delta p}{2KL}\right)^{\frac{1}{n}}\left[1-\left(\frac{r}{R}\right)^{\frac{n+1}{n}}\right] \tag{2-21}$$

其中：K 为聚合物稠度系数；n 为聚合物幂律指数；L 为歧管长度；r 为歧管半径。

聚合物熔体流经圆形单元体的体积流量如下：

$$Q = 2\pi\int_0^R v_x r\,\mathrm{d}r = \frac{\pi n}{3n+1}\left(\frac{\Delta p}{2KL}\right)^{\frac{1}{n}}R^{\frac{3n+1}{n}} \tag{2-22}$$

图 2-5 所示为熔喷衣架型分配流道简化模型，设歧管轴向长度为 x，熔体沿歧管轴向流动的压力为 p_x，则熔体沿 x 方向的体积流量方程如下：

$$Q = \left(\frac{\pi n}{n+1}\right)\left(\frac{1}{2K}\right)^{1/n}r^{(3n+1)/n}\left(\frac{\mathrm{d}p_x}{\mathrm{d}x}\right)^{1/n} \tag{2-23}$$

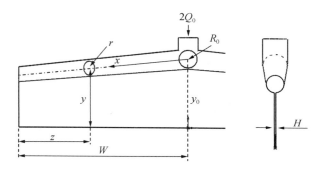

图 2-5　衣架型分配流道简化模型

即

$$Q = \left(\frac{\pi n}{3n+1}\right)\left(\frac{1}{2K}\right)^{1/n}\frac{r^{(3n+1)/n}}{\left[1+\left(\frac{\mathrm{d}z}{\mathrm{d}y}\right)^2\right]^{1/2n}}\left(\frac{\mathrm{d}p_x}{\mathrm{d}x}\right)^{1/n} \tag{2-24}$$

将上式对 z 求导，可得熔体在歧管内流动的微分流量方程：

$$\frac{\mathrm{d}Q}{\mathrm{d}z} = \left(\frac{\pi n}{3n+1}\right)\left(\frac{1}{2K}\right)^{1/n}r^{(3n+1)/n}\frac{\mathrm{d}}{\mathrm{d}z}\left\{\frac{\left(\frac{\mathrm{d}p_x}{\mathrm{d}y}\right)^{1/n}}{\left[1+\left(\frac{\mathrm{d}z}{\mathrm{d}y}\right)^2\right]^{1/2n}}\right\} \tag{2-25}$$

其中：$\mathrm{d}z/\mathrm{d}y$ 为歧管的斜率；$\mathrm{d}p_x/\mathrm{d}y$ 为 y 轴方向的压力梯度。

根据衣架型分配流道结构，扇形区为狭缝区界面，设其狭缝间隙为 H，熔体压力为 p_y，则：

$$\frac{\mathrm{d}Q}{\mathrm{d}z} = \left[\frac{n}{2(2n+1)}\right]\left(\frac{1}{2K}\right)^{1/n}H^{(2n+1)/n}\left(\frac{\mathrm{d}p_y}{\mathrm{d}y}\right)^{1/n} \tag{2-26}$$

假设熔体在扇形区流动的压力梯度具有线性关系，则：

$$\frac{\mathrm{d}p_y}{\mathrm{d}y} = \frac{p_x - p_y}{L_1} \tag{2-27}$$

式中：L_1 为扇形区高度。

根据上面公式可得熔体在狭缝区内流动的微分流量方程：

$$\frac{\mathrm{d}Q}{\mathrm{d}z} = \left[\frac{n}{2(2n+1)}\right]\left(\frac{1}{2K}\right)^{1/n} H^{(2n+1)/n}\left(\frac{p_x - p_y}{L_1}\right)^{1/n} \tag{2-28}$$

1.2.1 衣架型分配流道压力分布

根据流体连续性和等温的假设，聚合物熔体在歧管和扇形狭缝区的 $\mathrm{d}Q/\mathrm{d}z$ 应相等。根据熔体的微分流量方程，可得：

$$\frac{\mathrm{d}}{\mathrm{d}z}\left\{\frac{r^{(3n+1)/n}\left(\frac{\mathrm{d}p_x}{\mathrm{d}x}\right)^{1/n}}{\left[1+\left(\frac{\mathrm{d}z}{\mathrm{d}y}\right)^2\right]^{1/2n}}\right\} - a\left(\frac{p_x - p_y}{L_1}\right)^{1/n} = 0 \tag{2-29}$$

式中：

$$a = \frac{(3n+1)}{2\pi(2n+1)}H^{(2n+1)/n} \tag{2-30}$$

根据熔体在狭缝区和模唇区内的压力分布方程，可得：

$$\frac{p_y - p_0}{L} = \left(\frac{H}{h}\right)^{2n+1}\left(\frac{p_x - p_y}{L_1}\right) = A\left(\frac{p_x - p_y}{L_1}\right) \tag{2-31}$$

其中：

$$A = \left(\frac{H}{h}\right)^{2n+1} \tag{2-32}$$

将上式整理，可得：

$$p_y = \frac{L_1}{L_1 + AL}\left(\frac{AL}{L_1}p_x + p_0\right) \tag{2-33}$$

如果已知模唇有关几何尺寸及熔体非牛顿指数，则可计算出熔体在模腔内的压力分布。将式(2-33)变为：

$$p_x - p_y = \frac{L_1}{L_1 + AL}(p_x - p_0) \tag{2-34}$$

则可得：

$$\frac{d}{dz}\left\{\frac{r^{(3n+1)/n}\left(\dfrac{dp_x}{dy}\right)^{1/n}}{\left[1+\left(\dfrac{dz}{dy}\right)^2\right]^{1/2n}}\right\}-a\left(\frac{p_x-p_0}{L_1+AL}\right)^{1/n}=0 \tag{2-35}$$

即可计算出熔体在歧管内的压力分布。

根据模唇宽度方向均匀性要求，可知 $dQ/dz=Q_0/B$ 为必要条件。将其代入聚合物熔体在模唇中的微分流量方程，可得：

$$\frac{Q_0}{B}=\left[\frac{n}{2(2n+1)}\right]\left(\frac{1}{2K}\right)^{1/n}h^{(2n+1)/n}\left(\frac{p_y-p_0}{L}\right)^{1/n} \tag{2-36}$$

即：

$$\frac{p_y-p_0}{L}=\left[\frac{2(2n+1)Q_0}{nB}\right]^n\frac{2K}{h^{2n+1}} \tag{2-37}$$

由上式可计算出熔体流经模唇后的压力梯度。

1.2.2 衣架型分配流道尺寸设计

衣架型分配流道的模腔尺寸设计主要包括歧管半径、歧管坐标及狭缝区长度。根据衣架型分配流道的结构，可将 r 看成 z 的函数，则可得：

$$r^{3n+1}=Q^n\cdot\phi_1^{-n}\left(\frac{dp_x}{dy}\right)^{-1}\left[1+\left(\frac{dz}{dy}\right)^2\right]^{1/2} \tag{2-38}$$

上式中 ϕ_1 为常数，其表达式为：

$$\phi_1=\left(\frac{\pi n}{3n+1}\right)\left(\frac{1}{2K}\right)^{1/n} \tag{2-39}$$

再根据熔体流动平衡方程，可得熔体在歧管内的体积流量：

$$Q=\frac{Q_0}{B}z \tag{2-40}$$

因此可得：

$$r^{3n+1}=Q_0^n\cdot\phi_1^{-n}\left(\frac{z}{B}\right)^n\left(\frac{dp_x}{dy}\right)^{-1}\left[1+\left(\frac{dz}{dy}\right)^2\right]^{1/2} \tag{2-41}$$

假设在熔喷生产过程中，螺杆挤出机机头入口流量为 $2Q_0$，出口幅宽为 $2B$，为使熔体流出均一，则 $dQ/dz=Q_0/B$ 为先决条件，可得：

$$\frac{\mathrm{d}p_y}{\mathrm{d}y} = \left(\frac{Q_0}{B}\right)^n \phi_2^{-n} H^{-(2n+1)} \tag{2-42}$$

其中：

$$\phi_2 = \left[\frac{n}{2(2n+1)}\right]\left(\frac{1}{2K}\right)^{1/n} \tag{2-43}$$

根据压降相等，消去 $\mathrm{d}p_x/\mathrm{d}y$ 后整理化简得：

$$r^{3n+1} = \left(\frac{\phi_2}{\phi_1}\right)^n z^n H^{2n+1}\left[1+\left(\frac{\mathrm{d}z}{\mathrm{d}y}\right)^2\right]^{1/2} \tag{2-44}$$

在衣架型分配流道设计过程中，除了均匀的出口速度，也需要均匀一致的滞留时间。聚合物熔体沿着横向和纵向的流动时间应相等。设其在横向和纵向的平均流速分别为 v_x 和 v_y，则有：

$$\frac{\mathrm{d}y}{v_y} = \frac{\mathrm{d}x}{v_x} \tag{2-45}$$

其中：

$$v_y = \frac{Q_0}{BH} \qquad v_x = \frac{Q}{\pi r^2} \tag{2-46}$$

则可得：

$$H = \frac{\pi r^2}{z}\left[1+\left(\frac{\mathrm{d}z}{\mathrm{d}y}\right)^2\right]^{1/2} \tag{2-47}$$

即可得歧管半径函数计算公式：

$$r = \left[\frac{3n+1}{2(2n+1)}\right]^{n/3(n+1)} \pi^{-1/3} H^{2/3} z^{1/3} \tag{2-48}$$

上式表明，当熔体的非牛顿指数 n 和扇形区狭缝 H 已知时，歧管半径与 $z^{1/3}$ 成正比，当 $z=B$ 时，$r=R_0$，即得到歧管入口半径：

$$R_0 = \left[\frac{3n+1}{2(2n+1)}\right]^{n/3(n+1)} \pi^{-1/3} H^{2/3} B^{1/3} \tag{2-49}$$

需要指出的是，歧管半径 r 与熔体稠度系数 K 无关，即设计的分配流道可适应各类聚合物熔体的流动特征，这为设计衣架型分配流道带来了较大的方便。

在衣架型分配流道中，歧管与扇形区的边界位置十分重要，因为它将决定聚合物熔体在横向上分配的均匀性。

结合狭缝区宽度 H 的表达式方程，可得：

$$1+\left(\frac{\mathrm{d}z}{\mathrm{d}y}\right)^2=\frac{H^2z^2}{\pi^2r^4} \tag{2-50}$$

将上式变形为：

$$\left(\frac{\mathrm{d}z}{\mathrm{d}y}\right)^2=\frac{H^2z^2-\pi^2r^4}{\pi^2r^4} \tag{2-51}$$

即得：

$$\frac{\mathrm{d}y}{\mathrm{d}z}=\left(\frac{\pi^2r^4/H^2}{z^2-\pi^2r^4/H^2}\right)^{1/2} \tag{2-52}$$

当 $\mathrm{d}y/\mathrm{d}z\to\infty$ 时，则有 $\pi r^2=Hz$。这里，πr^2 是歧管末端的截面积，而 Hz 是扇形区剩余流道截面积。

上式可简化为：

$$\frac{\mathrm{d}y}{\mathrm{d}z}=\left(\frac{\phi}{z^{2/3}-\phi}\right)^{1/2} \tag{2-53}$$

式中：$\phi=(\pi H)^{2/3}\left[\dfrac{3n+1}{2(2n+1)}\right]^{4n/3(n+1)}$

因此，由歧管区进入扇形区的边界曲线可积分得：

$$y-y_0=\int_{\phi^{3/2}}^{z}\left(\frac{\phi}{z^{2/3}-\phi}\right)^{1/2}\mathrm{d}z \tag{2-54}$$

对上式求解，得：

$$y-y_0=\frac{3}{2}\phi^{1/2}\left[z^{1/3}\sqrt{z^{2/3}-\phi}+\phi\ln\left(z^{1/3}+\sqrt{z^{2/3}-\phi}\right)\right]_{\phi^{3/2}}^{z} \tag{2-55}$$

上式即歧管的曲线轨迹方程。

由于此种计算较繁琐，工程上常用近似法计算扇形区高度，其函数表达式为：

$$y=\frac{3}{2}\pi^{1/3}\left[\frac{3n+1}{2(2n+1)}\right]^{2n/3(n+1)}H^{2/3}z^{1/3}+y_0 \tag{2-56}$$

扇形区在衣架型分配流道中的作用是尽可能地消除由弹性回复形变引起的出口不匀，使聚合物熔体能更好地进入喷丝板的喷丝孔。为此，对熔体流经模唇的时间应有一定要求。该时间应该大于或等于熔体在该工艺条件下的应力松弛时间。因此，扇形区的长度应为：

$$L=\frac{Q_0}{Bh}t_s \tag{2-57}$$

其中：t_s 为熔体应力松弛时间(s)。

曲线渐缩(歧管)衣架型分配流道的系统设计也采用与线性渐缩衣架型分配流道设计相同的假设条件，通过施加设计准则——歧管的壁面剪切速率恒定，推导出可均匀分配聚合物熔体的衣架型分配流道歧管半径和衣架高度的设计方程分别为：

$$R(y) = R_0 \left(1 - \frac{y}{L} \right)^{1/3} \tag{2-58}$$

$$Z(y) = Z_0 \left(1 - \frac{y}{L} \right)^{1/3} \tag{2-59}$$

其中：R_0 和 Z_0 分别是分配流道中心线处的歧管半径和缝口高度。

在曲线渐缩(歧管)衣架型分配流道的系统设计中，有关歧管和缝口中压力(p)梯度的关系为：

$$\left(\frac{\mathrm{d}p}{\mathrm{d}z} \right)_{缝口} = \left(\frac{\mathrm{d}p}{\mathrm{d}x} \right)_{歧管} \sqrt{1 + \left(\frac{\mathrm{d}y}{\mathrm{d}z} \right)^2} \tag{2-60}$$

设熔体在歧管中和缝口中的平均滞留时间之比为 m，则歧管半径和衣架型分配流道高度的设计方程为：

$$R(y) = \frac{m^{\frac{1}{3(n+1)}}}{\pi^{1/3}} \left[\frac{(1+3n)}{2(1+3n)} \right]^{\frac{n}{3(n+1)}} H^{2/3} (L-y)^{1/3} \tag{2-61}$$

$$Z(y) = 3k^{\frac{1}{2}} \left\{ (L-y)^{1/3} \sqrt{(L-y)^{2/3} - k} + k \cdot \lg \left[(L-y)^{1/3} + \sqrt{(L-y)^{2/3} - k} \right] \right\}_0^r \tag{2-62}$$

y 从 0 取到 $L - k^{2/3}$，其中：

$$k = m^{\frac{-2(3n+1)}{3(n+1)}} (\pi H)^{2/3} \left[\frac{(1+3n)}{2(1+3n)} \right]^{\frac{4n}{3(n+1)}} \tag{2-63}$$

通过调整 m，例如增加熔体通过分配流道最远端的停留时间与通过分配流道中心线的停留时间之比，可在保证流动均匀性的情况下降低衣架高度。曲线渐缩歧管既能保证分配流道的良好性能，又能节省加工成本。

对于非圆形截面歧管的衣架型分配流道设计，可引进一个形状因子：

$$\lambda(n) = \left[a^{\frac{1}{n}} \left(\frac{b}{n} + c \right) \right]^{-1} \tag{2-64}$$

式中：a、b、c 是依赖于歧管形状的常数。

在非圆形截面歧管的衣架型分配流道中，研究表明在其他条件不变的情况下，幂律

指数 n 越小,流动的均匀性就越差;如果加大模唇的长度,将有利于提高流动的均匀性,但与此同时,分配流道中的压降会增大。

一维解析方法的特点是简单易行,且能确切给出设计方程,但也存在明显的局限性。若想运用一维解析方法,首先需要采用简单的几何形状来近似模拟复杂的衣架型分配流道形状,而且需要预先设定歧管和缝口中的熔体流动相互独立,即歧管中的流动仅沿其轴向方向,而缝口中的流动只沿机器方向,所以一维解析方法不能正确反映分配流道中熔体的真实流动情况[6]。

1.3 衣架型分配流道数值模拟方法

随着计算机技术的迅猛发展,研究人员越来越倾向于应用二维乃至三维数值模拟方法对衣架型分配流道中的聚合物熔体流动进行分析,以期进一步揭示其流动实质,从而实现衣架型分配流道的优化设计。

通过计算分析聚合物熔体在分配流道中的流动时,以幂律模型作为聚合物的本构方程,因熔喷工艺过程达到稳定时,可认为熔体流动状态不随时间而变化,所以将熔体假设为等温不可压缩流体。由于熔体流动缓慢,雷诺数非常小(蠕变流),故可忽略运动方程中的惯性项;而重力相对于压力较小,所以在计算中被忽略。

基于以上的假设,控制方程为:

连续方程:

$$\nabla \cdot \vec{v} = 0 \tag{2-65}$$

运动方程:

$$-\nabla \cdot p + \nabla \cdot \underline{\tau} = \vec{0} \tag{2-66}$$

式中: $\vec{v}$ 为速度向量; $\underline{\tau}$ 是附加应力张量; p 是压力; ∇ 是拉普拉斯算子。

幂律型本构方程:

$$\underline{\tau} = \eta \dot{\underline{\gamma}} \tag{2-67}$$

应变速率张量:

$$\dot{\underline{\gamma}} = \nabla \cdot \vec{v} + (\nabla \cdot \vec{v})^T \tag{2-68}$$

黏度函数:

$$\eta(I_2) = m I_2^{n-1}$$

式中: m 为连续指数; I_2 为应变速率; n 为幂律指数。

应变速率:

$$I_2 = \sqrt{\frac{1}{2} \sum \sum \dot{\gamma}_{ij} \dot{\gamma}_{ji}} = \sqrt{\frac{1}{2} II} \tag{2-69}$$

其中：式(2-68)中的上标 T 表示转置，式(2-69)中的 II 为应变速率张量的第二不变量。

方程(2-65)～(2-69)的无因次分量形式如下：

$$\frac{\partial v_x^*}{\partial x^*} + \frac{\partial v_y^*}{\partial y^*} + \frac{\partial v_z^*}{\partial z^*} = 0 \tag{2-70}$$

$$\frac{\partial p^*}{\partial x^*} + \frac{\partial \tau_{xx}^*}{\partial x^*} + \frac{\partial \tau_{yx}^*}{\partial y^*} + \frac{\partial \tau_{zx}^*}{\partial z^*} = 0 \tag{2-71}$$

$$\frac{\partial p^*}{\partial y^*} + \frac{\partial \tau_{xy}^*}{\partial x^*} + \frac{\partial \tau_{yy}^*}{\partial y^*} + \frac{\partial \tau_{zy}^*}{\partial z^*} = 0 \tag{2-72}$$

$$\frac{\partial p^*}{\partial z^*} + \frac{\partial \tau_{xz}^*}{\partial x^*} + \frac{\partial \tau_{yz}^*}{\partial y^*} + \frac{\partial \tau_{zz}^*}{\partial z^*} = 0 \tag{2-73}$$

$$\tau_{xx}^* = 2\eta^* \frac{\partial v_x^*}{\partial x^*} \tag{2-74}$$

$$\tau_{yy}^* = 2\eta^* \tag{2-75}$$

$$\tau_{zz}^* = 2\eta^* \frac{\partial v_z^*}{\partial z^*} \tag{2-76}$$

$$\tau_{xy}^* = \tau_{yx}^* = \eta^* \left(\frac{\partial v_x^*}{\partial y^*} + \frac{\partial v_y^*}{\partial x^*} \right) \tag{2-77}$$

$$\tau_{yz}^* = \tau_{zy}^* = \eta^* \left(\frac{\partial v_y^*}{\partial z^*} + \frac{\partial v_z^*}{\partial y^*} \right) \tag{2-78}$$

$$\tau_{xz}^* = \tau_{zx}^* = \eta^* \left(\frac{\partial v_x^*}{\partial z^*} + \frac{\partial v_z^*}{\partial x^*} \right) \tag{2-79}$$

$$\eta^* = I_2^{*(n-1)} \tag{2-80}$$

$$I_2^* = \left[2\left(\frac{\partial v_x^*}{\partial x^*}\right)^2 + 2\left(\frac{\partial v_y^*}{\partial y^*}\right)^2 + 2\left(\frac{\partial v_z^*}{\partial z^*}\right)^2 + \left(\frac{\partial v_x^*}{\partial y^*} + \frac{\partial v_y^*}{\partial x^*}\right)^2 + \right.$$
$$\left. \left(\frac{\partial v_y^*}{\partial z^*} + \frac{\partial v_z^*}{\partial y^*}\right)^2 + \left(\frac{\partial v_x^*}{\partial z^*} + \frac{\partial v_z^*}{\partial x^*}\right)^2 \right]^{\frac{1}{2}} \tag{2-81}$$

其中的特征数：

$$x^* = \frac{x}{W} ; \ y^* = \frac{y}{W} ; \ z^* = \frac{z}{W} ; \ v_x^* = \frac{v_x}{v_c} ; \ v_y^* = \frac{v_y}{v_c} ; \ v_z^* = \frac{v_z}{v_c}$$

$$\tau_{ij}^* = \frac{W}{\eta_0 v_c} \tau_{ij} (i = x, \ y, \ z; \ j = x, \ y, z) ; \ p^* = \frac{W}{\eta_0 v_c} p$$

$$\eta^* = \frac{\eta}{\eta_0} ; \ I_2^* = \frac{W}{v_c} I_2$$

其中：v_x、v_y 和 v_z 分别代表 x、y 和 z 方向的速度分量；W 为特征长度；v_c 为特征速度；η_0 是应变速率为 $\dfrac{v_c}{W}$ 时的特征黏度。

在数值模拟过程中，首先对方程(2-70)～(2-81)进行离散化，其中速度采用二次多项式插值近似，而压力由线性插值，图 2-6 给出了所采用的等参六面体单元。

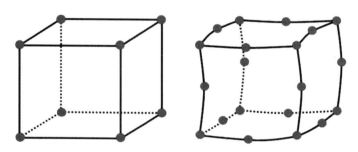

图 2-6 8 点等参六面体单元(左)和 20 点等参六面体单元(右)

v_x、v_y、v_z 和 p 可分别写成如下形式：

$$v_x = \sum_{i=1}^{20} \varphi_i v_{xi}, \ v_y = \sum_{i=1}^{20} \varphi_i v_{yi}, \ v_z = \sum_{i=1}^{20} \varphi_i v_{zi}, \ p = \sum_{j=1}^{8} \Psi_j v_{xj}$$

上式中 φ_i 和 Ψ_j 分别为二次和一次形函数。通过 Galerkin 方法对控制方程进行离散，得到以下形式的有限元方程：

$$\begin{bmatrix} A(\vec{v}) & A_p \\ A_p^T & 0 \end{bmatrix} \begin{bmatrix} \vec{v} \\ p \end{bmatrix} = \begin{bmatrix} R \\ 0 \end{bmatrix} \tag{2-82}$$

其中：$\vec{v}$ 代表速度向量，其 x、y 和 z 方向分布为 v_x、v_y 和 v_z。

方程(2-82)是单元刚度矩阵方程。单刚矩阵方程需要在所有的单元上进行组集，从而形成总刚矩阵方程，在组集的过程中需要对整个系统施加边界条件，即：

（a）边壁无滑移，即 $v_x = v_y = v_z = 0$；

（b）入口处只有均匀的轴向运动；

（c）出口处压力为周围大气压力。

最后对整个系统进行求解，得到每个节点处的速度分量和压力。

从方程(2-82)中的 $A(\vec{v})$ 项可以看出此系统是一个非线性方程组,此非线性问题是由非牛顿流体本构方程的非线性引起的。对于这样一个非线性方程组,可以首先求得牛顿蠕变的解,然后以此解作为迭代的开始,对于幂律流体重新计算空间中每一点的黏度,将这一黏度值代入下一次运算,依次循环直至收敛,最后求解得到速度分量和压力。

2 熔喷用衣架型分配流道数值模拟和实验验证

有限元方法的基本原理就是将求解区域进行离散化,剖分成若干个相互连接且不重叠、具有一定几何形状的子区域,如三角形、四边形等,这样的子区域称为"单元",在这些单元中选择若干个点,称为"节点"。将微分方程的变量改写为各个变量或其导数在节点的值与所选用的插值函数组成的线性表达式,然后借助加权剩余法,将控制微分方程转换为控制所有单元的有限元方程,最后将所有单元上的方程汇集为总的代数方程组,加上边界条件和初始条件,对方程组求解就可以得出各个节点的函数值。采用专用于黏弹性流体和聚合物熔体流动的数值模拟有限元法的 CFD 软件,对衣架型分配流道进行模拟,可建立包括连续方程、动量方程和本构方程的关于速度、压力和滞留时间的方程组,结合合理的边界条件,再选择合适的数值计算方法进行求解,从而获得聚合物熔体在衣架型分配流道中的速度、压力、温度和滞留时间分布。

2.1 衣架型分配流道数值模拟

2.1.1 衣架型分配流道模拟几何模型

首先对一种歧管简单线性渐缩衣架型分配流道进行三维有限元数值模拟,然后对模拟结果进行实验验证。模拟对象的主要几何参数如表 2-1 所示。衣架型分配流道的歧管渐缩规律采用式(2-83)简单描述,其中 x 代表歧管轴向长度。由于衣架型分配流道呈几何对称性,为减少网格数量和计算时间,可只对其四分之一进行模拟。根据表 2-1 给出的参数值建立的衣架型分配流道结构及几何模型如图 2-7 和图 2-8 所示,其中对称面 xOy 称为衣架型分配流道的中心面。

表 2-1　衣架型分配流道的几何参数

$L(\text{mm})$	$H(\text{mm})$	$\alpha(°)$	$B(\text{mm})$	$R_i(\text{mm})$
168	1.5	30	50	10

$$R(x) = 10\left(1 - \frac{x}{2L}\right) \quad x \in (0 \sim L) \tag{2-83}$$

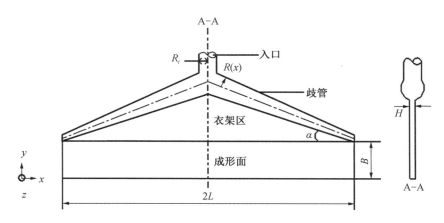

图 2-7　简单线性渐缩衣架型分配流道结构

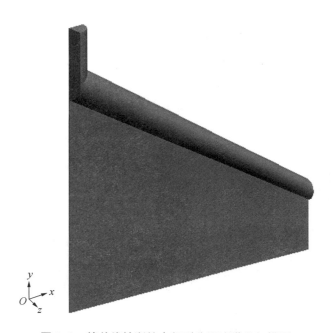

图 2-8　简单线性渐缩衣架型分配流道几何模型

2.1.2　划分求解域网格和给定边界条件

划分网格就是把求解域离散成单元的过程,和控制方程的离散相对应。在划分网格的过程中,对于每个单元的网格类型、单元内的节点数及节点间距离等,都需要在模拟软件中定义。网格划分后,软件会自动记录单元和节点的编号并确定相互之间的关系,同时还会记录节点的位置坐标,以备总体有限元方程合成时的需要。

对图 2-8 所示的衣架型分配流道来说,很显然,其需要四种边界条件:入口边界条件、出口边界条件、几何对称面边界条件以及壁面边界条件。

2.1.3　模拟条件设定及求解

对于衣架型分配流道内熔体流动,在分析前需要进行以下设定:

(1)在软件中指定熔体流动类型为定常、不可压缩广义牛顿流体等温流动。

(2)选择幂律模型作为表观黏度的计算式,并输入材料常数和幂律指数的值。实验中数值模拟所用溶液的相关参数如表 2-2 所示。为使得实验验证时容易操作且不损失聚合物熔体的黏性,采用具有一定黏性的羧甲基纤维素钠(Carboxy Methyl Cellulose,简称 CMC)水溶液。

表 2-2　1%CMC 水溶液的相关参数

原料	$K(\text{Pa}\cdot\text{s})$	幂律指数	密度(kg/m^3)	重力加速度(m/s^2)
1%CMC 水溶液	0.799	0.696	1 010.1	-9.81

(3)选择速度插值函数为线性插值,压力插值函数为常数插值。

(4)输入边界条件:入口体积流率为 3.65×10^{-5} m^3/s 且假定为全展流动;出口面上法向力和切向速度为零;所有几何对称面上法向速度和切向力为零;壁面采用无滑移条件。只要划分了网格,求解过程中软件会自动地将连续的边界条件按离散的方式分配到相应的节点上去。

(5)选择牛顿迭代法作为有限元方程的求解方法。牛顿迭代法的初值由软件自动求解生成,不需要人为输入。对流动类型来说,软件将求解牛顿蠕变流($Re=0$,$n=1$)时控制方程组的解作为迭代的初值。

2.1.4　模拟结果讨论

图 2-9 是衣架型分配流道中心面内的流体速度向量图,图 2-10 所示是熔体在中心面出口处的速度分布。通过观察分配流道中心面上的流体流动向量图发现,歧管中流动的流体并非全部都是沿歧管轴向,流体从歧管过渡到狭缝时,其流动方向也并不是完全沿分配流道纵向,这与一维解析设计中的假设条件是不相符的。从狭缝中的流体

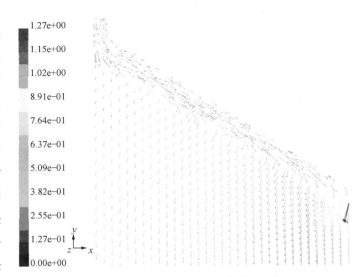

图 2-9　分配流道中心面内流体速度向量图

向量大小看出,流体速度呈中间低、两端高的分布趋势,且这种趋势一直保持到分配流道出口处,与出口处的速度分布曲线表达信息一致。另外,分配流道出口处的速度分布曲线还反映出壁面无滑移条件的影响,尽管熔体在分配流道两端的流动速度较高,但近壁面处的流体速度有很大下降。

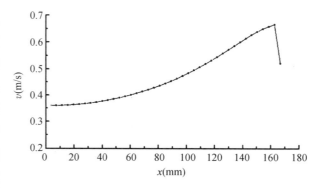

图 2-10　分配流道中心面出口处的速度分布

2.2　衣架型分配流道实验验证

由于有限元分析是一种离散近似的计算方法,因而模拟结果也是近似解。为了考察三维有限元分析方法的有效性,还必须对熔体在衣架型分配流道内的流动进行测试。下面详细介绍应用 PIV(粒子图像测速)对衣架型分配流道内的熔体流动进行实测的情况:

2.2.1　PIV 简介

PIV 是 20 世纪 70 年代末发展起来的一种瞬态、多点、非接触式的流体速度测试技术,近几十年来得到了不断完善与发展。PIV 技术的特点是打破了单点测速技术的局限性,能在同一瞬态记录下大量二维平面上流体的速度分布信息。PIV 除了向流场散布示踪粒子外,所有测量装置均不介入流场,因而具有较高的测量精度。由于 PIV 的上述优点,它在流场测试和显示的应用中已越来越多。

图 2-11 是 PIV 系统示意图。脉冲激光器 1 通过由球面镜和柱面镜形成的片光源镜头组发出很强的脉冲片光源,并照亮在流场 5 中一个厚 1~2 mm 的流场层片上(垂直于纸面)。由于脉冲延续时间很短,运动的粒子就被"冻结"在层片上。此时,在同步器 3 的作用下,与激光片光源垂直方向的 PIV 专用跨帧 CCD 相机 2 就会摄下流场层片中前后两帧示踪粒子的图像,把示踪粒子的数字图像送入计算机 4,再经数据处理,即可得到流场的速度分布。

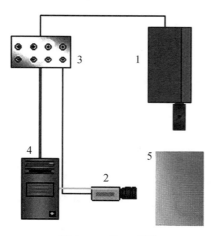

图 2-11　PIV 系统

PIV 主要通过测量示踪粒子在已知的很短时间间隔内的位移,间接地测量流场的瞬态速度分布。假定流场中某一示踪粒子在二维平面上运动,其在 x、y 两个方向上的位移随时间的变化规律为 $x(t)$、$y(t)$。那么,该示踪粒子的二维流速可以表示为:

$$v_x = \frac{\mathrm{d}x(t)}{\mathrm{d}t} \approx \frac{x(t+\Delta t)-x(t)}{\Delta t} = \bar{v}_x \qquad (2-84)$$

$$v_y = \frac{\mathrm{d}y(t)}{\mathrm{d}t} \approx \frac{y(t+\Delta t)-y(t)}{\Delta t} = \bar{v}_y \qquad (2-85)$$

式中：v_x 与 v_y 分别为粒子沿 x 方向与 y 方向的瞬时速度；Δt 为 CCD 相机连续两次捕捉流场的时间间隔；$\bar{v}_x$ 与 $\bar{v}_y$ 分别为粒子沿 x 方向与 y 方向在时间间隔 Δt 内的平均速度。

当 Δt 足够小时，$\bar{v}_x$ 与 $\bar{v}_y$ 的大小可以近似地反映 v_x 与 v_y 的大小。对二维平面上的多个粒子进行跟踪、测量，就能够得到二维流场的速度分布。

2.2.2 示踪粒子

目前 PIV 有多种分类，但无论何种类型的 PIV，其速度测量都依赖于散布在流场中的示踪粒子的运动。若示踪粒子有足够高的流动跟随性，则示踪粒子的运动就能够真实地反映流场中流体的运动状态。因此，示踪粒子的特性在 PIV 应用中非常重要。高质量的示踪粒子要求有以下性能：

（1）密度要尽可能与流体一致；

（2）尺度足够小，且尺度分布尽可能均匀；

（3）有足够高的光散射效率；

（4）无毒、无污染。

在水动力学测量中，大多采用固体示踪粒子，如聚苯乙烯及聚酰胺颗粒、铝粉、荧光粒子等。国外已有公司专门为 PIV 研制出基本具备上述要求的高质量固体粒子，但其价格非常昂贵。实验用示踪粒子为上海理工大学提供的荧光粒子，其激发波长为 532 nm，荧光波长为 545 nm。

2.2.3 实验用 PIV 系统

实验用 PIV 系统由上海理工大学提供，由美国 TSI 公司生产，包括双腔 Nd：Yag 激光器（Solo120 型）、CCD 照相机（630049 型）和同步器（610034 型）。其中，激光器的主要技术指标为 120 mJ（激光器能量）、15 Hz（工作频率）、532 nm（激光波长）。跨帧 CCD 相机的拍摄像素为 2048×2048。

实验装置主要由衣架型分配流道、储液槽、铝合金架组合而成，如图 2-12 所示。实验用衣架型分配流道的材料

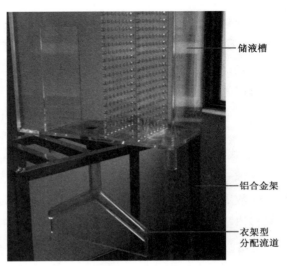

储液槽

铝合金架

衣架型分配流道

图 2-12　实验装置实物

为有机玻璃,因为有机玻璃具有一定的硬度,可加工性强,且透光性好,适宜于 PIV 测试。

储液槽用来盛装实验用溶液,如图 2-13 所示。图中 5、6、7 为三块隔板,用来把储液槽分隔成 1、2、3、4 四个分槽。分槽 1 用来动态储存从外界注入的实验用溶液。隔板 5 和 6 上有均匀分布的小孔。储存在分槽 1 中的溶液通过隔板 5 上的小孔均匀平稳地流入分槽 2,分槽 2 中的溶液又通过隔板 6 上的小孔均匀平稳地流入分槽 3,因此,由带小孔的隔板 5 和 6 形成的分槽 2 实际上对溶液起到稳压的作用。分槽 3 的底部有圆孔 8 与分配流道入口相连,溶液在此流入分配流道。为了保持分配流道入口的溶液压力稳定,分槽 3 中的溶液总是平稳地满溢着。隔板 7 的高度低于储液槽的高度,分槽 3 中多余的溶液从隔板 7 的顶部溢入分槽 4,并由分槽 4 底部的出口孔 9 流出到外界。

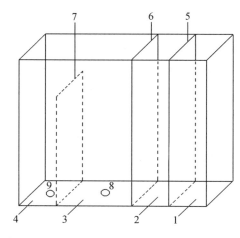

图 2-13　储液槽

铝合金架用于放置储液槽,是整个实验装置的支撑机构。实验中,溶液的流动是依靠其在储液槽中的势能实现的,也就是溶液在重力作用下从分槽 3 中平稳地流入衣架型分配流道。因此,储液槽必须距离地面一定的高度,还要保证衣架型分配流道的高度与 PIV 系统的高度协调。

2.2.4　PIV 实验用溶液

实验用溶液为 1% CMC 水溶液,其密度约为 1 010.1 kg/m^3,CMC 由上海国药集团化学试剂有限公司生产。CMC 属阴离子型纤维素醚类,其外观为白色或微黄色粉末,无嗅无味,无毒;易溶于冷水或热水,形成具有一定黏度的透明溶液。CMC 溶液为中性或微碱性,有吸湿性,对光热稳定,黏度随温度升高而降低。CMC 水溶液的黏度本构方程采用幂律方程来描述,其函数表达式如下:

$$\eta = K \cdot \gamma^{n-1} \tag{2-86}$$

式中:η 代表表观黏度;K 代表溶液的物质常数;γ 代表剪切速率;n 代表幂律指数。

式(2-87)是式(2-86)的对数表达式。要想获得准确的模拟结果,必须知道实验用溶液的参数 K 和 n。从式(2-87)可看出,$\lg \eta$ 和 $\lg \gamma$ 呈线性关系,这是根据 $\lg \eta$ 和 $\lg \gamma$ 的值求幂律指数 n 和物质常数 K 的基础。

$$\lg \eta = \lg K + (n-1)\lg \gamma \tag{2-87}$$

使用美国 TA 公司生产的高级旋转流变系统(ARES-RFS)对 20 ℃ 左右时 1% CMC

水溶液进行流变参数测定,结果如表 2-3 所示。从此表可以看出,随着剪切速率的增大,溶液的黏度逐渐降低。根据表 2-3 中的数据,对剪切速率和黏度分别取对数,其关系曲线如图 2-14 所示。

表 2-3　1% CMC 水溶液流变参数测试结果

时间(s)	黏度(Pa·s)	剪切速率(s^{-1})	温度(℃)
37	0.438 29	1	20.35
71	0.431 23	1.584 89	20.36
105	0.405 39	2.511 89	20.35
137	0.392 38	3.981 07	20.35
169	0.372 98	6.309 57	20.35
202	0.352 82	10	20.34
234	0.330 43	15.848 9	20.33
268	0.303 01	25.118 9	20.33
301	0.273 23	39.810 7	20.33
333	0.241 9	63.095 7	20.32
365	0.210 62	100	20.33
399	0.181 63	158.489	20.33
430	0.154 24	251.189	20.33
464	0.129 52	398.107	20.33
497	0.106 97	630.957	20.34
546	0.087 74	1 000	20.34

实验中,衣架型分配流道内的剪切速率基本在 $10^0 \sim 10^3 \ s^{-1}$,而从图 2-14 可看出,当剪切速率大于 $10 \ s^{-1}$ 时,$\lg \eta$ 和 $\lg \gamma$ 近似呈线性关系。其对数关系的一元线性回归方程如式(2-88)所示。此方程的相关系数为 0.977 12,由式(2-88)中的截距和斜率便可近似获得溶液的物质常数 $K = 0.799$ 和幂律指数 $n = 0.696$。

$$\lg \eta = 0.096\ 9 - 0.304\ 0 \lg \gamma$$

$$(2-88)$$

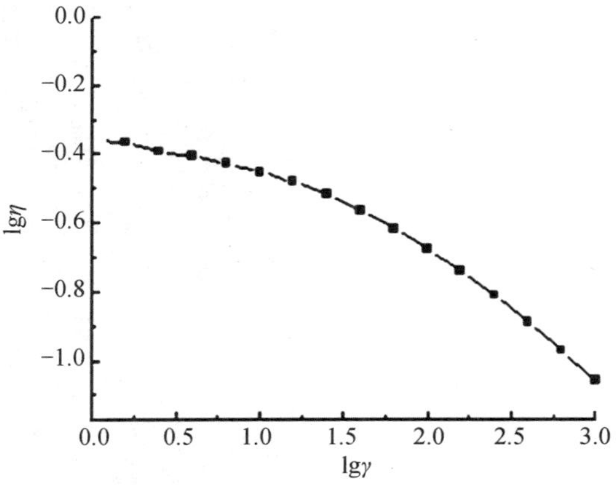

图 2-14　1%CMC 水溶液的流变关系曲线(20 ℃)

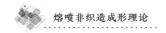
2.2.5 验证实验过程

（1）按比例配制 1‰ CMC 水溶液。CMC 虽然易溶于水，但要达到充分溶解还需要一段时间。因此，可使用 60 ℃的水并搅拌 4 h 配制溶液，配制好的溶液需要静置 24 h。

（2）在溶液中加入荧光粒子。荧光粒子以固体颗粒居多，在加入溶液前需将其溶解为细小的微粒。粒子加入溶液后要轻轻搅拌，使其均匀散布在溶液中。加入的粒子量视溶液量而定。

（3）固定并调整好 PIV 测试设备和实验装置的位置，务必使调整后激光器镜头发出的片光源能完全穿过衣架型分配流道的流道。另外，调整好 CCD 的位置和焦距，使其能清晰地拍摄到所需范围内的粒子图像。

（4）用木塞将衣架型分配流道的入口封好，将溶液加入储液槽至最大刻度，然后拔掉木塞并同时连续注入溶液，以保持储液槽中液面的高度不变。此时，启动激光器，CCD 就会同步拍摄粒子图像。粒子图像经过 PIV 专用软件处理，便可获得分配流道内的流场速度分布及相关数据。

2.2.6 验证实验结果

图 2-15 是用 PIV 测得的衣架型分配流道内中心平面上溶液流动的速度向量图。图中向量线段的长短表示速度的大小，向量线段的箭头表示向量的方向。由此图可见，在歧管区域，速度向量基本平行于歧管轴线，但在歧管到狭缝的过渡区域，随着流体与分配

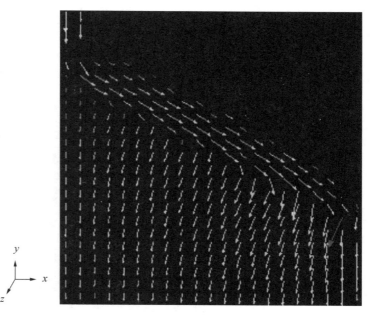

图 2-15　实测速度向量图

流道尾端距离的减小，y 轴负方向的速度分量逐渐增大；在狭缝区域，速度向量基本沿着 y 轴负方向，但随着流体与分配流道尾端距离的减小，x 轴负方向的速度分量逐步加大，在到达接近分配流道端部时又趋于零，而 y 轴负方向的速度分量逐渐减小。另外，溶液进入成形面后，从分配流道对称面开始一直到分配流道端部，溶液的流动速度逐渐增大，且这种速度分布一直延续到出口[7]。

图 2-16 是在与上述流动完全相同的条件下，通过数值模拟得到的速度向量图。由于实测向量图和数值模拟向量图在数据点的密度及标定比例上不完全一致，因而两个向量图不完全相同，但由两个向量图揭示的溶液/熔体在衣架型分配流道中心平面上的流动规律却是一致的[8]。

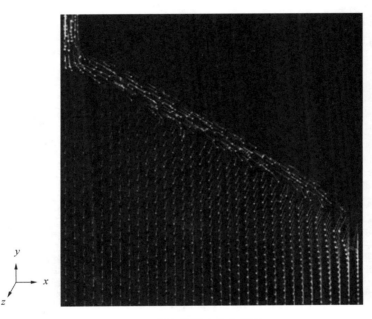

图 2-16　数值模拟速度向量图

从理论上来讲，分配流道出口面上的熔体流动是三维的，但熔体在经过成形面到达出口时主要做竖直方向（y 轴负方向）的流动，x 向和 z 向的速度可忽略。另外，衣架型分配流道的出口面为狭长矩形，z 向缝宽仅 1.5 mm，所以，分配流道中心平面（x-y 面）出口处的速度分布将对整个出口面的速度分布起主导作用。因此，实验中衣架型分配流道出口处的速度分布是仅就分配流道中心平面出口处而言的。在分配流道中心平面出口线上均匀地取 41 个点的 y 方向速度实测值，经整理后和模拟结果进行对比，实测数据值和模拟数据值如表 2-4 所示。其中，为减小测量中的随机误差，实测值由 5 组数据平均而得。

表 2-4 显示，无论是实验结果还是模拟结果，分配流道中心平面出口处的速度从对称面到分配流道端部都逐渐增大，最大值出现在分配流道尾端附近。然而在尾端处，由

于壁面的影响,最靠近壁面的几个点的速度明显变小,这与速度向量图表达的信息一致。

表 2-4　出口面上的速度

x 向坐标 （mm）	实测结果 （m/s）	模拟结果 （m/s）	x 向坐标 （mm）	实测结果 （m/s）	模拟结果 （m/s）
3.165	0.238 6	0.354 9	89.046	0.357 6	0.448 4
7.254	0.240 8	0.355 3	93.136	0.372 4	0.457 9
11.344	0.242 4	0.355 7	97.226	0.350 6	0.467 9
15.434	0.246 8	0.356 7	101.315	0.350 0	0.478 4
19.523	0.246 6	0.358 0	105.405	0.363 6	0.489 4
23.613	0.248 6	0.359 9	109.494	0.380 4	0.501 0
27.702	0.251 2	0.362 1	113.584	0.406 0	0.513 1
31.792	0.244 6	0.364 2	117.674	0.426 4	0.525 7
35.882	0.253 0	0.368 0	121.763	0.423 6	0.538 7
39.971	0.267 6	0.371 5	125.853	0.425 6	0.552 1
44.061	0.263 6	0.375 5	129.942	0.430 2	0.565 8
48.15	0.246 8	0.379 9	134.032	0.428 8	0.579 7
52.24	0.275 0	0.384 8	138.122	0.454 4	0.593 5
56.33	0.300 0	0.390 0	142.211	0.458 0	0.607 0
60.419	0.296 0	0.395 7	146.301	0.466 8	0.619 9
64.509	0.279 8	0.401 9	150.39	0.467 8	0.632 0
68.598	0.298 4	0.408 5	154.48	0.469 8	0.642 7
72.688	0.308 2	0.415 5	158.57	0.475 0	0.651 7
76.778	0.312 6	0.423 0	162.659	0.440 2	0.659 0
80.867	0.345 4	0.431 0	166.749	0.406 6	0.514 5
84.957	0.351 2	0.439 5	—	—	—

　　另一方面,模拟的速度平均值相对于实验结果偏高,这是由模拟过程中估算的入口体积流率偏大造成的,但这并不影响分配流道内熔体的流动特点和流场速度分布规律。入口体积流率估算偏大的原因简要分析如下:

　　估算时假定溶液在储液槽下方圆孔自由流入大气,在液面高度保持不变的情况下,根据伯努利方程得到圆孔处的平均速度计算公式为式(2-89),其中:Cd 为孔流系数,经验值约为 $0.61\sim0.62$;g 为重力加速度;h 为液面高度。但在实际生产中,圆孔处熔体并非自由流入大气而是与分配流道入口相接,其与大气的压差 Δp 在式(2-89)中没有反映出来。同时,由熔体黏性带来的能量损耗也在式(2-89)中被忽略。因此,由式(2-89)估算出的平均速度 0.468 m/s 比实测结果要大。

$$\bar{V} = Cd \times \sqrt{2gh} \tag{2-89}$$

由于分配流道出口处实测平均速度与模拟平均速度有差异,因此,在比较两者的速度分布时,应以各自在分配流道中心平面出口处各点的速度与其平均速度的比值来表征,这会更合理。图 2-17 所示是分配流道出口处的速度分布拟合曲线。其中,实测数据的 3 阶拟合相关系数为 0.967 62,模拟数据的 3 阶拟合相关系数为 0.946 14。由图 2-17 可以看出,两组数据的变化趋势和分布比较相近。但在拟合曲线的前三分之一段,实测值比模拟值略低,而在后三分之二段,实测值比模拟值稍高。经分析得知,这主要是由于实验用分配流道加工精度不够,故而实验用分配流道的歧管角度比模拟分配流道的稍大所致的。

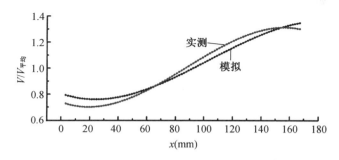

图 2-17 分配流道出口处的速度分布拟合曲线

另外,采用变异系数(CV%)来衡量表 2-4 中两组数据的离散程度。通过计算表 2-4 中的数据得到分配流道出口处实测速度的 CV 值为 23.83%,模拟速度的 CV 值为 21.32%,可见两组数据的离散程度非常接近。由分配流道出口处熔体流动的速度分布 CV 值和分布规律两方面可知,理论模拟结果与实验结果吻合得较好,说明采用的数值模拟方法是有效的,可以用来预测衣架型分配流道内熔体的流动情况。

2.3 衣架型分配流道内聚合物熔体流动

2.3.1 衣架型分配流道内熔体流动速度分布

图 2-18 为一维解析设计歧管线性渐缩衣架型分配流道内的聚合物熔体流动速度矢量分布图,图中 yx 被称为中心平面,yz 被称为对称面。由此图可以看出,熔体在进入分配流道入口时的流动速度呈全展流动分布,入口圆管内不同直径的圆柱面处流速不同,越靠近圆管中心则速度越大,越靠近管壁则速度越小,直至管壁处速度为零。熔体的这种流动速度分布可一直维持到歧管入口处。当熔体到达歧管入口处时,对称面附近的一小部分熔体直接流向狭缝,而其余大部分熔体沿歧管轴向进行分流,在沿歧管轴向流动的过程中逐渐流入狭缝。

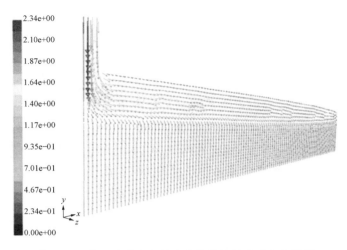

图 2-18   分配流道中心平面上的熔体流动速度矢量图

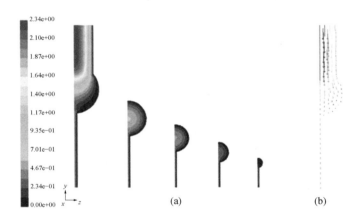

图 2-19   分配流道对称面到尾端的各截面上熔体流动速度分布

图 2-19 中,(a)所示是从分配流道对称面到尾端的五个垂直于 x 轴的截面上的熔体流动速度分布,(b)所示是对称面上的速度矢量。由于熔体在分配流道内的流动状态是连续的,因此五个截面上的速度分布可以代表熔体流动时各截面上的速度分布状况。由图 2-19(a)可见,虽然歧管内的速度不再呈全展流动分布,但仍保持越靠近歧管中心速度越大,越靠近管壁速度越小的近似全展流动分布。从图 2-19(a)和图 2-19(b)综合看出,熔体进入狭缝后主要沿机械方向,即 y 轴的负方向流动。受歧管内近似全展流动分布的影响,狭缝中流动速度分布也是中心平面处的速度最大,越靠近壁面速度越低。这种分布一直保持到分配流道的出口处。

图 2-20 所示是衣架型分配流道出口面上的熔体流动速度分布。由此图可见,沿分配流道宽度方向的速度分布基本均匀一致,只是在靠近分配流道尾端处,速度有一个突然下降,这主要是因为在模拟过程中壁面采用了无滑移条件。由于壁面速度为零,受其影响,近壁面处的熔体流动速度会较低,但从图 2-20 可以看出尾端的影响范围很小。由

图 2-20 中 O-z 方向还可看出,从分配流道中心平面到狭缝壁面,熔体流动速度逐渐减小,这与图 2-19 所示一致。

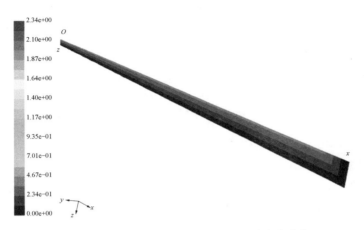

图 2-20　分配流道出口面上的熔体流动速度分布

由上述熔体在分配流道内流动时的速度分布可知,在入口圆管中心部分、歧管的近中心部分、狭缝的近中心平面部分,熔体的流动速度均较高;在歧管近管壁部分和狭缝近壁面部分,熔体的流动速度较低;而在分配流道的尾端部分,熔体的流动速度则为最低。由于在整个分配流道内,熔体在有的区域流动较快,有的区域流动较慢,这势必引起同时流入分配流道的熔体在到达分配流道出口面时所经历的时间互不相同。图 2-21 所示为衣架型分配流道出口面上的熔体经历时间分布。从此图可看出,出口面上的熔体经历时间不一致,熔体最长经历时间为 7.19 s,平均经历时间约为 0.47 s。其中,在平均经历时间 0.47 s 以下的区域约占整个出口面的 67%,主要分布在分配流道中心面附近,但不包括分配流道端部;分配流道端部且靠近壁面处是出口面上熔体经历时间最长的区域,在 3.60～7.19 s,但这个区域很小,约占整个出口面的 0.28%。其他区域的熔体经历时间相

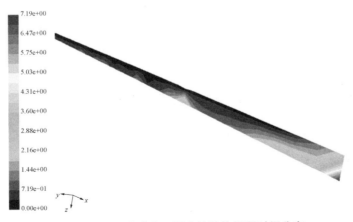

图 2-21　分配流道出口面上的熔体经历时间分布

对较长,在 0.47~3.60 s,主要分布在靠近壁面的地方,以及分配流道端部靠近中心面的地方,约占出口面的 32.72%。

由此看出,经过优化的衣架型分配流道,尽管沿分配流道宽度方向的速度分布或体积流率分布较为均匀,但熔体到达分配流道出口面所经历的流动时间却不相同。这说明,衣架型分配流道内的熔体在流动过程中存在滞流现象,造成同时进入衣架型分配流道的熔体在不同时刻流出,或者同时流出分配流道的熔体是在不同时刻进入的。

2.3.2 衣架型分配流道内滞流现象

由图 2-18 所示的分配流道中心平面上熔体流动速度向量图可见,熔体由入口圆管流动至歧管入口附近时,由于歧管与狭缝之间的几何形状差异悬殊,只有分配流道对称面附近的少部分熔体能进入狭缝,其余熔体沿歧管轴向进行分流。分流的那部分熔体中,处于歧管中心附近的熔体,由于流动速度较大且与狭缝处于相同或相近的平面上,会较早地流入狭缝并较快地到达分配流道出口面;而处于歧管壁附近的熔体,由于流动速度较低且与狭缝的相对位置间距较远,会较晚地流入狭缝并较慢地到达分配流道出口面。

另外,在沿歧管分流的过程中,熔体进入狭缝时的位置越靠近对称面,则熔体在歧管内的分流路程越短,因此这部分熔体能较早进入狭缝并到达分配流道出口面;而熔体进入狭缝时的位置离对称面越远,则熔体在歧管内的分流路程越长,这部分熔体必将较晚或最晚流入狭缝,并较晚或最晚到达分配流道出口面。图 2-21 所示的分配流道出口面中,越靠近中心面和对称面的部分,熔体经历时间较短;越靠近壁面和分配流道端部的部分,熔体经历时间较长;而端部靠近狭缝壁面的一侧,熔体经历时间最长。

聚合物熔体在衣架型分配流道中存在滞留现象,主要是由于熔体流动时在分配流道壁面附近存在一个慢速区而产生的,慢速区的大小直接影响滞流的程度高低[9]。熔体在分配流道内流动时滞流的程度主要取决于两个因素:一是歧管入口处不能进入狭缝的熔体量,即待分流的熔体量;二是待分流的熔体向狭缝的分流能力。当狭缝宽度增大时,在其他条件不变的情况下,歧管入口处进入狭缝的熔体量应该增多,因此滞流程度减轻;而歧管角度增大可提高沿歧管分流的那部分熔体向狭缝的分流能力,这也将减轻滞流的程度。

为方便分析滞流现象,特定义一个滞流区的概念:对称面上,流动速度低于分配流道内最大流动速度 5% 的区域,如图 2-22 中的深色区域所示。在衣架型分配流道中,多种因素对熔体滞流有影响,如狭缝宽度、歧管角度、熔体性能等。

在狭缝宽度和歧管角度等参数都不变的情况下,可考虑改变歧管形状来改善滞流现象。如将歧管圆形截面改为泪滴形,即将圆形歧管截面的下半部分改为直线收缩至狭缝口,并在上半圆与直线连接处适当进行圆弧过渡。泪滴形歧管的对称面如图 2-23 所示。

图 2-24 显示了泪滴形歧管衣架型分配流道对称面上的速度分布,图中右侧是其滞

流区与相应的圆形截面歧管衣架型分配流道对称面上的滞流区。从此图可以看出,虽然泪滴形歧管内仍存在一定的滞流现象,但滞流区的面积只有 $5.40~\text{mm}^2$,相比于圆形截面歧管衣架型分配流道的 $8.21~\text{mm}^2$ 有明显减小。

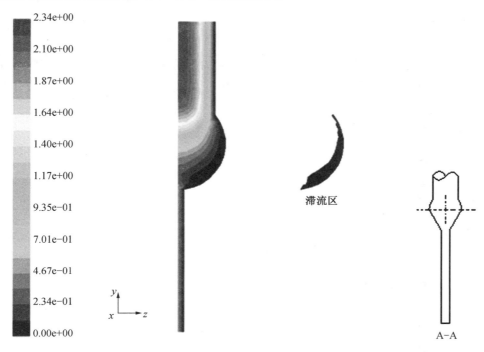

图 2-22　对称面上的速度分布及滞流区　　　　图 2-23　泪滴形歧管的对称面

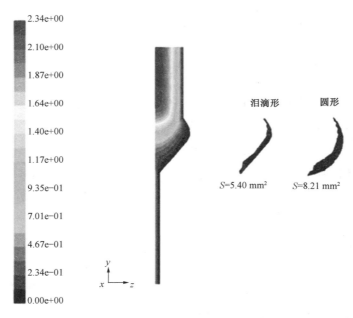

图 2-24　泪滴形歧管的分配流道对称面上的速度分布及滞流区

图 2-25 所示是泪滴形歧管衣架型分配流道出口面上的熔体经历时间分布。从此图看出,经历时间最长的仍然是靠近分配流道端部的一小部分区域,在整个出口面上,其他经历时间较长的区域也主要分布在靠近壁面处。然而,与圆形截面歧管衣架型分配流道出口面上的最短熔体经历时间 0.024 6 s 和最长熔体经历时间 7.19 s 相比,泪滴形歧管衣架型分配流道内最短熔体经历时间和最长熔体经历时间分别为 0.072 4 s 和 6.45 s。由此看出,在同样的狭缝宽度和歧管角度下,歧管截面为泪滴形的衣架型分配流道内熔体流动时的经历时间的离散性较小,表明滞流现象要轻于歧管截面为圆形的衣架型分配流道。

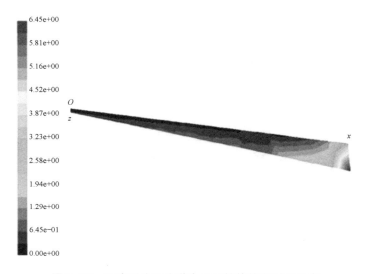

图 2-25 泪滴形分配流道出口面熔体停留时间分布

3 熔喷用衣架型分配流道优化设计

目前,国外熔喷设备的最大加工幅宽可达 5 m,而绝大部分国产熔喷设备幅宽在 1.6 m 以下,国产设备还不能实现宽幅化,主要原因是其熔体分配流道(一般为衣架型分配流道)的设计不合理。国内熔喷设备主要生产企业对衣架型分配流道的设计大多仍依靠测绘和经验。这种设计方法的局限性很大,用于分配流道幅宽的系列化设计时,往往依据不足且方向不明,当幅宽加大时,熔体在分配流道横向的分配不匀,最终造成产品横向严重不匀,产品中间厚、两边薄,需进行切边,造成很大的浪费,使生产成本增加[10-12]。为了实现熔喷设备的宽幅化,需要对宽幅衣架型分配流道进行数值模拟,在明晰衣架型分配流道中聚合物熔体流动实质的基础上,对分配流道进行优化设计。

3.1　熔喷用衣架型分配流道的有限元模拟

3.1.1　衣架型分配流道的几何模型

衣架型分配流道结构如图 2-7 所示,其几何参数如表 2-5 所示。

表 2-5　衣架型分配流道几何参数

L(mm)	H(mm)	α (°)	B(mm)	R_i(mm)
600	3	15	110.2	22.5

3.1.2　边界条件设定

在求解衣架型分配流道内熔体流动的数学模型方程前,需要对模型进行假设,并给定相关的边界条件,基本假设与边界条件如下:

（1）分配流道内聚合物熔体流动类型为层流、定常流、不可压缩广义牛顿流体和非等温流动。

（2）聚合物表观黏度方程选择 Carreau 模型,表观黏度与温度关系采用近似 Arrhenius 模型表示。

（3）选择速度插值函数为线性插值和压力插值函数为常数插值。

（4）熔体在壁面上采用无滑移条件,即法向速度和切向速度为零。

（5）聚合物熔体的温度主要由黏性耗散热和热传导决定,聚合物进口温度和面壁温度均设定为 230 ℃。

（6）选择牛顿迭代法作为有限元方程的求解方法。

（7）衣架型分配流道入口处为滞留时间的计时初始点,出口处为计时终止点。

数值模拟过程中的相关参数如表 2-6 所示。

表 2-6　数值模拟过程中的相关参数

参数变量	数值
聚合物密度 ρ（230 ℃）	900 kg/m³
入口体积流率（$4\dot{Q}_0$）	1.5×10^{-5} m³/s
零剪切黏度（η_0）	26 470 Pa·s
松弛时间（λ）	2.15 s
幂律指数（n）	0.38
黏温系数（α）	0.02 ℃⁻¹
参考温度（T_a）	230 ℃
比热容（C_p）	2 100 J/(kg·℃)

3.1.3 衣架型分配流道内聚合物熔体流动分析

图 2-26 是衣架型分配流道中心面内的熔体速度等值图。从此图可以看出,衣架型分配流道内熔体流动速度从中心到两端呈逐渐增大的趋势。也就是说,熔体在流经分配流道中心位置时其速度最小,而在分配流道最外端时速度最大。熔体流经入口处一段距离后,进入歧管并沿其横向流动,熔体流动速度在歧管内呈现逐渐减小的趋势,歧管主要起横向分流的作用。因为歧管直接与宽度较小的狭缝区相连,部分熔体会进入狭缝区,熔体在狭缝区内的流动速度增大,其流动方向主要是纵向,即朝出口处流出。

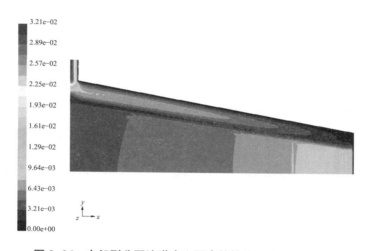

图 2-26　衣架型分配流道中心面内的熔体流动速度等值图

图 2-27 是熔体在衣架型分配流道中心面内的流线图。流线的物理意义是反映聚合物熔体流动路径的长短及其在流动路径中速度变化的情况。通过观察图 2-27 可以看出,聚合物熔体在衣架型分配流道入口处时速度最大,进入歧管后,流线主要沿歧管长度

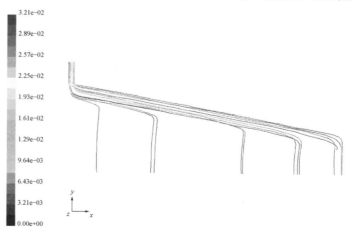

图 2-27　熔体在衣架型分配流道中心面内的流线图

方向分布,这是因为歧管起横向分配作用。同时可以看到有部分熔体流向狭缝区且速度变大,从分配流道中心到两端,流动路径逐渐增长。熔体在流经分配流道中心处时,流线分布显示速度呈逐渐减小至最低值的趋势;而在分配流道两端处,熔体速度从入口处到歧管内逐渐减小,但进入狭缝区的熔体,其速度大于歧管末端和狭缝区中心部分的熔体速度。

另外,如果设聚合物熔体流线长度为 l,流经此流线的平均速度为 $\bar{v}$,则根据式 (2-90)计算出口处滞留时间为[52]:

$$t = \frac{l}{\bar{v}} \tag{2-90}$$

图 2-28 所示为衣架型分配流道出口速度和滞留时间分布,左、右纵坐标分别为滞留时间和出口处速度。从此图可以看出,流线出口速度与图 2-27 相对应,同样是从分配流道中间向外端呈现逐渐升高的趋势;而滞留时间根据式(2-90)可知其在分配流道中心和外端较长。在衣架型分配流道中心处,尽管熔体流线长度最短,即 l 最小,但中心处的成形面高度较大,且狭缝区内的熔体速度较小,因此熔体流经该区域所需的时间较长。衣架型分配流道外端的熔体滞留时间较长,是由于流动路径最长,虽然熔体速度较大,也需要较长的时间。需要指出的是,衣架型分配流道内熔体的出口速度和滞留时间都很重要,均匀的出口速度能够保证产品横向的面密度偏差较小,较短的滞留时间可以防止熔体产生过度热降解,从而提高纤网均匀度和改善产品质量[13]。

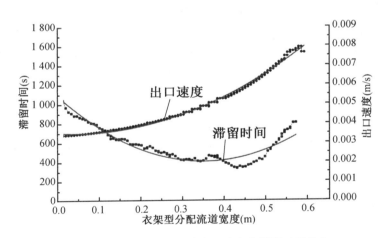

图 2-28 衣架型分配流道出口速度和滞留时间分布

从图 2-28 看到,衣架型分配流道内聚合物熔体速度呈现中间低、两边高的分布趋势。由于流动路径和熔体速度不同,滞留时间分布趋势较为复杂,在衣架型分配流道中心和两端处的滞留时间较长,其余部分较短。图 2-28 显示,衣架型分配流道的出口速度分布很不均匀,滞留时间也较长,需要进一步优化。

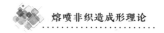

3.2 熔喷用衣架型分配流道正交试验设计优化

熔喷用渐缩歧管衣架型分配流道的出口速度不均匀且熔体滞留时间较长,会影响产品质量和生产效益,难以满足实际生产需求。另外,在实际生产过程中,衣架型分配流道处于高温和密封的环境中,对出口速度和熔体滞留时间很难进行在线测试和校正。如果采用数值模拟并结合较好的优化方法,可以有效地克服这一弊端。本节中,以出口速度的均匀性和滞留时间的长短为目标函数,首先采用正交试验设计法,分析分配流道几何参数对这两个指标的影响,找出显著性影响因子,初步得到最优个体;随后利用多目标遗传算法,对衣架型分配流道的几何参数进行全面的优化。

3.2.1 正交试验设计

正交试验是研究多水平多因素对指标影响的一种实验方法,它根据正交性从全面实验中挑选出部分有代表性的点进行实验,从而避免全因子实验所需的巨大的实验量,又能保证实验数据的完整性。正交试验具有高效率、快速、经济等优势,目前已经广泛应用于工程研究领域[14]。

3.2.2 衣架型分配流道几何参数的选择

影响衣架型分配流道性能的几何参数很多,如幂律指数、狭缝区宽度、歧管角度、入口速度等。假设优化目标为衣架型分配流道内聚合物熔体在出口处的最小速度 CV 值和最短滞留时间。基于以前的研究,歧管角度、成形面高度和狭缝区宽度会影响分配流道的出口速度和滞留时间,因此选取这三个变量作为实验因素,其因素水平如表 2-7 所示。

表 2-7　因素水平

因素	水平 1	水平 2	水平 3
歧管角度 A/(°)	15	10	5
成形面高度 B/(mm)	50	70	90
狭缝区宽度 C/(mm)	2	3	4

3.2.3 正交试验结果与分析

为全面了解因素即参数与指标之间的关系,需考察它们之间的交互作用。

为考查各因素及其交互作用对衣架型分配流道的影响,选用正交表 $L_{27}(3^{13})$ 安排实验[56]。表 2-8 所示为实验中通过计算得到的衣架型分配流道中心面出口速度 CV 值和滞留时间。

表 2-8 模拟结果数据与计算

实验号	A	B	C	出口速度CV(%)	平均滞留时间(s)
1	1	1	1	34.48	278
2	1	1	2	36.95	343
3	1	1	3	26.91	503
4	1	2	1	35.02	321
5	1	2	2	31.29	547
6	1	2	3	20.73	286
7	1	3	1	23.78	317
8	1	3	2	21.03	592
9	1	3	3	17.76	480
10	2	1	1	27.40	244
11	2	1	2	22.70	285
12	2	1	3	18.13	327
13	2	2	1	21.63	283
14	2	2	2	18.32	377
15	2	2	3	12.77	534
16	2	3	1	17.96	361
17	2	3	2	15.33	356
18	2	3	3	11.89	421
19	3	1	1	15.27	207
20	3	1	2	12.21	233
21	3	1	3	8.50	301
22	3	2	1	11.82	244
23	3	2	2	7.70	292
24	3	2	3	5.20	376
25	3	3	1	9.41	264
26	3	3	2	6.69	323
27	3	3	3	4.03	362

（续表）

实验号	A	B	C	出口速度CV（%）	平均滞留时间（s）
K1	247.95	202.55	196.77		
K2	166.13	164.48	172.22	494.91	
K3	80.83	127.88	125.92		
R_k	167.12	74.67	70.85		
T1	3 667	2 721	2 519		
T2	3 188	3 260	3 348		9 457
T3	2 602	3 476	3 590		
R_t	1 065	755	1 071		

注：交互项和误差项未列出

对正交试验结果的出口速度 CV 值和滞留时间进行方差分析（置信区间 $\alpha = 0.05$），其结果如表 2-9 和表 2-10 所示。

表 2-9　出口速度 CV 值方差分析

方差来源	平方和 S	自由度 f	均方和 $\bar{S}$	F 值	显著性
A	1 552	2	776	337.4	**
B	310	2	155	67.39	**
C	288	2	144	62.61	**
A×B	49.5	4	9.5	5.39	*
A×C	20.7	4	4.75	2.26	
B×C	16.1	4	4	1.74	
e	18.42	8	2.3		

表 2-10　滞留时间方差分析

方差来源	平方和 S	自由度 f	均方和 $\bar{S}$	F 值	显著性
A	63 224	2	31 612	6.9	*
B	33 600	2	16 800	3.6	
C	70 105	2	35 052.5	7.7	*
A×BΔ	10 551	4	2 638		
A×C	49 917	4	12 479	2.72	
B×CΔ	9 819	4	2 455		
e	52 915	8	6 614		
Δe	73 285	16	4 580		

表2-9中的数据显示,在置信区间$\alpha=0.05$水平下,查表可知$F(2, 8)$和$F(4, 8)$的临界值分别为4.46和3.84,因此可知歧管角度、成形面高度和狭缝区宽度的影响都是高度显著,而歧管角度和成形面高度的交互作用也对出口处速度有一定的影响。

表2-10中的数据显示,在置信区间$\alpha=0.05$水平下,查表可知$F(2, 16)$和$F(4, 18)$的临界值分别为3.63和3.01,通过比较发现只有歧管角度和狭缝区宽度对出口处的滞留时间有一定影响,但不是高度显著,成形面高度及各因素之间的相互作用并不影响出口处滞留时间的分布,因此可以把衣架型分配流道的几何参数看作是相互独立的变量。

图2-29和图2-30所示分别为各因素与指标的直观分析结果。

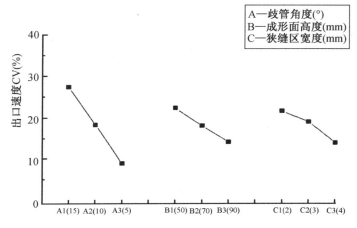

图2-29 因素对出口速度CV值的影响

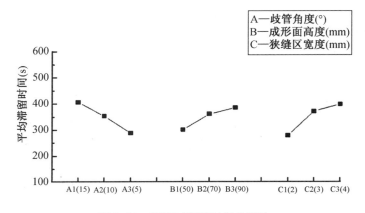

图2-30 因素对滞留时间的影响

从图2-29和图2-30可看出,出口速度随着歧管角度、成形面高度和狭缝区宽度的变化而显著变化。其中歧管角度减小,出口速度CV值减小。这是因为歧管起横向分配的作用,其角度变化能显著影响熔体的横向速度,从而影响衣架型分配流道的压力分布,歧管角度较大时,横向速度分布会不均匀,导致出口速度 CV 值较大。随着成形面高度和狭缝区宽度的增加,出口速度 CV 值减小,原因是成形面高度增加,聚合物熔体流动路径变大,流动时间变长,有利于熔体在衣架型分配流道内进行缓冲;狭缝区宽度变大,会使聚合物熔体在狭缝区内的速度变慢,在一定程度上也会减小出口速度 CV 值。

需要指出的是,成形面高度和狭缝区宽度的增加,会延长聚合物熔体在衣架型分配流道内的滞留时间(图 2-30),从而导致聚合物熔体处于高温状态的时间较长。图 2-30 还显示了歧管角度对滞留时间的影响,与出口速度 CV 值的变化趋势相同,随着歧管角度的减小,滞留时间减少。

通过方差分析可知,成形面高度对滞留时间的影响不显著,狭缝区宽度对滞留时间的影响显著,但作用与歧管角度相反。因此,以衣架型分配流道的出口速度 CV 值和滞留时间作为优化目标,可以首先通过改变歧管角度的大小来获得最小的出口速度 CV 值和滞留时间;另外,通过改变成形面高度和狭缝区宽度,在一定程度上也可获得优化的出口速度 CV 值和滞留时间。

因为最小速度 CV 值和最短滞留时间这两个目标希望同时实现,为了解决这一问题,根据求解对象,采用目标规划法将二者进行统一,其求解方程式为:

$$f(x) = M\left[\frac{f_{CV}(x) - f_{CVmin}(x)}{f_{CVmax}(x) - f_{CVmin}(x)}\right] + N\left[\frac{f_{RT}(x) - f_{RTmin}(x)}{f_{RTmax}(x) - f_{RTmin}(x)}\right] \quad (2-91)$$

其中:$f_{CV}(x)$、$f_{RT}(x)$ 分别为每次模拟结果中的出口速度 CV 值和滞留时间;$f_{CVmin}(x)$、$f_{RTmin}(x)$ 分别为模拟结果中的最小出口速度 CV 值和最小滞留时间;$f_{CVmax}(x)$、$f_{RTmax}(x)$ 分别为模拟结果中的最大出口速度 CV 值和最大滞留时间。

因为正交试验设计方法是从全面实验中挑选出部分有代表性的点进行实验,因此得到的最优参数不是设计参数全局域内的最优解,考虑到熔喷生产中纤网均匀性是产品应用开发过程中的重要考察指标,取权系数 M 和 N 分别为 0.6 和 0.4。

将正交试验得到的模拟结果代入公式,求得 $f(x)$ 的最小值,即获得最优衣架型分配流道。最优衣架型分配流道的几何参数为歧管角度 5°,成形面高度 70 mm,狭缝区宽度 3 mm。图 2-31 所示为最优衣架型分配流道出口速度和滞留时间分布,通过与图 2-28 比较,可以看出优化后衣架型分配流道的出口速度和滞留时间得到明显改善。

需要指出的是,正交试验设计方法具有一定的局域性,只是在给定的区间值内优化目标,无法在全域内找到最优目标。从图 2-31 中的优化分配流道模拟结果也可以看出,分配流道的出口速度 CV 值和滞留时间值仍较高,需要进一步优化衣架型分配流道。因此下节将采用多目标遗传算法,在参数变量的全域内对衣架型分配流道的出口速度和滞留时间进行优化[23]。

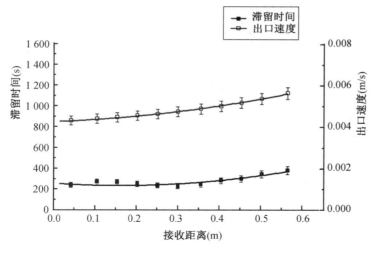

图 2-31 优化后衣架型分配流道的出口速度和滞留时间分布

3.3 熔喷用衣架型分配流道多目标遗传算法优化

遗传算法(Genetic Algorithm)是模拟达尔文生物进化论的自然选择和遗传学机理的生物进化过程的计算模型,是一种通过模拟自然进化过程搜索最优解的方法。遗传算法通常的实现方式为一种计算机模拟。对于一个最优化问题,一定数量的候选解(称为个体)的抽象表示(称为染色体)的种群向更好的解进化。传统上,解用二进制表示(即 0 和 1 符号串)。进化从完全随机个体的种群开始,之后一代一代发生。在每一代中,整个种群的适应度被评价,从当前种群中随机地选择多个个体(基于它们的适应度),通过自然选择和突变产生新的生命种群,该种群在算法的下一次迭代中成为当前种群。

遗传算法采纳了自然进化模型,如选择、交叉、变异等。图 2-32 展示了基本遗传算法的整个过程。计算开始时,一定数目 N 个个体(父代个体 1、父代

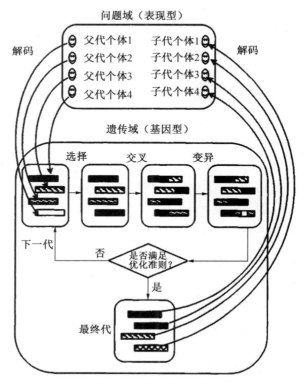

图 2-32 遗传算法过程

个体 2、父代个体 3、父代个体 4 等)即种群随机地初始化,并计算每个个体的适应性函数,第一代即初始代产生了。如果不满足优化准则,开始产生新一代的计算。为了产生下一代,按照适应度选择个体,父代要求基因重组(交叉)而产生个体。所有的子代按一定概率变异,然后子代的适应度被重新计算,子代被插入种群并将父代取代,构成新的一代(子代个体 1、子代个体 2、子代个体 3、子代个体 4 等)。这一过程循环执行,直到满足优化准则[24-26]。

3.3.1 多目标遗传算法介绍

在许多实际工程设计问题中,常常期望同时有几项设计指标都达到最优值,这就是所谓"多目标函数的最优化问题",其数学模型的一般表达式为:

$$
\begin{cases}
V - \min f(x) = [f_1(x), f_2(x), \cdots, f_n(x)]^T \\
s.t. \ x \in X \\
X \subseteq R^m
\end{cases}
\tag{2-92}
$$

在上述多目标函数的最优化问题中,各个目标函数 $f_1(x)$, $f_2(x)$, $\cdots$, $f_n(x)$ 的优化往往是相互矛盾的,不能期望使它们的极小点重叠在一起,即不能同时达到最优解。甚至有时会产生完全对立的情况,即对一个目标函数是优点,对另外一个目标函数却是劣点。如前面通过正交设计可知,给定区域内的衣架型分配流道出口速度 CV 值和滞留时间被视为多目标函数最优化问题,从分析结果可以看出,衣架的高度和狭缝区宽度这两个因子在各个目标函数的优化是互相矛盾的,产生完全对立的情况,因此不能期望使它们同时达到最优解。这就需要在各个目标的最优解之间进行协调,相互间做出适当的"让步",以便取得整体最优解,而不能像单目标函数的最优化那样,通过简单比较函数值大小的方法去寻优。由此可见,多目标函数的最优化问题要比单目标函数的最优化问题复杂得多,求解难度也较大。特别应当指出的是,多目标问题的优化方法虽然有不少,但有些方法的效果并不理想,需要进一步研究和完善。目前基于遗传算法的多目标函数优化常用的方法有权重系数变换法、并列选择法、排列选择法和共享函数法等。

假设衣架型分配流道中的目标函数为 $f(x) = f(\mathrm{CV}(x), \mathrm{RT}(x))$,即出口速度 CV 值和滞留时间两个子目标函数都尽可能地达到极小值,将采用多目标遗传算法中的并列选择法进行优化。其基本思想是先将群体中代表出口速度 CV 值和滞留时间的全部个体按数目均等地划分为两个子目标函数子群体,然后各个子目标函数在相应的子群体中独立地进行运算,各自选择出一些适应度高的个体组成一个新的子群体,随后将所有新生成的子群体合并成一个完整的群体,再在这个群体中进行交叉和变异运算,从而生成下一代完整群体。目的是根据各个目标函数 $f(x_j)$ 的满意程度来确定其对应的子群体的个体评价和选择操作,然后用统一目标法进行总体寻优,最终求得最优解[27-28]。图 2-33 所示为多目标遗传算法优化问题的并列选择法。

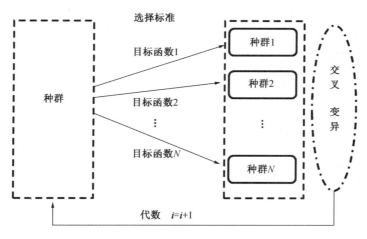

图 2-33 并列选择法

采用并列选择这一多目标遗传算法来优化衣架型分配流道,其数学模型如下:

$$
\begin{cases}
f_1(x) = \min \mathrm{CV}(\alpha,B,H) \\
f_2(x) = \min \mathrm{RT}(\alpha,B,H)
\end{cases}
\tag{2-93}
$$

自变量的可行域与正交设计的取值范围相同。

3.3.2 多目标遗传算法操作

假设多目标遗传算法优化的目标函数分别是出口速度 CV 值和滞留时间的最小值。根据所要优化的衣架型分配流道几何参数区域,通过二进制编码获得个体,然后组成种群,计算它们的适应度。若未出现最佳个体,则开始产生下一代子种群,通过在选择、交叉、变异和求解评价中循环计算,直到种群中出现最优个体,其具体步骤如下:

3.3.2.1 编码

人们提出了很多种编码策略,如二进制编码、实数编码和符号编码等,其中二进制编码是遗传算法中最简单和最早使用的一种编码方法,它将问题的解空间映射到二进制位串空间。位串的长度与问题要求的求解精度有关。

通过二进制对衣架型分配流道几何参数变量进行编码,即将每个变量分别编译成一个二进制串,将它们衔接起来形成一个染色体,即一个个体。字串的长度代表其精度,如要求每个变量的求解精度为 0.001,例如歧管角度变量区间为 [5,30],则该变量区间必须划分为 $(30-5) \times 10^3$ 等份,即其二进制编码为:

$$
2^n \leqslant (30-5) \times 10^3 \leqslant 2^m
\tag{2-94}
$$

上式中,n 和 m 均为整数。对于区间长度为 $|30-5|$、求解精度为 0.001 的歧管角度的变量区间,它的二进制编码长度至少需要 15 位;同理,可以计算出成形区高度变量

区间的二进制编码长度至少需要 17 位,狭缝区宽度变量区间的二进制编码长度至少需要 11 位。因此,一个染色体的二进制编码长度至少为 43 位。

3.3.2.2 初始群体的生成

一个个体由串长为 43 的随机产生的二进制串组成染色体的基因码,我们可以产生一定数目的个体组成种群,种群的大小(规模)就是指种群的个体数目。一般来说,初始种群数目较大,则在参数变量的区域内能处理的个体较多,因而易找到全局最优解。但是种群越大,每次迭代的时间就会增加,尤其是对一些复杂的、精度要求比较高的问题,种群数的增加将导致计算量呈指数增长。若种群过小,则会引起种群多样性下降,从而使遗传算法容易陷入局部极值而导致早熟现象出现,不易于找到全局最优点。通常对于所研究的求解域来说,种群大小可选择在 10~100。定义种群大小为 20 个个体。代表衣架型分配流道几何参数的 20 个个体被随机地分成两个子种群,每个子种群的规模为 10 个个体。这两个子种群的目标函数分别是出口速度 CV 值和滞留时间,采用并列选择法对它们进行求解。其他的衣架型分配流道聚合物属性和边界条件和前面模拟条件一样。

3.3.2.3 适应度函数

对两个子种群中的个体求解完成后,需要进行适应度评价。"适应度"是指在遗传算法中用来度量群体中各个个体在优化计算中能达到或接近或有助于找到最优解的优良程度。遗传算法在进化搜索中基本不依靠外部信息,仅以适应度函数为依据,利用种群中每个个体的适应度值来进行搜索。一般而言,适应度函数由目标函数变换而成。由于目标函数是出口速度 CV 值和滞留时间的最小值,因此可以定义为:

$$\text{Minimize} f(x) = f(\text{CV}(x),\ \text{RT}(x)) \tag{2-95}$$

其中:x 在各变量参数的定义域内。

适应度函数的选取至关重要,因为适应度较高的个体属性,对下一代遗传的概率较大;适应度较低的个体属性,对下一代遗传的概率相对小一些。它直接影响遗传算法的收敛速度以及能否找到最优解。因此,适应度函数的设计需要满足单值、连续、非负和最大化;也需要能反映对应解的优劣程度;同时要尽可能简单,减少计算时间和空间上的复杂性,降低计算成本;要尽可能地通用,最好无需使用者改变适应度函数中的参数。

根据以上特点,选择采用基于排序的适应度分配,即种群按目标值进行排序。适应度仅仅取决于个体在种群中的序位,而不是实际的目标值。因此,适应度函数 $F(x_i)$($i = 1, 2, \cdots, 20$)可以根据个体在种群中的排序确定,即:

$$F(x_i) = 2 - MAX + 2(MAX - 1)\frac{x_i - 1}{N_{\text{ind}} - 1} \tag{2-96}$$

上式中 MAX 是一个变量,用来决定偏移或选择强度,通常在 $[1.1, 2]$ 取值,此处取 1.5;N_{ind} 是种群数量;x_i 是个体根据目标函数值排序后个体 i 所处的位置。

3.3.2.4 选择

选择是指以一定的概率从种群中若干个群里选择的操作。一般而言,选择的过程是基于适应度的优胜劣汰的过程,即通过计算各个个体的适应度,按照一定的规则或方法,从上一代群体中选择出一些优良的个体遗传到下一代群体中,这样就体现了达尔文的适者生存的原则。假设种群的淘汰率为 10%,即 20 个个体中,每个子种群在进行单独、平行的求解后,分别将那些对出口速度 CV 值和滞留时间适应性较好的个体保留下来,所得到的两个子种群分别含有 9 个个体,即产生的子代数量是父代数量的 90%。随后将得到的两个独立的子种群合并为一个,于是该种群含有 18 个个体,再在这些个体中实行交叉、变异以及重插入操作,得到新一代的 20 个个体。

3.3.2.5 交叉

交叉是指把两个父代个体的部分基因加以替换重组而生成新个体的操作。交叉操作的设计与现实所研究的问题密切相关。一般要求它既不能太多地破坏个体编码中表示优良性状的模式,又能有效地产生一些较好的新个体模式。连续优化常见的交叉操作有均匀交叉、模拟二进制交叉、单点交叉和两点交叉等。假设选用单点交叉,其中交叉概率为 0.75,即合并后子种群有 75% 的个体发生交叉。

3.3.2.6 变异

交叉之后是子代的变异,子代个体变量以很小的概率或步长造成转变。变异本身是一种局部随机搜索,与选择和重组算子结合在一起,保证了遗传算法的有效性,使遗传算法具有局部的随机搜索能力;同时使得遗传算法保持种群的多样性,以防止出现非成熟收敛。在变异操作中,变异率不能取得太大,如果变异率大于 0.5,遗传算法就会退化为随机搜索,而且遗传算法的一些重要的数学特征和搜索能力也不复存在。对于二进制编码的个体而言,个体染色体只由 0 和 1 组成,变异意味着 1 和 0 的翻转。对于每个个体,0 和 1 的改变是随机的。假设变异概率为 0.01,即合并后子种群有 1% 的个体发生变异。

遗传算法在上述过程中不断地迭代,在迭代中种群和个体不断地优化,其流程如图 2-34 所示。由于遗传算法的优化过程是一种逐渐逼近最优解的过程,在优化过程逼近最优解的时候,种群中最优个体的变化很小,这反映为代与代之间最优的目标函数值有很小的波动现象,因此采用每代间所得的目标函数值之比来判断优化结果的收敛标准,假设收敛标准为 10^{-3}(即终止条件),达到该终止条件即停止运算。

3.3.3 衣架型分配流道多目标遗传算法优化

图 2-35 所示为衣架型分配流道的出口速度 CV 值和滞留时间在优化过程中的变化,图中显示的每一个数据点代表计算得到的这一代中最优个体的目标值。从此图可以看出,在开始计算的时候,无论是出口速度 CV 值还是滞留时间,它们的收敛速度都很快。这是因为开始时变量区域较大,根据问题域中个体的适应度大小,能够很快地挑选出优

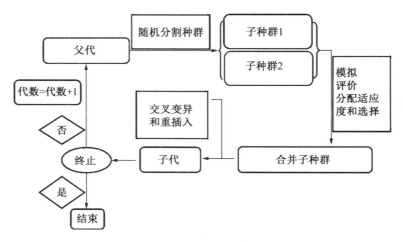

图 2-34   衣架型分配流道多目标遗传算法优化流程

良的个体,淘汰掉那些适应度低的个体。这些优良个体作为父代进行交叉和变异,产生新的种群,所以收敛速度较快。当遗传算法迭代到一定步骤后,搜索的问题域变小,收敛进入第二阶段,其收敛速度明显变慢。最后,遗传算法搜索点进入最优区域,在这一阶段,种群中每个个体的属性基本相似,尽管在代与代之间仍会进行交叉和变异操作,但收敛基本完成,搜索结果接近最优解,所以前后两代的目标值不再有很大的变化。

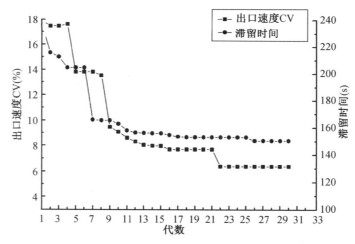

图 2-35   出口速度 CV 和滞留时间在优化过程中的变化

另外,由图 2-35 可以看出,对于每个目标函数,它们的收敛趋势是一样的,但它们的收敛速度并不同步。如出口速度 CV 在第七代就进入收敛速度较慢的阶段,而滞留时间在第十代后收敛速度减小。对应地,当滞留时间目标函数达到最小值,符合终止条件时,出口速度 CV 却没有达到最优解,需要继续优化,直到两个目标函数基本上保持稳定,到达最优解才停止。

由前文可知,多目标优化问题的目标函数之间的变化通常是不一致的,有时候甚至是相反的。由于本目标函数采用了并列式优化方法,两个目标函数都是独立地寻找最优解,所以会出现优化的最后一代中个体的出口速度 CV 得到最优解时,即衣架型分配流道的出口速度横向上变化最小时,其对应的滞留时间并不是最小;类似地,当最后一代中个体的滞留时间目标函数取得最小值的时候,其模型中的出口速度在横向上也不是最优的分布。表 2-11 给出了优化后最后一代中最小出口速度 CV 和最小滞留时间对应的衣架型分配流道的几何参数。

表 2-11 优化后衣架型分配流道几何参数

设计变量			指标	
歧管角度(°)	成形区高度 (mm)	狭缝区宽度 (mm)	出口速度 CV (%)	滞留时间 (s)
5.17	126.13	4.08	6.37	270.61
8.74	131.92	2.02	17.82	151.51

和正交试验设计优化方法一样,由于两个目标函数希望同时实现,但优化后的最终目标之间存在矛盾。为解决这一问题,同样引用目标规划法来将二者进行统一。目标规划法公式为:

$$f(x) = M\left[\frac{f_{CV}(x) - f_{CVmin}(x)}{f_{CVmax}(x) - f_{CVmin}(x)}\right] + N\left[\frac{f_{RT}(x) - f_{RTmin}(x)}{f_{RTmax}(x) - f_{RTmin}(x)}\right] \quad (2-97)$$

其中:$f_{CV}(x)$、$f_{RT}(x)$ 分别为最后一代中每个个体的出口速度 CV 值和滞留时间;$f_{CVmin}(x)$、$f_{RTmin}(x)$ 分别为最后一代中最小的出口速度 CV 值和最小的滞留时间。

需要指出的是,由于多目标遗传算法在优化参数的全局定义域内搜索了最优解,其最优解的可靠性较大,假设两个目标函数在实际生产中一样重要,因此权系数 M 和 N 取值为 0.5。

根据式(2-97)计算可得,最优衣架型分配流道的歧管角度为 5.112°,成形区高度为 124.421 mm,狭缝区宽度为 2.653 mm。衣架型分配流道的最优出口速度 CV 值和滞留时间分别是 5.1% 和 169 s。由最优衣架型分配流道几何参数可知,歧管角度与最优的出口速度 CV 值对应的衣架型分配流道的相近,而狭缝区宽度与最优的滞留时间对应的衣架型分配流道的相近。由此可知这两个参数对分配流道的分配性能起着重要作用,这与前面的正交试验结果相符。聚合物熔体流入分配流道后,歧管是唯一分配熔体横向流动的管道,而歧管角度是歧管横向的位置参数,因而直接影响出口处速度的均匀情况。熔体经过歧管横向分配后进入狭缝区,在相同的速度下,狭缝区宽度与熔体速度呈反比关系。狭缝区宽度较小时,聚合物熔体在成形区的速度较大,到达出口处所经历的时间较短;反之,狭缝区宽度较大时,熔体流速较低,滞留时间则较长。

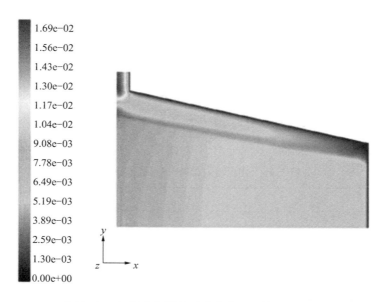

图 2-36   初始衣架型分配流道中心面的速度分布

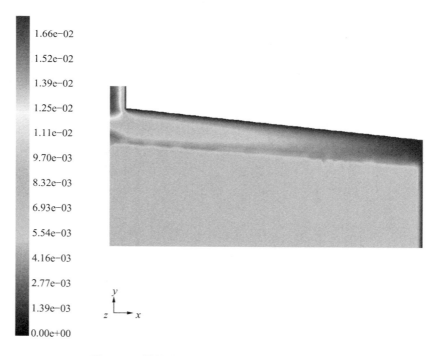

图 2-37   最优衣架型分配流道中心面的速度分布

图 2-36 和图 2-37 所示分别为初始衣架型分配流道和最优衣架型分配流道中心面的速度分布。从两图可以看出,相对于初始衣架型分配流道,聚合物熔体在最优衣架型

分配流道内流动的速度分布得到明显改善,出口速度更为均匀。

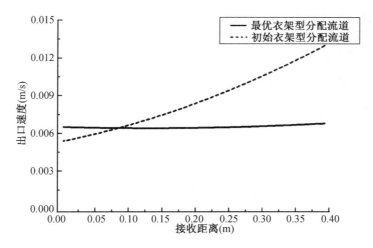

图 2-38 衣架型分配流道出口速度分布

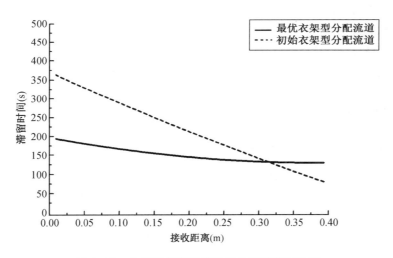

图 2-39 衣架型分配流道出口处滞留时间分布

图 2-38 和图 2-39 所示分别是初始衣架型分配流道和最优衣架型分配流道出口处速度分布和滞留时间分布。通过优化,出口速度 CV 值由 23.1% 下降到 5.1%,滞留时间由 247 s 缩短到 169 s,两者都得到明显改善。

4 宽幅熔喷衣架型分配流道设计

分配流道宽幅化是当今熔喷非织造技术新的发展方向之一。例如 Reifenhauser 公司生产的熔喷非织造设备幅宽已达 5.5 m[29]。国内外熔喷设备在分配流道宽度上的差距说明实现分配流道宽幅化须攻克一定的技术难点。首先,分配流道宽度增大后,分配流道内各部分熔体的流动路径差异增大,这会导致沿分配流道宽度方向的速度分布不均匀性增加。其次,分配流道宽度增大后,分配流道会发生"蚌壳"变形,即分配流道内部的压力很高,导致模身发生不均匀的挠曲,进而使分配流道中间部分比两端大。"蚌壳"变形会造成分配流道出口处的熔体速度分布不匀。最后,在歧管倾角和成形面高度不变的情况下,当分配流道宽度增大时,分配流道高度就会增加,这会加剧熔体沿入口圆管中心流动和沿歧管分流的路径差异,从而使速度沿宽度方向分布的均匀性变差。

　　单个衣架型分配流道在宽度增大到一定程度后,对熔体的均匀分配能力会降低。因此,单纯加大分配流道宽度不是实现分配流道宽幅化的合理技术途径。国内外的专利技术[30-31]显示,用多个较狭宽度的衣架型分配流道进行串联拼接成组合分配流道,有望克服单个分配流道宽度增加后存在的弊病。由此看来,用多个衣架型分配流道串联拼接形成组合衣架型分配流道以增加熔喷装备的幅宽是一条可行的技术途径。然而,对如何拼接以及如何确定最佳拼接位置等基础理论问题的研究,至今未见相应的报道。由于熔喷工艺对聚合物熔体的均匀分配要求较高,所以搞清楚这些基础理论问题显得尤为重要。拟在单分配流道内熔体流动模拟的基础上,对分配流道拼接后熔体在其内的流动状况进行模拟,并探求确定最佳拼接位置的依据。

4.1　熔喷组合衣架型分配流道设计

　　熔喷组合衣架型分配流道如图2-40所示,图中为两个单分配流道拼接,三个分配流道以上的拼接方式与此类似。组合分配流道的拼接处无壁面阻隔,整个分配流道融为一体,因此,组合分配流道只有一个出口,后道工序中只需一块喷丝板与出口连接;有两个入口,可采用两套供料系统同时供料。

图 2-40　两个单分配流道拼接的组合衣架型分配流道

　　与单个衣架型分配流道相比,采用两个分配流道拼接形成的组合衣架型分配流道的宽度增大一倍,而分配流道高度没有增大,熔体在分配流道内的流动路径差异也没有增大,在模身变形问题上与单分配流道一致。针对选定的两个能均匀分配熔体的单个衣架型分配流道进行串联拼接形成组合分配流道,并对熔体在组合分配流道内的流动进行数值模拟,用于考察组合分配流道出口处的速度分布,最后依据速度分布的要求确定最佳拼接位置[32]。

4.1.1 组合衣架型分配流道内熔体流动的数值模拟

以单个衣架型分配流道为基础,进行双分配流道拼接,形成组合分配流道,并对熔体在该组合分配流道内的流动进行数值模拟。单个衣架型分配流道的几何参数如表 2-12 所示。

表 2-12 单个衣架型分配流道的几何参数

L(mm)	H(mm)	α (°)	B(mm)	R_i(mm)
100	1.232 5	6.481 2	10	4

图 2-41 是组合衣架型分配流道的网格划分示意图。与单个衣架型分配流道一样,组合分配流道的歧管和入口部分形状不规则,主要采用 4 节点四面体单元,狭缝部分形状较为规则,采用 8 节点六面体单元,网格节点间距均为 1 mm。整个组合分配流道共有 79 269 个单元、31 715 个节点。因组合分配流道对于 x-y 面对称,为减少计算工作量,只对其一半进行模拟。

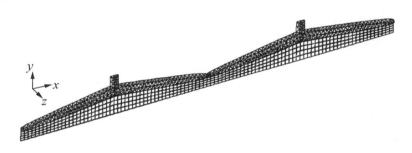

图 2-41 组合衣架型分配流道的网格划分

在边界条件方面,因组合分配流道具有两个入口,所以应分别施加相同的体积流量。因为在优化单个衣架型分配流道时采用的入口体积流量为 1.5×10^{-5} m³/s,而且是只对其四分之一进行模拟,因此对组合分配流道的每个入口应分别施加 3×10^{-5} m³/s 的体积流量作为边界条件,并假定为全展流动;壁面仍采用无滑移边界条件;所有几何对称面上的法向速度和切向力为零;出口面上的法向力和切向速度为零。

4.1.2 组合衣架型分配流道内熔体流动模拟结果

图 2-42 是组合分配流道中心平面内熔体流动速度矢量图。此图显示,在整个组合分配流道内尤其是拼接处,熔体流动没有出现紊乱等异常现象。但从图 2-43 展示的组合分配流道中心面出口处速度分布曲线来看,组合分配流道两端和拼接处附近的速度较低。由于拼接处位于组合分配流道的中间位置,因此这不利于最终的熔喷产品质量。

图 2-43 还显示了单分配流道中心面出口处熔体速度分布曲线。其中,横坐标 x 代

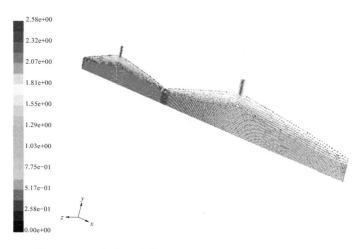

图 2-42   组合分配流道中心平面内熔体流动速度矢量图

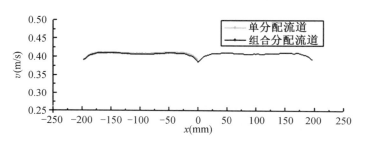

图 2-43   组合分配流道中心平面出口处熔体速度分布曲线

表出口竖直距离,组合分配流道以拼接点为零点,其 x 在 $-200\sim200\,\mathrm{mm}$,而单分配流道的 x 在 $-200\sim0$ 和 $0\sim200\,\mathrm{mm}$,纵坐标 v 代表熔体速度。从此图可看出,由于熔体流动速度在单分配流道尾端处呈下降的趋势,所以当两个单分配流道的尾端拼接起来后恰好在组合分配流道中间位置形成下凹状低速度区域。组合分配流道继承了单分配流道对熔体的分配特性,但不是两个单分配流道简单的重复,尤其是在拼接处,两个单分配流道的拼接端已无壁面影响,因而不再像单分配流道端点那样速度趋于零,但是,拼接端的速度与另一端对称位置上的速度仍有差别,前者略低,后者略高。例如,图 2-43 中,组合分配流道在 $x=1\,\mathrm{mm}$ 处的速度为 $0.383\,\mathrm{m/s}$,而在 $x=199\,\mathrm{mm}$ 处的速度为 $0.389\,\mathrm{m/s}$。这可能是由于拼接处有两股低速熔体汇流而产生的。从出口速度 CV 值来看,单分配流道为 $0.946\,5\%$,而组合分配流道为 $1.124\,1\%$,不匀率增大主要由拼接处的低速区导致。

由上可知,组合分配流道这种局部速度不匀产生的根源在于单分配流道的熔体分配特性,即单分配流道尾端处由于壁面影响,流动速度必然下降。但将两个单分配流道拼接成组合分配流道后,由于拼接端无壁面影响,因而拼接处的速度有可能进行控制。例如,按以上所述将两个分配流道简单对接,则拼接处必然是两股低速熔体汇流而形成低速区。但如果将两个分配流道的端部以一定长度叠接，则有可能提高拼接处的速度，因为此时拼接处不是两股低速熔体汇流，而是两股以一定速度流动的熔体汇流。因此，只要调整两个分配流道的拼接位置，就有可能缓解甚至消除组合分配流道中间拼接处的低速区。

4.1.3 组合衣架型分配流道最佳拼接位置

所谓的两个单分配流道拼接，可以想象为两个单分配流道相邻的端部被切割掉一小段，然后对接起来，即成为一个组合分配流道。下面讨论的拼接点位置，即指单分配流道被切割的位置，并以被切割掉的长度占整个单分配流道宽度的百分比(x)作为拼接位置的量化表示。

图 2-44 中的曲线分别代表拼接位置为 1.5%、1%、0.5% 及 0 时组合分配流道出口处速度分布。从此图可看出，相比直接在单分配流道端点进行拼接，当拼接位置为 0.5% 时，拼接处的下凹状低速度区明显得到改善，同时 CV 值也由 1.124 1% 降低到 0.782 8%；当拼接位置为 1% 时，拼

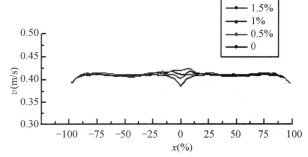

图 2-44 不同拼接位置时出口速度分布曲线

接处的下凹状低速度区基本消失，但出现了稍微上凸状的多波动区域，CV 值比拼接位置为 0.5% 时有所升高，为 0.857 4%；当拼接位置为 1.5% 时，拼接处速度出现明显的上凸状不匀，CV 值升高到 1.048 4%。由此可见，随着拼接位置的增大，组合分配流道拼接处的速度不匀逐渐由下凹状变为上凸状，相应地，CV 值先减小后增大。这说明，由单分配流道拼接成组合分配流道时存在一个最佳拼接点，在这一位置进行拼接能基本消除组合分配流道拼接处的低速度区，同时能减小组合分配流道中心面出口处的速度分布 CV 值。

从图 2-44 可知，最佳拼接位置应该在 0.5%～1%。采用二分法，先将拼接位置定在 0.75%，这样组合后的分配流道出口速度分布曲线如图 2-45 所示，拼接处附近区域的速度已开始出现上凸趋势，其 CV 值为 0.823 6%。据此，再将拼接位置定于 0.625%，从

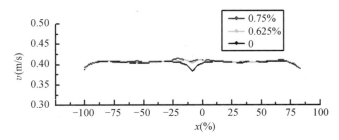

图 2-45 不同拼接位置时出口速度分布曲线

图 2-45 看出,此时拼接处的低速度区基本消除,也无明显的速度上凸趋势,拼接处各点的速度虽没达到均匀一致,但相对整体速度平均值来说波动较小,已不存在明显的局部速度不匀,速度 CV 值也降低到 0.782%。以讨论的分配流道大小来看,拼接位置在 0.5% 与 0.625% 时,二者速度分布已相当接近,如果按二分法继续寻找,意义已经不大。因此,0.625% 被认为是最佳拼接位置。

由两个单衣架型分配流道简单拼接组成的组合分配流道内,可以看出其拼接处聚合物熔体的流动继承了单分配流道内熔体流动的特点。熔体进入分配流道后,主要沿着歧管轴向流动,歧管起横向分配作用。同时因为歧管拼接处不再受壁面的影响,两股熔体在此相遇,由于流动速度的大小相似、方向相反,因此会相互抵消,形成不稳定区域,导致两个单分配流道的歧管尾端拼接区域内的速度出现波动。从图 2-45 可以看出,出口速度在拼接位置中心形成不稳定区域。

对于更宽的双衣架型分配流道,出口速度在横向的变化较大,如果要把两个单分配流道的相邻端部切割掉一小段,然后对接起来形成一个组合分配流道,会较难获得均匀的出口速度。在实际生产过程中,这种方法不可取。因为双衣架型分配流道这种局部速度不匀产生的原因是单衣架分配流道的分配特性,两个衣架型分配流道简单的拼接导致拼接位置出口速度 CV 值较大。

歧管角度、狭缝区宽度和成形区高度都对出口速度有影响,但增加成形区高度会引起内部压力差增加,因此此法不可取;增加狭缝区宽度,在一定程度上会改善出口速度的均匀性,但同时会使聚合物流量增加。由于衣架型分配流道出口处直接与喷丝板相连,其孔径比较大,当聚合物流量较大时,喷丝板易堵塞。因此,可行性方案只有改变歧管角度。从另一个角度思考,也就是改变歧管形状。

基于以上分析,可知歧管的拼接形状是两个单衣架分配流道拼接设计的关键。因此采用解析方程求得最佳拼接歧管形状,以改善拼接处两股熔体的相对汇流现象,从而获得衣架型分配流道出口处横向上的均匀速度。

4.2　双衣架型分配流道歧管拼接设计

4.2.1　双衣架型分配流道歧管拼接设计理论

衣架型分配流道简化模型如图 2-46 所示。要想改变歧管形状,获得双衣架型分配流道拼接处的歧管方程,实际上就是求解拼接处 x 轴的轨迹问题,即歧管与成形区的边界轨迹的数学表达式[33]。

首先将歧管近似视作理想圆管,设歧管轴向为 x 方向,则聚合物熔体在圆形单元体中的动量方程 x 方向分量(轴向)可简化为[67]:

$$-\frac{\partial p}{\partial x}+\frac{1}{r}\frac{\partial}{\partial r}(r\tau_{rx})=0 \tag{2-98}$$

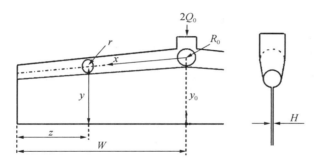

图 2-46 衣架型分配流道简化模型

根据不可压缩、无滑移壁面和幂律本构方程等假设,可得熔体速度分布方程:

$$v_x = \frac{nR}{n+1}\left(\frac{R\Delta p}{2KL}\right)^{\frac{1}{n}}\left[1-\left(\frac{r}{R}\right)^{\frac{n+1}{n}}\right] \tag{2-99}$$

其中:K 为聚合物熔体的稠度系数;n 为聚合物幂律指数;L 为歧管长度;γ 为歧管半径。

于是,聚合物熔体流经圆形单元体的体积流量为:

$$Q = 2\pi\int_0^R v_x r\mathrm{d}r = \frac{\pi n}{3n+1}\left(\frac{\Delta p}{2KL}\right)^{\frac{1}{n}}R^{\frac{3n+1}{n}} \tag{2-100}$$

设熔体沿着岐管流动的压力为 p_x,根据式(2-100),得熔体沿 x 方向的体积流量方程:

$$Q = \left(\frac{\pi n}{3n+1}\right)\left(\frac{1}{2K}\right)^{\frac{1}{n}}r^{\frac{3n+1}{n}}\left(\frac{dp_x}{\mathrm{d}x}\right)^{1/n} \tag{2-101}$$

根据图 2-46 可知,$\mathrm{d}x$、$\mathrm{d}y$ 和 $\mathrm{d}z$ 满足勾股定理,即:

$$\mathrm{d}x = \left[(\mathrm{d}y)^2+(\mathrm{d}z)^2\right]^{1/2} = \mathrm{d}y\left[1+\left(\frac{\mathrm{d}z}{\mathrm{d}y}\right)^2\right]^{1/2} \tag{2-102}$$

将式(2-102)代入式(2-101)消去 $\mathrm{d}x$,化简得:

$$Q = \left(\frac{\pi n}{3n+1}\right)\left(\frac{1}{2K}\right)^{\frac{1}{n}}\frac{r^{(3n+1)/n}}{\left[1+\left(\frac{\mathrm{d}z}{\mathrm{d}y}\right)^2\right]^{1/2n}}\left(\frac{dp_x}{\mathrm{d}y}\right)^{1/n} \tag{2-103}$$

上式中,如果将 r 看成是 z 的函数,重排式(2-103)可得:

$$r^{3n+1} = Q^n\phi_1^{-n}\left(\frac{dp_x}{\mathrm{d}y}\right)^{-1}\left[1+\left(\frac{\mathrm{d}z}{\mathrm{d}y}\right)^2\right]^{1/2} \tag{2-104}$$

其中
$$\phi_1 = \left(\frac{\pi n}{3n+1}\right)\left(\frac{1}{2K}\right)^{1/n} \tag{2-105}$$

如果衣架型分配流道入口的体积流量为 $2Q_0$，根据聚合物熔体流动平衡方程，可得熔体在歧管内的体积流量：

$$Q = \frac{Q_0}{W} z \tag{2-106}$$

将式(2-106)代入式(2-104)，得：

$$r^{3n+1} = Q_0^n \phi_1^{-n} \left(\frac{z}{W}\right)^n \left(\frac{\mathrm{d}p_x}{\mathrm{d}y}\right)^{-1} \left[1 + \left(\frac{\mathrm{d}z}{\mathrm{d}y}\right)^2\right]^{1/2} \tag{2-107}$$

因为衣架型分配流道幅宽为 $2W$，要想分配流道出口处聚合物熔体均匀流出，需要满足 $\mathrm{d}Q/\mathrm{d}z = Q_0/W$ 这一先决条件。

因为成形面的狭缝区宽度为 H，设熔体压力为 p_y，则根据聚合物熔体在矩形单元体中的流动方程可得：

$$\frac{\mathrm{d}Q}{\mathrm{d}z} = \left[\frac{n}{2n(n+1)}\right] \left(\frac{1}{2K}\right)^{\frac{1}{n}} H^{\frac{2n+1}{n}} \left(\frac{\mathrm{d}p_y}{\mathrm{d}y}\right)^{1/n} \tag{2-108}$$

将方程(2-108) n 次方，整理重排后得：

$$\frac{\mathrm{d}p_y}{\mathrm{d}y} = \left(\frac{Q_0}{W}\right)^n \phi_2^{-n} H^{-(2n+1)} \tag{2-109}$$

式中：$\phi_2 = \left[\dfrac{n}{n(2n+1)}\right]\left(\dfrac{1}{2K}\right)^{1/n}$

在此应着重指出，式(2-107)中的 $\dfrac{\mathrm{d}p_x}{\mathrm{d}y}$ 等于式(2-109)中的 $\dfrac{\mathrm{d}p_y}{\mathrm{d}y}$。因此，将式(2-109)代入式(2-107)，消去 $\dfrac{\mathrm{d}p_x}{\mathrm{d}y}$，整理化简得：

$$r^{3n+1} = \left(\frac{\phi_2}{\phi_1}\right)^n z^n H^{2n+1} \left[1 + \left(\frac{\mathrm{d}z}{\mathrm{d}y}\right)^2\right]^{1/2} \tag{2-110}$$

将 ϕ_1 和 ϕ_2 代入上式，整理化简得：

$$r^{3n+1} = \left[\frac{3n+1}{2\pi(2n+1)}\right]^n z^n H^{2n+1} \left[1 + \left(\frac{\mathrm{d}z}{\mathrm{d}y}\right)^2\right]^{1/2} \tag{2-111}$$

为消去 $1 + \left(\dfrac{\mathrm{d}z}{\mathrm{d}y}\right)^2$，引入均匀一致的滞留时间的概念，即认为聚合物熔体沿 y 方向和 x 方向的流动时间相等[68]。设其相应的平均流速分别为 v_y 和 v_x，则有：

$$\frac{\mathrm{d}y}{v_y} = \frac{\mathrm{d}x}{v_x} \tag{2-112}$$

且

$$v_y = \frac{Q_0}{WH} \tag{2-113}$$

$$v_x = \frac{Q}{\pi r^2} \tag{2-114}$$

将式(2-113)、式(2-114)、式(2-102)和式(2-106)代入式(2-112),经化简整理得:

$$H = \frac{\pi r^2}{z}\left[1 + \left(\frac{\mathrm{d}z}{\mathrm{d}y}\right)^2\right]^{1/2} \tag{2-115}$$

将式(2-115)代入式(2-111),可得歧管半径函数方程:

$$r = \left[\frac{3n+1}{2\pi(2n+1)}\right]^{n/[3(n+1)]} \pi^{-1/3} H^{2/3} z^{1/3} \tag{2-116}$$

将式(2-115)整理得:

$$\frac{\mathrm{d}y}{\mathrm{d}z} = \left[\frac{\pi^2 r^4/H^2}{z^2 - (\pi^2 r^4/H^2)}\right]^{1/2} \tag{2-117}$$

把式(2-116)代入式(2-117),得:

$$\frac{\mathrm{d}z}{\mathrm{d}y} = \left[\frac{\phi}{z^{2/3} - \phi}\right]^{1/2} \tag{2-118}$$

式中:

$$\phi = (\pi H)^{2/3}\left[\frac{3n+1}{2(2n+1)}\right]^{4n/[3(n+1)]} \tag{2-119}$$

因为 $\mathrm{d}y/\mathrm{d}z \geqslant 0$,则式(2-118)中有 $z^{2/3} - \phi \geqslant 0$,当 $\mathrm{d}y/\mathrm{d}z \to \infty$ 时,则分母为零,得:

$$z = \phi^{3/2} \tag{2-120}$$

因此,根据歧管区进入成形区的边界或衣架型分配流道歧管和成形面间的轨迹曲线,可对式(2-118)进行积分获得,即:

$$y - y_0 = \int_{\phi^{3/2}}^{z} \left(\frac{\phi}{z^{2/3} - \phi}\right)^{1/2} \mathrm{d}z \tag{2-121}$$

对式(2-121)求解,得歧管轨迹曲线方程:

$$y - y_0 = \frac{3}{2}\phi^{1/2}\left[z^{1/3}\sqrt{z^{1/3} - \phi} + \phi\ln(z^{1/3} + \sqrt{z^{1/3} - \phi})\right]_{\phi^{3/2}}^{z} \tag{2-122}$$

由于上式复杂,难以找出歧管轨迹曲线的规律。采用近似计算法进行求解,上式可化简为:

$$y = \frac{3}{2}\pi^{1/3}\left[\frac{3n+1}{2(2n+1)}\right]^{2n/[3(n+1)]}H^{2/3}z^{5/3} + y_0 \qquad (2\text{-}123)$$

把式(2-119)代入式(2-123),得:

$$y = \frac{3}{2}\phi H^{1/3}z^{5/3} + y_0 \qquad (2\text{-}124)$$

因为式(2-124)中的 ϕ 只包含幂律指数 n 和狭缝区宽度 H 两个变量,若将 n 视为已知量,狭缝区宽度 H 为常数,则 y 只与 z 相关(y 只是 z 的函数)。

由于假设了单衣架型分配流道幅宽小于 2 m,即 W 小于 1 m,为便于设计歧管轨迹曲线,采用近似拟合方法,将方程(2-124)简化为二次曲线关系,即:

$$y = \frac{3}{2}\phi H^{1/3}z^2 + y_0 \qquad (2\text{-}125)$$

根据以上分析,可知在保证获得均匀一致的出口速度的基础上,推导出两个分配流道的拼接歧管轨迹曲线为二次曲线函数。

4.2.2 双衣架型分配流道曲线歧管设计

以幅宽为 1 700 mm 的单衣架型分配流道拼接为例,对拼接处的歧管双曲线轨迹建立数学坐标系模型,如图 2-47 所示。

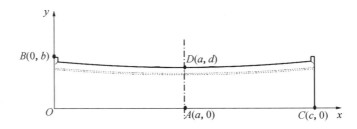

图 2-47　曲线歧管双衣架数学坐标

则曲线方程可写为:

$$y = M(x-a)^2 + d \qquad (2\text{-}126)$$

因为 A 点坐标为 $(850, 0)$,代入以上方程得:

$$y = M(x-850)^2 + d \qquad (2\text{-}127)$$

式(2-127)中有两个未知数 M 和 d。根据前文所述,衣架型分配流道的高度是影响聚合物熔体压力差的重要因素。为了让拼接后的双衣架型分配流道和单衣架分配流道的压力降一致,设衣架型分配流道的高度为定值(311.5 mm)。

根据图 2-47 可知,即当 $x=0$ 时,y 为 311.5,可知 M 为 $\left(\dfrac{311.5-d}{850^2}\right)$,则式(2-127)变为:

$$y=\frac{311.5-d}{850^2}(x-850)^2+d \qquad (2-128)$$

其中:$0\leqslant d\leqslant 311.5$。

方程(2-128)中只有一个未知数 d,在 d 的可行性区间内,采用二分法求得 d 值,最终得歧管双曲线轨迹方程为:

$$y=\frac{41.5}{850^2}(x-850)^2+270 \qquad (2-129)$$

基于该方程拼接得到的双衣架型分配流道内聚合物熔体的流动速度分布和出口速度分别如图 2-48 和图 2-49 所示。

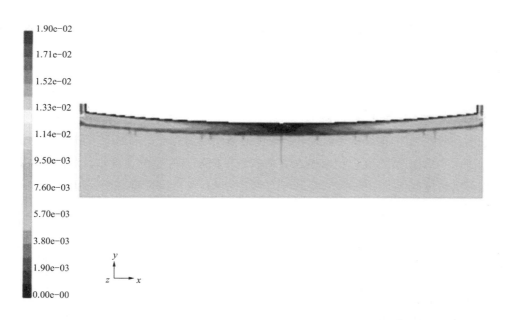

图 2-48 双曲线拼接双衣架型分配流道内熔体流动速度分布

从图 2-48 和图 2-49 可以看出,双衣架型分配流道采用双曲线歧管拼接后,拼接部分的出口速度均匀性得到明显改善。该方法有效地避免了两个单分配流道简单拼接后,在组合分配流道中间位置形成凸状高速度区域这一缺陷。图 2-49 中,分配流道拼接中心端没有形成凸状高速区,说明双曲线拼接分配流道的分配特性优于简单拼接分配流道。由此可见,双曲线拼接双衣架型分配流道在一定程度上能更好地解决聚合物熔体在拼接位置发生的汇流现象,使得出口速度均匀。另外,图 2-49 显示,拼接处两端(即衣架

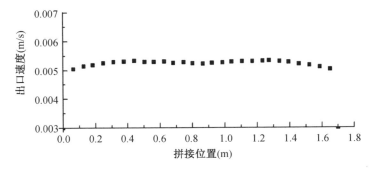

图 2-49 双曲线拼接双衣架型分配流道出口速度

型分配流道入口的直下方处)速度略微呈下降趋势,在一定程度上也会影响出口速度均匀分布。

4.2.3 双衣架型分配流道双歧管设计

通过对单衣架分配流道的正交试验和方差分析,得知狭缝区宽度增加会使熔体流动变缓,从而在一定程度上使出口速度更均匀,但熔体流动速度变小会使滞留时间增加,也易造成喷丝孔被堵塞。因此,通过改变狭缝区宽度来获得均匀出口速度的方法,并不可取。

1997 年,Ruschak 等[34]提出双歧管衣架型分配流道设计,即除了衣架型分配流道入口处的主歧管外,在成形面区间内添加第二个长方形歧管。他们指出,主歧管主要对聚合物熔体起横向分配作用,但很难保证聚合物熔体沿横向均匀分配。成形面区域中的第二歧管流道采用水平横向设计,聚合物熔体在其横向和纵向都有一定的速度,所以在一定程度上既可以缓和熔体速度纵向的不均匀,又可以在横向进行第二次速度分配。他们还对第二歧管的形变因子进行了分析,指出长宽比(长度方向为衣架型分配流道纵向)影响第二歧管的分配作用。

2012 年,Shetty 等[35]对双歧管衣架型分配流道的压力和温度分布进行了研究,发现这种分配流道设计不仅能获得均匀的出口速度,还可减小压力差和温度的波动。因此,在双曲线双衣架型分配流道的成形面区间插入第二歧管,由于长方形管道的边角处易发生聚合物熔体滞留现象,设计了椭圆形歧管,其纵向截面如图 2-50 所示。

显然,椭圆形长轴应在衣架型分配流道纵向,由于狭缝区宽度影响聚合物熔体的滞留时间分布,因而椭圆形歧管的短轴长度较小,从而有效防止聚合物熔体在椭圆处发生滞留现象。

假设椭圆短轴长度同狭缝区宽度,则第二歧管的截面形

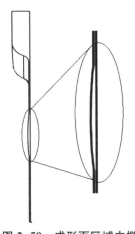

图 2-50 成形面区域内椭圆形第二歧管横截面

状方程可定义为：

$$\frac{y^2}{m^2}+\frac{x^2}{H^2}=0 \quad (m>H>0) \tag{2-130}$$

其中：H 为狭缝区宽度。

方程(2-130)中只有一个未知参数 m，通过反复计算比较了不同 m 值对分配流道出口速度的影响，最终得到长径比为 40∶3 的椭圆形歧管。插入该椭圆形歧管后的分配流道内聚合物熔体流动速度分布和出口处熔体流动速度分布如图 2-51 和图 2-52 所示。

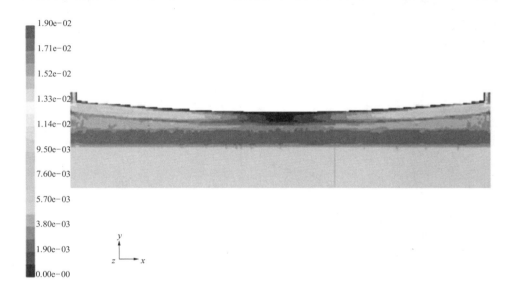

图 2-51　双歧管双衣架型分配流道速度分布

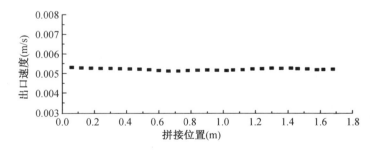

图 2-52　双歧管双衣架型分配流道出口速度分布

图 2-51 显示，衣架型分配流道中主歧管主要起横向分配作用。聚合物熔体经主歧管分配后经过一段狭缝区，进入椭圆形第二歧管后速度减小，刚进入椭圆形歧管速度就发生些许波动。由于椭圆形第二歧管里的熔体速度方向和大小都发生变化，纵向和横向上都有速度，因此聚合物熔体受到第二次分配。需要指出的是，椭圆形歧管的长径比很大，短轴

长度即狭缝区宽度,所以不会明显改变熔体纵向流速,只起到微调作用。熔体流经椭圆形歧管后,再次进入狭缝区,以更均匀的横向速度分布流动到出口,出口速度如图 2-52 所示。

由图 2-52 可知,双歧管双衣架型分配流道的出口速度分布得到改善,消除了出口处熔体速度中间低、两端高的趋势,呈均匀分布,出口速度 CV 值在 1% 左右。

图 2-53 对三种双衣架型分配流道的压力降进行了比较。从此图可以看出,双曲线拼接双衣架型分配流道和简单拼接双衣架型分配流道的压力降几乎相等,而双歧管拼接双衣架型分配流道的压力降明显减小。熔体在椭圆形歧管内压力降减小,这是因为熔体速度小,且沿横向分配。当熔体经过椭圆形歧管进入狭缝区后,压力分配情况和其他双衣架型分配流道一致。因此,该设计方法既可保证幅宽范围内的熔体分布均匀,又可降低压力降,从而减小能耗。

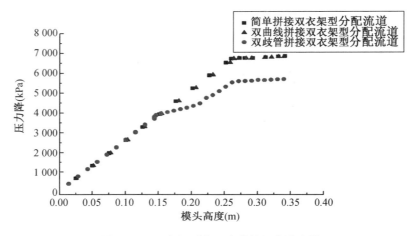

图 2-53　双衣架型分配流道的压力降比较

4.2.4　多歧管衣架型分配流道设计

根据双衣架型分配流道设计可知,利用双曲线歧管和具有再分配作用的椭圆形第二歧管的组合,可获得均匀分配的幅宽为 3.4 m 的衣架型分配流道。但这种拼接方式采用了两个衣架型分配流道,则在生产过程中需要两个计量泵为其供料,从而增加了计量泵的数量。由于在实际生产中无法保证多个计量泵的工作状况完全一致,如果其中一个计量泵供料不均匀或出现问题,就有可能使得两个衣架型分配流道内出现熔体分裂或熔体重叠现象,这不利于生产。

在设计双衣架型分配流道过程中,发现歧管在聚合物分配过程中起着至关重要的作用,它不仅决定着聚合物的横向分布,而且在一定程度上影响着聚合物进入狭缝区时的初始速度分布。在成形区域内加入长径比较大的椭圆形第二歧管,可改善分配流道出口速度的均匀性。也就是说,无论是曲线拼接歧管还是椭圆形第二歧管,它们在聚合物流动过程中,都兼有横向分配和缓冲的作用。同时,由于椭圆形第二歧管的设计,衣架型分配流道内的压力降减小,所以第二歧管还有减小压力降的作用。基于此想法,设计了一种新型均匀宽幅化多歧管衣架型分配流道装置。

　　这种宽幅多歧管衣架型分配流道装置如图 2-54 和图 2-55 所示,其中图 2-54 为多歧管分配流道正视剖面图,图 2-55 为多歧管分配流道右视图。从图 2-55 可以看出,该分配流道共由三级分配歧管组成,其中入口管道与一级分配歧管流道相通,聚合物熔体可经一级分配歧管、二级分配歧管和三级分配歧管分配,各个分配歧管按一定比例收缩,其前后分配歧管的收缩范围应小于或等于 2∶1,直至最后歧管半径与狭缝喇叭口宽度相等。各级分配歧管之间通过圆角贯通,圆角的收缩比例在 2°～3°。熔体经多级歧管分配后进入狭缝区喇叭口,狭缝区喇叭口与最后一级分配歧管连通,狭缝区下方直接安装喷丝板和高温高速气流牵伸装置,以制备非织造产品。

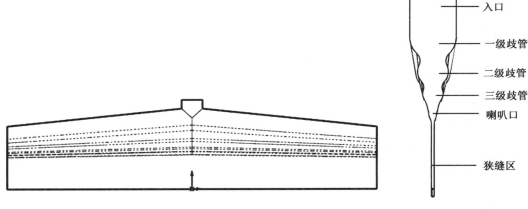
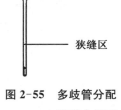

图 2-54　多歧管分配流道正视剖面图

图 2-55　多歧管分配
流道右视图

　　采用单衣架型分配流道相同的模拟方法和边界条件设置,对幅宽为 4 m 的多歧管分配流道内聚合物熔体的流动进行模拟。其模拟结果如图 2-56 和图 2-57 所示。

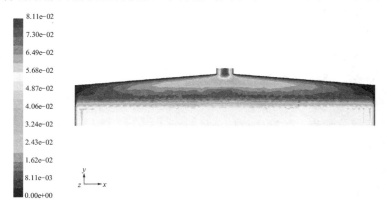

图 2-56　多歧管分配流道内速度分布

113

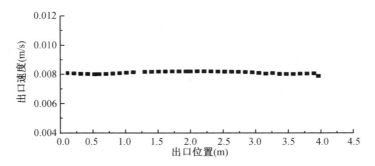

图 2-57　多歧管分配流道出口速度分布

图 2-56 显示，聚合物熔体进入多歧管分配流道后，经一级、二级、三级歧管多次横向分配和纵向缓冲后，其横向速度分布逐渐均匀。同时，熔体在进入狭缝区之前，经过一个狭缝喇叭口过渡收敛区域，这有效地避免了传统衣架型分配流道中歧管和狭缝区之间截面积突然变小而引起的熔体流动速度发生突变，导致熔体产生较大扰动的现象。由图 2-57 可知，幅宽为 4 m 的多歧管分配流道的出口速度分布均匀，经计算可知出口速度 CV 值为 1.2%。同时，该多歧管分配流道只有一个入口管道和一个计量泵，高度没有增加，压力降较小，产量可提高。该多歧管分配流道对比双衣架型分配流道，熔体的计量精度更高，设备配套成本也减少了。

值得注意的是，由于多歧管分配流道中有多个歧管，它们能有效地降低分配流道内的压力降，同时此结构对不同聚合物都具有一定的适应性，对熔体有很好的横向分配和纵向缓冲作用。这有利于改变产品品种，无需调整分配流道，利于生产的顺利进行。

5　本章小结

对熔喷衣架型分配流道内的聚合物熔体流动进行数值模拟，分析出口速度和滞留时间的分布特点，指出两者会显著影响熔喷非织造产品的性能。通过数值模拟方法计算出分配流道出口速度 CV 值和滞留时间，并以出口速度和滞留时间为目标函数，采用正交试验和遗传算法对衣架型分配流道的几何参数进行多目标优化。在此基础上，对衣架型分配流道内流体的滞流现象进行系统的分析和研究，并提出改善方法。对由多个单分配流道拼接组合成宽幅分配流道的最佳拼接条件进行了探索，以期为熔喷模头实现宽幅化提供理论参考。采用解析法求出双衣架型分配流道歧管的拼接形状方程，并在成形面区域引入椭圆形第二歧管，以便设计宽幅双衣架型分配流道。设计了幅宽为 4 m 的多歧管分配流道，分析和比较了多种聚合物在此种分配流道内的分配状况，结果显示此种分配流道具有耗能低、对多种聚合物熔体适应性强等优点。

符号标识

S：控制面

V：控制域

x、y、z：笛卡尔坐标

ρ：密度

m：质量

$\boldsymbol{v}$：速度矢量

$\boldsymbol{n}$：外法线方向单位矢量

t：时间

u：速度矢量 $\boldsymbol{v}$ 在 x 方向的分量

v：速度矢量 $\boldsymbol{v}$ 在 y 方向的分量

w：速度矢量 $\boldsymbol{v}$ 在 z 方向的分量

∇：拉普拉斯算子

$\boldsymbol{K}$：系统动量

$\boldsymbol{F}$：力

p_{nx}：表面载荷密度

$\iiint\limits_{V} \rho f_x \mathrm{d}V$：系统的体积力

f_x：单位质量流体上的体积力

$\oiint\limits_{S} p_{nx} \mathrm{d}S$：封闭曲面 S 上 x 方向的总表面力

$\eta(\dot{\gamma})$：非牛顿流体的表观黏度

$\dot{\gamma}$：应变速率张量

$\dot{\gamma}_{ij}$：应变速率张量$\dot{\gamma}$ 的分量

σ：张量

τ：偏应力张量

p：压力

p_x：沿 x 方向的压力

K：聚合物稠度

B：衣架型分配流道幅宽

n：幂律指数

L：歧管长度

r：歧管半径

Q：体积流量

H：狭缝间隙

II：应变速率张量的第二不变量

W：特征长度

v_c：特征速度

η_0：应变速率为 $\dfrac{v_c}{W}$ 时的特征黏度

λ：松弛时间

C_p：比热容

T：温度

N_{ind}：种群数量

M、N：权重系数

参考文献

[1] 臧昆,臧己. 纺丝流变学基础[M]. 北京：纺织工业出版社,1993.

[2] Bird R B, Armstrong R C, Hassager O. Dynamics of Polymeric Liquids (Volume 1 Fluid Mechanics, Second edition)[M]. New York：John Wiley & Sons, 1987.

[3] 王新厚. 衣架型模头设计理论的研究[J]. 中国纺织大学学报,2000,26(1)：111-115.

[4] 孟凯. 熔喷非织造模头设计中几个问题的研究[D]. 上海：东华大学,2009.

[5] 唐志玉. 塑料挤塑模与注塑模优化设计[M]. 北京：机械工业出版社,2000.

[6] 王新厚. 基于三维有限元分析的熔喷衣架型模头设计[J]. 纺织学报,2000,21(2)：104-107.

[7] Meng K, Wang X H, Chen Q G. Fluid flow in coat-hanger die of melt blowing process：comparison of numerical simulations and experimental measurements[J]. Textile Research Journal, 2011, 81(16)：1686-1693.

[8] Wang X, Chen T, Huang X. Simulation of the polymeric fluid flow in the feed distributor of melt blowing process[J]. Journal of Applied Polymer Science, 2006, 101(3)：1570-1574.

[9] Meng K, Wang X, Huang X. Numerical analysis of the stagnation phenomenon in the coat-hanger die of melt blowing process[J]. Journal of Applied Polymer Science, 2008, 108(4)：2523-2527.

[10] 刘玉军,王钧效. 衣架式纺丝模头设计理论研究[J]. 纺织学报,2008,29(3)：97-100+109.

[11] 郭燕坤. 熔喷非织造用衣架型模头的研究[D]. 上海：东华大学,2005.

[12] 王新厚,程悌吾,黄秀宝. 衣架型模头中熔融聚合物流动的三维有限元分析[J]. 中国纺织大学学报,1997(6)：10-16.

[13] Han W, Wang X. Optimal geometry design of the coat-hanger die with uniform outlet velocity and minimal residence time[J]. Journal of Applied Polymer Science, 2012, 123(4)：2511-2516.

[14] 北京大学数学力学系概率统计组. 正交设计法[M]. 北京：化学工业出版社,1979.

[15] Ito K. Flow of melts in flat die[J]. Kobunshi Kagaku, 1963, 20(216)：193-200.

［16］ Vergnes B，Saillard P，Plantamura B. Methods of calculating extrusion sheeting dies［J］. Kunststoffe-German Plastics，1980，70(11)：11-15.

［17］ Chung C I，Lohkamp D T. Designing coat-hanger dies by power-law approximation［J］. Modern Plastics，1976，53(3)：52-57.

［18］ Sun Q，Zhang D. Analysis and simulation of non-Newtonian flow in the coat-hanger die of a meltblown process［J］. Journal of Applied Polymer Science，1998，67(2)：193-200.

［19］ Reid J D，Campanella O H，Corvalan C M，et al. The influence of power-law rheology on flow distribution in coathanger manifolds［J］. Polymer Engineering & Science，2003，43(3)：693-703.

［20］ Chen C，Jen P，Lai F S. Optimization of the coathanger manifold via computer simulation and an orthogonal array method［J］. Polymer Engineering & Science，1997，37(1)：188-196.

［21］ Huang Y，Gentle C R，Hull J B. A comprehensive 3-D analysis of polymer melt flow in slit extrusion dies［J］. Advances in Polymer Technology，2004，23(2)：111-124.

［22］ Matsubara Y. Residence time distribution of polymer melts in the linearly tapered coat-hanger die ［J］. Polymer Engineering and Science，1983，23(1)：17-19.

［23］ 韩万里. 熔喷非织造模头宽幅化和纤维纳米化的研究［D］. 上海：东华大学，2014.

［24］ 王小平，曹立明. 遗传算法：理论、应用与软件实现［M］. 西安：西安交通大学出版社，2002.

［25］ 郁崇文，汪军，王新厚. 工程参数的最优化设计［M］. 上海：东华大学出版社，2003.

［26］ Goldberg D E. Genetic Algorithms in Search，Optimization and Machine Learning［M］. Massachusetts：Addison Wesley Publishing Company，1989.

［27］ Meng K，Wang X H，Huang X B. Optimal design of the coat-hanger die used for producing melt-blown fabrics by finite element method and evolution strategies［J］. Polymer Engineering & Science，2009，49(2)：354-358.

［28］ Han W，Wang X. Multi-objective optimization of the coat-hanger die for melt-blowing process［J］. Fibers and Polymers，2012，13(5)：626-631.

［29］ 邹荣华，俞镇慌. 国内外非织造装备与技术的发展现状与格局——纺粘、熔喷与后整理设备［J］. 纺织导报，2010(9)：70-82.

［30］ 刘玉军，廖用和，王巍，等. 丙纶纺粘非织造布双衣架型纺丝模头及纺丝组件［P］. 中国：2007203055124. 2008-10-01.

［31］ Allen M A. Apparatus for meltblowing multi-component liquid filaments［P］. US：6491507 B1. 2002.

［32］ Meng K，Wang X. Numerical simulation and analysis of fluid flow in double melt-blown die［J］. Textile Research Journal，2013，83(3)：249-255.

［33］ Han W，Wang X. Optimal geometry design of double coat-hanger die for melt blowing process［J］. Fibers and Polymers，2014，15(6)：1190-1196.

［34］ Ruschak K J，Weinstein S J. Modeling the secondary cavity of two-cavity dies［J］. Polymer Engineering & Science，1997，37(12)：1970-1976.

［35］ Shetty S，Ruschak K J，Weinstein S J. Model for a two-cavity coating die with pressure and temperature deformation［J］. Polymer Engineering & Science，2012，52(6)：1173-1182.

第三章　高速气流运动与熔喷模头设计理论

在熔喷工艺过程中,聚合物熔体在高温高速气流场中被迅速牵伸变细并固化成超细纤维,其中熔喷模头下面的气流场(包括速度场和温度场)决定着熔喷纤维的最终直径,而且在聚合物熔体转变成纤维的相变过程中,对熔喷纤维的微观结构,例如大分子链的取向度和结晶度,均具有重要的影响,并最终影响熔喷纤维的强度和柔韧性等。因此,研究不同类型熔喷模头下的气流场分布,以及同种模头的不同几何参数对气流场分布的影响,对生产出直径更小、力学性能更好的熔喷纤维至关重要。

1　高速气流运动理论与熔喷气流场的数值模拟分析

对熔喷气流场的研究是整个熔喷工艺研究的基础,只有在清楚知晓气流场速度和温度分布的前提下,才能准确分析熔喷纤维在气流场中的运动轨迹、几何形态变化以及织态结构变化。本节将对高速气流运动理论进行阐述,并对熔喷模头下的气流场进行数值模拟分析。

1.1　高速气流运动理论

在熔喷工艺过程中,气流场是由高温高速气流从熔喷模头通道中喷射而形成的。此过程涉及高速气流的传质传热,必然遵循高速气流运动的三大基本定律:质量守恒定律、动量守恒定律和能量守恒定律。由这三大定律可推导出高速气流运动的三大基本方程:连续性方程、动量方程和能量方程。下面对这些基本方程进行详细推导:

1.1.1　物质导数

物质导数,又称随体导数,表示流体质点在欧拉场内运动时所具有的物理量对时间的全导数。研究任意物理量 $\phi(x, y, z, t)$（通用变量）对时间的变化率,则有:

$$\frac{D\phi}{Dt} = \frac{\partial \phi}{\partial t} + \frac{\partial \phi}{\partial x}\frac{\partial x}{\partial t} + \frac{\partial \phi}{\partial y}\frac{\partial y}{\partial t} + \frac{\partial \phi}{\partial z}\frac{\partial z}{\partial t} = \frac{\partial \phi}{\partial t} + u\frac{\partial \phi}{\partial x} + v\frac{\partial \phi}{\partial y} + w\frac{\partial \phi}{\partial z}$$

$$= \frac{\partial \phi}{\partial t} + v \cdot \nabla u \tag{3-1}$$

式中：u、v、w 分别为速度矢量 v 在 x、y、z 方向的分量。

式（3-1）就是任意物理量 $\phi(x，y，z，t)$ 的物质导数，其中的 $\dfrac{\partial \phi}{\partial t}$ 称为当地变化率，$v \cdot \nabla u$ 称为迁移变化率。

1.1.2　连续性方程

高速气流的连续性方程，反映高速气流运动和气流质量分布的关系，它是质量守恒定律在流体力学中的具体应用。本小节对微分形式的连续性方程进行推导。

如图 3-1 所示，假设流场中有一微体积的正六面体（控制体），在直角坐标系 $Oxyz$ 中，六面体的边长分别为 dx、dy、dz。流体流动的速度矢量 v 在 x、y、z 方向的分量分别为 u、v、w。

以 x 轴方向的气流运动为例：气流从 $ABCD$ 面流入控制体，并从 $EFGH$ 面流出。在控制体内，单位时间 dt 内气流流出与流入的质量之差为：

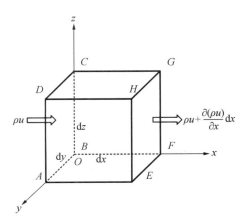

图 3-1　运动无穷小气流微团的质量通量

$$\left[\rho u + \frac{\partial(\rho u)}{\partial x}dx\right]dy\,dz\,dt - \rho u\,dy\,dz\,dt = \frac{\partial(\rho u)}{\partial x}dx\,dy\,dz\,dt \qquad (3\text{-}2.1)$$

同理，在控制体内，沿 y 轴方向和 z 轴方向，单位时间 dt 内气流流出与流入的质量之差分别为：

$$\left[\rho v + \frac{\partial(\rho v)}{\partial y}dy\right]dx\,dz\,dt - \rho v\,dx\,dz\,dt = \frac{\partial(\rho v)}{\partial y}dx\,dy\,dz\,dt \qquad (3\text{-}2.2)$$

$$\left[\rho w + \frac{\partial(\rho w)}{\partial z}dz\right]dx\,dy\,dt - \rho w\,dx\,dy\,dt = \frac{\partial(\rho w)}{\partial z}dx\,dy\,dz\,dt \qquad (3\text{-}2.3)$$

所以，在单位时间 dt 内，沿 x、y、z 方向净流出控制体的总质量为：

$$\left[\frac{\partial(\rho u)}{\partial x} + \frac{\partial(\rho v)}{\partial y} + \frac{\partial(\rho w)}{\partial z}\right]dx\,dy\,dz\,dt \qquad (3\text{-}3)$$

在单位时间 dt 内，控制体内减少的质量为：

$$-\frac{\partial \rho}{\partial t}dx\,dy\,dz\,dt \qquad (3\text{-}4)$$

根据质量守恒定律，单位时间 dt 内，净流出控制体的质量必然等于控制体内减少的质量：

$$\left[\frac{\partial(\rho u)}{\partial x} + \frac{\partial(\rho v)}{\partial y} + \frac{\partial(\rho w)}{\partial z}\right] dx\,dy\,dz\,dt = -\frac{\partial\rho}{\partial t} dx\,dy\,dz\,dt \qquad (3-5)$$

化简得：

$$\frac{\partial\rho}{\partial t} + \frac{\partial(\rho u)}{\partial x} + \frac{\partial(\rho v)}{\partial y} + \frac{\partial(\rho w)}{\partial z} = 0 \qquad (3-6)$$

用散度的形式表示，则可得到：

$$\frac{\partial\rho}{\partial t} + \mathrm{div}(\rho\boldsymbol{v}) = 0 \qquad (3-7)$$

式(3-7)就是直角坐标系内，气流运动的微分形式的连续性方程。

熔喷气流场通常被认为是稳态可压缩的流场，因此式(3-7)可以变换为：

$$\mathrm{div}(\rho\boldsymbol{v}) = 0 \qquad (3-8)$$

式(3-8)就是熔喷气流场中，三维稳态可压缩流的连续性方程。

1.1.3 动量方程

动量方程是动量守恒定律(牛顿第二定律)在流体力学中的具体应用。下面对微分形式的动量方程进行推导：

根据牛顿第二定律，作用在气流微团上的力的总和等于气流微团的质量乘以气流微团的加速度，即：

$$\boldsymbol{F} = m\boldsymbol{a} \qquad (3-9)$$

作用在气流微团上的力主要包括：体积力和表面力。体积力：直接作用在气流微团整个体积上的力，比如重力、电场力、磁场力等。表面力：直接作用在气流微团表面的力。表面力由两方面的因素引起：(1)由环绕在气流微团周围的气流所施加的，作用于气流微团表面的压力分布；(2)由外部气流推拉微团而产生的，以摩擦的方式作用于气流微团表面的切应力和正应力分布。

以 x 方向为例。将作用在单位质量气流微团上的体积力记作 f，其 x 方向分量为 f_x。气流微团的体积为 $dx\,dy\,dz$，所以作用在气流微团上的体积力的 x 方向分量可以表示为：

$$F_{bx} = \rho f_x\,dx\,dy\,dz \qquad (3-10)$$

如图 3-2 所示,作用在气流微团上的表面力的 x 方向分量可以表示为:

$$F_{sx} = \left[P - \left(P + \frac{\partial P}{\partial x} dx \right) \right] dy dz + \left[\left(\sigma_{xx} + \frac{\partial \sigma_{xx}}{\partial x} dx \right) - \sigma_{xx} \right] dy dz +$$

$$\left[\left(\sigma_{yx} + \frac{\partial \sigma_{yx}}{\partial y} dy \right) - \sigma_{yx} \right] dx dz + \left[\left(\sigma_{zx} + \frac{\partial \sigma_{zx}}{\partial z} dz \right) - \sigma_{zx} \right] dx dy$$

(3-11)

将式(3-10)和式(3-11)相加并整理,可得到作用于气流微团上总的力在 x 方向的分量:

$$F_x = \left(-\frac{\partial P}{\partial x} + \frac{\partial \sigma_{xx}}{\partial x} + \frac{\partial \sigma_{yx}}{\partial y} + \frac{\partial \sigma_{zx}}{\partial z} \right) dx dy dz + \rho f_x dx dy dz \quad (3\text{-}12.1)$$

同理可得到作用于气流微团上总的力在 y 方向和 z 方向的分量:

$$F_y = \left(-\frac{\partial P}{\partial y} + \frac{\partial \sigma_{xy}}{\partial x} + \frac{\partial \sigma_{yy}}{\partial y} + \frac{\partial \sigma_{zy}}{\partial z} \right) dx dy dz + \rho f_y dx dy dz \quad (3\text{-}12.2)$$

$$F_z = \left(-\frac{\partial P}{\partial z} + \frac{\partial \sigma_{xz}}{\partial x} + \frac{\partial \sigma_{yz}}{\partial y} + \frac{\partial \sigma_{zz}}{\partial z} \right) dx dy dz + \rho f_z dx dy dz \quad (3\text{-}12.3)$$

回到等式(3-9)的右边,其中气流微团的质量为:

$$m = \rho dx dy dz \tag{3-13}$$

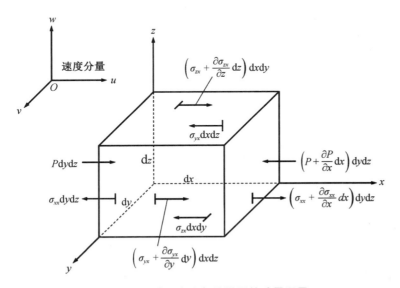

图 3-2 运动无穷小气流微团的动量通量

气流微团的加速度等于速度变化的时间变化率,根据物质导数,加速度在 x 方向的分量为:

$$a_x = \frac{Du}{Dt} \tag{3-14}$$

令式(3-13)与式(3-14)相乘可得：

$$ma_x = \rho \frac{Du}{Dt} \mathrm{d}x \mathrm{d}y \mathrm{d}z \tag{3-15}$$

综合式(3-12.1)和式(3-15)并化简，即可得到 x 方向的动量方程：

$$\rho \frac{Du}{Dt} = \frac{\partial \sigma_{xx}}{\partial x} + \frac{\partial \sigma_{yx}}{\partial y} + \frac{\partial \sigma_{zx}}{\partial z} + \rho f_x - \frac{\partial P}{\partial x} \tag{3-16.1}$$

同理可得到 y 方向和 z 方向的动量方程：

$$\rho \frac{Dv}{Dt} = \frac{\partial \sigma_{xy}}{\partial x} + \frac{\partial \sigma_{yy}}{\partial y} + \frac{\partial \sigma_{zy}}{\partial z} + \rho f_y - \frac{\partial P}{\partial y} \tag{3-16.2}$$

$$\rho \frac{Dw}{Dt} = \frac{\partial \sigma_{xz}}{\partial x} + \frac{\partial \sigma_{yz}}{\partial y} + \frac{\partial \sigma_{zz}}{\partial z} + \rho f_z - \frac{\partial P}{\partial z} \tag{3-16.3}$$

式(3-16)为动量方程的非守恒形式，现在继续推导方程的守恒形式。
以 x 方向为例，根据物质导数的定义，有：

$$\rho \frac{Du}{Dt} = \rho \frac{\partial u}{\partial t} + \rho \boldsymbol{v} \cdot \nabla u \tag{3-17}$$

又因为：

$$\rho \frac{\partial u}{\partial t} = -u \frac{\partial \rho}{\partial t} + \frac{\partial(\rho u)}{\partial t} \tag{3-18}$$

将式(3-17)代入式(3-16)得：

$$\rho \frac{Du}{Dt} = -u \frac{\partial \rho}{\partial t} + \frac{\partial(\rho u)}{\partial t} + \rho \boldsymbol{v} \cdot \nabla u \tag{3-19}$$

式(3-19)中，等号右边最后一项可表达为：

$$\rho \boldsymbol{v} \cdot \nabla u = \nabla \cdot (\rho u \boldsymbol{v}) - u \nabla \cdot (\rho \boldsymbol{v}) \tag{3-20}$$

将式(3-20)代入式(3-19)并化简得：

$$\rho \frac{Du}{Dt} = -u \left(\frac{\partial \rho}{\partial t} + \nabla \cdot (\rho \boldsymbol{v}) \right) + \frac{\partial(\rho u)}{\partial t} + \nabla \cdot (\rho u \boldsymbol{v}) \tag{3-21}$$

由连续性方程(3-7)进一步化简得:

$$\rho \frac{Du}{Dt} = \frac{\partial(\rho u)}{\partial t} + \nabla \cdot (\rho u \boldsymbol{v}) \tag{3-22}$$

将式(3-22)代入非守恒形式的动量方程,并用散度的形式表示,可得到:

$$\frac{\partial(\rho u)}{\partial t} + \mathrm{div}(\rho u \boldsymbol{v}) = \frac{\partial \sigma_{xx}}{\partial x} + \frac{\partial \sigma_{yx}}{\partial y} + \frac{\partial \sigma_{zx}}{\partial z} + \rho f_x - \frac{\partial P}{\partial x} \tag{3-23.1}$$

$$\frac{\partial(\rho v)}{\partial t} + \mathrm{div}(\rho v \boldsymbol{v}) = \frac{\partial \sigma_{xy}}{\partial x} + \frac{\partial \sigma_{yy}}{\partial y} + \frac{\partial \sigma_{zy}}{\partial z} + \rho f_y - \frac{\partial P}{\partial y} \tag{3-23.2}$$

$$\frac{\partial(\rho w)}{\partial t} + \mathrm{div}(\rho w \boldsymbol{v}) = \frac{\partial \sigma_{xz}}{\partial x} + \frac{\partial \sigma_{yz}}{\partial y} + \frac{\partial \sigma_{zz}}{\partial z} + \rho f_z - \frac{\partial P}{\partial z} \tag{3-23.3}$$

上式即守恒形式的动量方程。

由于研究对象是熔喷气流场中的空气,它为牛顿流体,其黏性应力 σ 与气流的变形率成正比,因此有:

$$\sigma_{xx} = 2\mu \frac{\partial u}{\partial x} + \lambda \, \mathrm{div}(\boldsymbol{v}) \tag{3-24.1}$$

$$\sigma_{yy} = 2\mu \frac{\partial v}{\partial y} + \lambda \, \mathrm{div}(\boldsymbol{v}) \tag{3-24.2}$$

$$\sigma_{zz} = 2\mu \frac{\partial w}{\partial z} + \lambda \, \mathrm{div}(\boldsymbol{v}) \tag{3-24.3}$$

$$\sigma_{xy} = \sigma_{yx} = \mu \left(\frac{\partial u}{\partial y} + \frac{\partial v}{\partial x} \right) \tag{3-24.4}$$

$$\sigma_{xz} = \sigma_{zx} = \mu \left(\frac{\partial u}{\partial z} + \frac{\partial w}{\partial x} \right) \tag{3-24.5}$$

$$\sigma_{yz} = \sigma_{zy} = \mu \left(\frac{\partial v}{\partial z} + \frac{\partial w}{\partial y} \right) \tag{3-24.6}$$

上式中, μ 是气流的动力黏度(动力黏性系数), λ 是第二黏度。

将式(3-24)代入式(3-23),得到牛顿流体的动量方程:

$$\frac{\partial(\rho u)}{\partial t} + \mathrm{div}(\rho u \boldsymbol{v}) = \mathrm{div}[\mu \, \mathrm{grad}(u)] - \frac{\partial P}{\partial x} + S_u \tag{3-25.1}$$

$$\frac{\partial(\rho v)}{\partial t} + \mathrm{div}(\rho v \boldsymbol{v}) = \mathrm{div}[\mu \, \mathrm{grad}(v)] - \frac{\partial P}{\partial y} + S_v \tag{3-25.2}$$

$$\frac{\partial(\rho w)}{\partial t} + \mathrm{div}(\rho w \boldsymbol{v}) = \mathrm{div}[\mu\,\mathrm{grad}(w)] - \frac{\partial P}{\partial y} + S_w \qquad (3-25.3)$$

上式中，grad 表示梯度，S_u、S_v 和 S_w 是动量方程的广义源项，它们的表达式为：

$$S_u = \rho f_x + \frac{\partial}{\partial x}\left(\mu\,\frac{\partial u}{\partial x}\right) + \frac{\partial}{\partial y}\left(\mu\,\frac{\partial v}{\partial x}\right) + \frac{\partial}{\partial z}\left(\mu\,\frac{\partial w}{\partial x}\right) + \frac{\partial}{\partial x}[\lambda\,\mathrm{div}(\boldsymbol{v})]$$

$$(3-26.1)$$

$$S_v = \rho f_y + \frac{\partial}{\partial x}\left(\mu\,\frac{\partial u}{\partial y}\right) + \frac{\partial}{\partial y}\left(\mu\,\frac{\partial v}{\partial y}\right) + \frac{\partial}{\partial z}\left(\mu\,\frac{\partial w}{\partial y}\right) + \frac{\partial}{\partial y}[\lambda\,\mathrm{div}(\boldsymbol{v})]$$

$$(3-26.2)$$

$$S_w = \rho f_z + \frac{\partial}{\partial x}\left(\mu\,\frac{\partial u}{\partial z}\right) + \frac{\partial}{\partial y}\left(\mu\,\frac{\partial v}{\partial z}\right) + \frac{\partial}{\partial z}\left(\mu\,\frac{\partial w}{\partial z}\right) + \frac{\partial}{\partial z}[\lambda\,\mathrm{div}(\boldsymbol{v})]$$

$$(3-26.3)$$

另外，因为熔喷气流场通常被认为是稳态定常流动（场函数不随时间变化），所以式（3-25）描述的动量方程可以简化为：

$$\mathrm{div}(\rho u \boldsymbol{v}) = \mathrm{div}[\mu\,\mathrm{grad}(u)] - \frac{\partial P}{\partial x} + S_u \qquad (3-27.1)$$

$$\mathrm{div}(\rho v \boldsymbol{v}) = \mathrm{div}[\mu\,\mathrm{grad}(v)] - \frac{\partial P}{\partial y} + S_v \qquad (3-27.2)$$

$$\mathrm{div}(\rho w \boldsymbol{v}) = \mathrm{div}[\mu\,\mathrm{grad}(w)] - \frac{\partial P}{\partial y} + S_w \qquad (3-27.3)$$

式（3-27）即熔喷气流场中三维稳态定常流的动量方程。

1.1.4　能量方程

在熔喷过程中，熔喷气流场显然是一个非等温流场。在熔喷模头处，气体射流的温度通常在 $200\sim300\ ^{\circ}\mathrm{C}$，而周围的环境温度为室温，流场入口和出口之间有非常大的温度梯度，因此不仅需要研究速度场的问题，还需要研究温度场的问题。能量守恒定律是包含热交换流动系统必须满足的基本定律。该定律可以表述为：微元体中能量的变化率等于进入微元体的净热流量加上体积力与表面力对微元体所做的功率（$A = B + C$）。

作用在一个运动物体上的力，对物体所做功的功率等于这个力乘以速度在运动方向上的分量。体积力与表面力如式（3-12）所示，因此，可得体积力与表面力对微元体所做的功率 C 如下：

$$C=\left\{-\left[\frac{\partial(uP)}{\partial x}+\frac{\partial(vP)}{\partial y}+\frac{\partial(wP)}{\partial z}\right]+\frac{\partial(u\sigma_{xx})}{\partial x}+\frac{\partial(u\sigma_{yx})}{\partial y}+\frac{\partial(u\sigma_{zx})}{\partial z}+\right.$$

$$\left.\frac{\partial(v\sigma_{xy})}{\partial x}+\frac{\partial(v\sigma_{yy})}{\partial y}+\frac{\partial(v\sigma_{zy})}{\partial z}+\frac{\partial(w\sigma_{xz})}{\partial x}+\frac{\partial(w\sigma_{yz})}{\partial y}+\frac{\partial(w\sigma_{zz})}{\partial z}\right\}\mathrm{d}x\,\mathrm{d}y\,\mathrm{d}z+$$

$$\rho f\cdot v\mathrm{d}x\,\mathrm{d}y\,\mathrm{d}z$$

$$(3-28)$$

进入气流微团的总热流量 B，包括两部分：来自体积加热 B_1，如吸收或释放的辐射热；由温度梯度导致的跨过表面的热输送 B_2，即热传导。定义 q 为单位质量的体积加热率，则有：

$$B_1=\rho q\mathrm{d}x\,\mathrm{d}y\,\mathrm{d}z \qquad (3-29)$$

$$B_2=-\left(\frac{\partial q_x}{\partial x}+\frac{\partial q_y}{\partial y}+\frac{\partial q_z}{\partial z}\right)\mathrm{d}x\,\mathrm{d}y\,\mathrm{d}z \qquad (3-30)$$

将上面两式相加得：

$$B=\left[\rho q-\left(\frac{\partial q_x}{\partial x}+\frac{\partial q_y}{\partial y}+\frac{\partial q_z}{\partial z}\right)\right]\mathrm{d}x\,\mathrm{d}y\,\mathrm{d}z \qquad (3-31)$$

根据傅里叶热传导定律，热传导产生的热流与当地的温度梯度成正比，定义 λ 为热导率（导热系数），则有：

$$q_x=-\lambda\frac{\partial T}{\partial x} \qquad (3-32.1)$$

$$q_y=-\lambda\frac{\partial T}{\partial y} \qquad (3-32.2)$$

$$q_z=-\lambda\frac{\partial T}{\partial z} \qquad (3-32.3)$$

所以有：

$$B=\left[\rho q+\frac{\partial}{\partial x}\left(\lambda\frac{\partial T}{\partial x}\right)+\frac{\partial}{\partial y}\left(\lambda\frac{\partial T}{\partial y}\right)+\frac{\partial}{\partial z}\left(\lambda\frac{\partial T}{\partial z}\right)\right]\mathrm{d}x\,\mathrm{d}y\,\mathrm{d}z \qquad (3-33)$$

如图 3-3 所示，运动气流微团的能量主要有两个来源：(1)由于分子随机运动产生的（单位质量）内能 e；(2)运动气流微团平动时具有的（单位质量）动能 $\frac{v^2}{2}$。因此，单位质量的气流微团，其总能量随时间的变化率由物质导数给出：

$$A=\rho\frac{D}{Dt}\left(e+\frac{v^2}{2}\right)\mathrm{d}x\,\mathrm{d}y\,\mathrm{d}z \qquad (3-34)$$

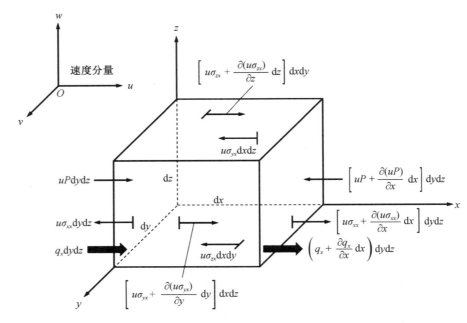

图3-3 运动无穷小气流微团的能量通量

所以综合式(3-28)、式(3-33)和式(3-34)，可得能量守恒方程：

$$\rho \frac{D}{Dt}\left(e + \frac{\boldsymbol{v}^2}{2}\right) = \rho q + \frac{\partial}{\partial x}\left(\lambda \frac{\partial T}{\partial x}\right) + \frac{\partial}{\partial y}\left(\lambda \frac{\partial T}{\partial y}\right) + \frac{\partial}{\partial z}\left(\lambda \frac{\partial T}{\partial z}\right) -$$

$$\left[\frac{\partial(uP)}{\partial x} + \frac{\partial(vP)}{\partial y} + \frac{\partial(wP)}{\partial z}\right] + \frac{\partial(u\sigma_{xx})}{\partial x} + \frac{\partial(u\sigma_{yx})}{\partial y} +$$

$$\frac{\partial(u\sigma_{zx})}{\partial z} + \frac{\partial(v\sigma_{xy})}{\partial x} + \frac{\partial(v\sigma_{yy})}{\partial y} + \frac{\partial(v\sigma_{zy})}{\partial z} + \frac{\partial(w\sigma_{xz})}{\partial x} +$$

$$\frac{\partial(w\sigma_{yz})}{\partial y} + \frac{\partial(w\sigma_{zz})}{\partial z} + \rho f \cdot \boldsymbol{v}$$

$$(3-35)$$

根据式(3-16)描述的动量方程可得：

$$\rho u \frac{Du}{Dt} = u \frac{\partial \sigma_{xx}}{\partial x} + u \frac{\partial \sigma_{yx}}{\partial y} + u \frac{\partial \sigma_{zx}}{\partial z} + \rho u f_x - u \frac{\partial P}{\partial x} \qquad (3-36.1)$$

$$\rho v \frac{Dv}{Dt} = v \frac{\partial \sigma_{xy}}{\partial x} + v \frac{\partial \sigma_{yy}}{\partial y} + v \frac{\partial \sigma_{zy}}{\partial z} + \rho v f_y - v \frac{\partial P}{\partial y} \qquad (3-36.2)$$

$$\rho w \frac{Dw}{Dt} = w \frac{\partial \sigma_{xz}}{\partial x} + w \frac{\partial \sigma_{yz}}{\partial y} + w \frac{\partial \sigma_{zz}}{\partial z} + \rho w f_z - w \frac{\partial P}{\partial z} \qquad (3-36.3)$$

整理得：

$$\rho \frac{D}{Dt} \frac{u^2}{2} = u \frac{\partial \sigma_{xx}}{\partial x} + u \frac{\partial \sigma_{yx}}{\partial y} + u \frac{\partial \sigma_{zx}}{\partial z} + \rho u f_x - u \frac{\partial P}{\partial x} \qquad (3\text{-}37.1)$$

$$\rho \frac{D}{Dt} \frac{v^2}{2} = v \frac{\partial \sigma_{xy}}{\partial x} + v \frac{\partial \sigma_{yy}}{\partial y} + v \frac{\partial \sigma_{zy}}{\partial z} + \rho v f_y - v \frac{\partial P}{\partial y} \qquad (3\text{-}37.2)$$

$$\rho \frac{D}{Dt} \frac{w^2}{2} = w \frac{\partial \sigma_{xz}}{\partial x} + w \frac{\partial \sigma_{yz}}{\partial y} + w \frac{\partial \sigma_{zz}}{\partial z} + \rho w f_z - w \frac{\partial P}{\partial z} \qquad (3\text{-}37.3)$$

用式(3-35)描述的能量守恒方程减去式(3-37)描述的动量方程，并整理，得到只有内能表示的且消去体积力的能量守恒方程：

$$\rho \frac{De}{Dt} = \rho q + \frac{\partial}{\partial x}\left(\lambda \frac{\partial T}{\partial x}\right) + \frac{\partial}{\partial y}\left(\lambda \frac{\partial T}{\partial y}\right) + \frac{\partial}{\partial z}\left(\lambda \frac{\partial T}{\partial z}\right) + \sigma_{xx} \frac{\partial u}{\partial x} +$$

$$\sigma_{yx} \frac{\partial u}{\partial y} + \sigma_{zx} \frac{\partial u}{\partial z} + \sigma_{xy} \frac{\partial v}{\partial x} + \sigma_{yy} \frac{\partial v}{\partial y} + \sigma_{zy} \frac{\partial v}{\partial z} + \sigma_{xz} \frac{\partial w}{\partial x} + \qquad (3\text{-}38)$$

$$\sigma_{yz} \frac{\partial w}{\partial y} + \sigma_{zz} \frac{\partial w}{\partial z} - P\left(\frac{\partial u}{\partial x} + \frac{\partial v}{\partial y} + \frac{\partial w}{\partial z}\right)$$

又根据物质导数的定义，有：

$$\rho \frac{De}{Dt} = \rho \frac{\partial e}{\partial t} + \rho \boldsymbol{v} \cdot \nabla e \qquad (3\text{-}39)$$

又因为：

$$\rho \frac{\partial e}{\partial t} = -e \frac{\partial \rho}{\partial t} + \frac{\partial(\rho e)}{\partial t} \qquad (3\text{-}40)$$

将式(3-40)代入式(3-39)得：

$$\rho \frac{De}{Dt} = -e \frac{\partial \rho}{\partial t} + \frac{\partial(\rho e)}{\partial t} + \rho \boldsymbol{v} \cdot \nabla e \qquad (3\text{-}41)$$

根据标量与向量的乘积的散度的向量恒等式：

$$\rho \boldsymbol{v} \cdot \nabla e = \nabla \cdot (\rho e \boldsymbol{v}) - e \nabla \cdot (\rho \boldsymbol{v}) \qquad (3\text{-}42)$$

将式(3-42)代入式(3-41)并化简得：

$$\rho \frac{De}{Dt} = -e\left[\frac{\partial \rho}{\partial t} + \nabla \cdot (\rho \boldsymbol{v})\right] + \frac{\partial(\rho e)}{\partial t} + \nabla \cdot (\rho e \boldsymbol{v}) \qquad (3\text{-}43)$$

由连续性方程即式(3-7)进一步化简得：

$$\rho \frac{De}{Dt} = \frac{\partial(\rho e)}{\partial t} + \nabla \cdot (\rho e \boldsymbol{v}) \tag{3-44}$$

将式(3-44)代入式(3-38),得到守恒形式的能量守恒方程:

$$\frac{\partial(\rho e)}{\partial t} + \nabla \cdot (\rho e \boldsymbol{v}) = \rho q + \frac{\partial}{\partial x}\left(\lambda \frac{\partial T}{\partial x}\right) + \frac{\partial}{\partial y}\left(\lambda \frac{\partial T}{\partial y}\right) + \frac{\partial}{\partial z}\left(\lambda \frac{\partial T}{\partial z}\right) +$$

$$\sigma_{xx} \frac{\partial u}{\partial x} + \sigma_{yx} \frac{\partial u}{\partial y} + \sigma_{zx} \frac{\partial u}{\partial z} + \sigma_{xy} \frac{\partial v}{\partial x} + \sigma_{yy} \frac{\partial v}{\partial y} + \sigma_{zy} \frac{\partial v}{\partial z} +$$

$$\sigma_{xz} \frac{\partial w}{\partial x} + \sigma_{yz} \frac{\partial w}{\partial y} + \sigma_{zz} \frac{\partial w}{\partial z} - P\left(\frac{\partial u}{\partial x} + \frac{\partial v}{\partial y} + \frac{\partial w}{\partial z}\right) \tag{3-45}$$

又因为内能 $e = c_p T$,其中 c_p 是比热容,所以有:

$$\frac{\partial(\rho T)}{\partial t} + \mathrm{div}(\rho v T) = \mathrm{div}\left[\frac{\lambda}{c_p} \mathrm{grad}(T)\right] + S_T \tag{3-46}$$

式(3-46)即以温度 T 为变量的守恒形式的能量守恒方程,其中 S_T 为黏性耗散项,它来源于气流的内热源及黏性作用使气流机械能转化为热能的部分。

$$S_T = \frac{1}{c_p}\rho q + \frac{1}{c_p}\left(\sigma_{xx} \frac{\partial u}{\partial x} + \sigma_{yx} \frac{\partial u}{\partial y} + \sigma_{zx} \frac{\partial u}{\partial z} + \sigma_{xy} \frac{\partial v}{\partial x} + \sigma_{yy} \frac{\partial v}{\partial y} + \sigma_{zy} \frac{\partial v}{\partial z} + \right.$$

$$\left. \sigma_{xz} \frac{\partial w}{\partial x} + \sigma_{yz} \frac{\partial w}{\partial y} + \sigma_{zz} \frac{\partial w}{\partial z}\right) - \frac{1}{c_p}P\left(\frac{\partial u}{\partial x} + \frac{\partial v}{\partial y} + \frac{\partial w}{\partial z}\right) \tag{3-47}$$

最终可得到熔喷气流场中三维稳态定常流的能量守恒方程:

$$\mathrm{div}(\rho \boldsymbol{v} T) = \mathrm{div}\left[\frac{\lambda}{c_p} \mathrm{grad}(T)\right] + S_T \tag{3-48}$$

1.1.5　状态方程

上述高速气流运动的五个基本方程共含有 u、v、w、P、T 和 ρ 六个未知量,因此还需要引入气体的状态方程才能使方程组封闭。熔喷气流场中的气流被视为可压缩的理想气体,因此对于单位质量的气体,其状态方程为:

$$P = \rho R T \tag{3-49}$$

式中:R 为气体常数,其值为 8.314 J/(mol·K)。

1.1.6　控制方程的通用形式

比较流体流动的三个基本控制方程即式(3-7)、式(3-25)和式(3-46),可以发现,虽然这些方程中因变量各不相同,但它们均反映了单位时间单位体积内物理量的守恒性

质。因此,上述各控制方程均可用以下通用形式表示:

$$\frac{\partial(\rho\phi)}{\partial t} + \mathrm{div}(\rho v\phi) = \mathrm{div}[\Gamma\,\mathrm{grad}(\phi)] + S \tag{3-50}$$

上式的展开式为:

$$\frac{\partial(\rho\phi)}{\partial t} + \frac{\partial(\rho u\phi)}{\partial x} + \frac{\partial(\rho v\phi)}{\partial y} + \frac{\partial(\rho w\phi)}{\partial z} = \frac{\partial}{\partial x}\left(\Gamma\frac{\partial\phi}{\partial x}\right) + \frac{\partial}{\partial y}\left(\Gamma\frac{\partial\phi}{\partial y}\right) + \frac{\partial}{\partial z}\left(\Gamma\frac{\partial\phi}{\partial z}\right) + S$$

$$\tag{3-51}$$

式中:ϕ 为通用变量,可以代表 u、v、w、P 和 T 等需要求解的变量;Γ 为广义扩散系数;S 为广义源项。

在式(3-50)中,从左到右,各项依次为瞬态项、对流项、扩散项和源项。对于特定的方程,ϕ、Γ 和 S 都有特定的形式,表 3-1 给出了它们与各自特定方程的对应关系。

表 3-1　通用控制方程中各项的具体形式

方程	变量 ϕ	扩散系数 Γ	源项 S
连续方程	1	0	0
x 方向动量方程	u	μ	$-\dfrac{\partial P}{\partial x} + S_u$
y 方向动量方程	v	μ	$-\dfrac{\partial P}{\partial y} + S_v$
z 方向动量方程	w	μ	$-\dfrac{\partial P}{\partial z} + S_w$
能量守恒方程	T	$\dfrac{\lambda}{c_p}$	S_T

1.1.7　湍流模型

流体的流动状态分为层流和湍流。工程中大部分的流动涉及湍流,熔喷气流场也不例外。流体力学中,通常根据雷诺数来判断流体的流动是层流还是湍流。它具体指的是流体中惯性力和黏性力的比值:

$$Re = \frac{\rho UL}{\mu} = \frac{UL}{\nu} \tag{3-52}$$

式中:ρ、μ、ν 分别为流体的密度、动力黏性系数和运动黏性系数;U、L 分别为流场的特征速度和特征长度。

雷诺数越小,说明黏性力与惯性力相比,黏性力占主导地位,流体呈现层流流动状态。雷诺数越大,说明惯性力与黏性力相比,惯性力占主导地位,流体呈现湍流流动状态。在管道流中,一般认为 $Re < 2\,000$ 为层流,$Re > 4\,000$ 为湍流,$Re = 2\,000 \sim 4\,000$ 则为过渡状态。熔喷气流场中雷诺数通常在 10^6 以上,其流动属于湍流形式。前文推导的方程组无论对层流或湍流,都是适用的。但对于湍流,如果直接采用数值模拟的方法进行求解,则需要内存很大和速度很高的计算机,这在实际工程中还很难实现。目前,工程上采用的数值模拟方法大多是基于雷诺时均方程的雷诺时均数值进行的,即将瞬态的脉动量通过模型在时均化的方程中表现出来。具体而言就是把湍流看作是由时间平均流动和瞬时脉动流动叠加而成的。以速度为例,其瞬态值 v 可以用一段时间内的时均值 $\bar{v}$ 和这一刻的脉动值 v' 之和表示:

$$v = \bar{v} + v' \tag{3-53}$$

其中:$\bar{v} = \dfrac{1}{\Delta t} \displaystyle\int_t^{t+\Delta t} v(t)\,\mathrm{d}t$。

把前文得到的连续性方程、动量方程和能量守恒方程中的流动变量换成如式(3-53)描述的瞬态值,并对时间取平均,则可以得到湍流状态下流体的基本方程:

$$\frac{\partial \rho}{\partial t} + \mathrm{div}(\rho \bar{v}) = 0 \tag{3-54}$$

$$\frac{\partial(\rho \bar{u})}{\partial t} + \mathrm{div}(\rho \bar{u}\boldsymbol{v}) = \mathrm{div}[\mu\,\mathrm{grad}(\bar{u})] - \frac{\partial \bar{P}}{\partial x} + \left[-\frac{\partial(\rho \overline{u'^2})}{\partial x} - \frac{\partial(\rho \overline{u'v'})}{\partial y} - \frac{\partial(\rho \overline{u'w'})}{\partial z} \right] + S_u \tag{3-55.1}$$

$$\frac{\partial(\rho \bar{v})}{\partial t} + \mathrm{div}(\rho \bar{v}\boldsymbol{v}) = \mathrm{div}[\mu\,\mathrm{grad}(\bar{v})] - \frac{\partial \bar{P}}{\partial y} + \left[-\frac{\partial(\rho \overline{u'v'})}{\partial x} - \frac{\partial(\rho \overline{v'^2})}{\partial y} - \frac{\partial(\rho \overline{v'w'})}{\partial z} \right] + S_v \tag{3-55.2}$$

$$\frac{\partial(\rho \bar{w})}{\partial t} + \mathrm{div}(\rho \bar{w}\boldsymbol{v}) = \mathrm{div}[\mu\,\mathrm{grad}(\bar{w})] - \frac{\partial \bar{P}}{\partial y} + \left[-\frac{\partial(\rho \overline{u'w'})}{\partial x} - \frac{\partial(\rho \overline{v'w'})}{\partial y} - \frac{\partial(\rho \overline{w'^2})}{\partial z} \right] + S_w \tag{3-55.3}$$

$$\frac{\partial(\rho T)}{\partial t} + \mathrm{div}(\rho \boldsymbol{v}\bar{T}) = \mathrm{div}\left[\frac{\lambda}{c_p}\,\mathrm{grad}(\bar{T})\right] + \left[-\frac{\partial(\rho \overline{u'T'})}{\partial x} - \frac{\partial(\rho \overline{v'T'})}{\partial y} - \frac{\partial(\rho \overline{w'T'})}{\partial z} \right] + S_T \tag{3-56}$$

式(3-54)、式(3-55)和式(3-56)分别为时均形式的连续性方程、动量方程和能量守恒方程。在时均方程中,$-\rho \overline{u_i' u_j'}$($u_i$、$u_j$ 代表任意的速度分量,i、j 的取值范围是[1,2,3])被称为雷诺应力。于是,上述湍流基本方程被引入六个不同的雷诺应力项,分别是 3 个正应力和 3 个切应力。(为方便起见,在下面的方程中,除了脉动量的时均值外,其他变量去掉了表示时均值的符号"$^-$")

由于时均方程中增加了六个未知的雷诺应力项,形成了湍流基本方程的不封闭问题,因此需要提出相应的湍流模型(一个或一组数学方程),使时均方程得到封闭。在对熔喷气流场的数值模拟研究中,应用较多的是 $k\text{-}\varepsilon$ 模型(适用于无分离、可压/不可压流动问题,收敛性好,内存需求低)、$k\text{-}\omega$ 模型(适用于内部流动、射流、大曲率流、分离流)、剪切应力传输(Shear stress transport,SST)$k\text{-}\omega$ 模型(在近壁区比 $k\text{-}\omega$ 模型具有更好的精度与准确性)和雷诺应力(Reynolds stress model,RSM)模型。上述几种模型在流体力学领域较为常见,在此不作赘述。

1.2　熔喷气流场的数值模拟

　　狭槽形熔喷模头和环形熔喷模头被广泛地应用于熔喷非织造布生产中。下面以这两种模头为例,对其气流场进行数值模拟分析:

1.2.1　狭槽形熔喷模头的几何参数

　　如图 3-4 所示,采用试验室设计的 HDF-6D 型熔喷试验机的狭槽形熔喷模头,其几何参数见表 3-2。

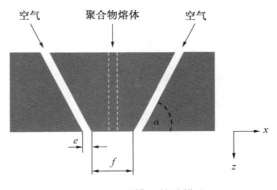

图 3-4　狭槽形熔喷模头

表 3-2　狭槽形熔喷模头的几何参数

狭槽宽度 e(mm)	模头头端宽度 f(mm)	狭槽角度 α(°)
0.65	1.28	60

1.2.2　狭槽形熔喷模头下气流场的数值模拟

1.2.2.1　计算域的确定

　　狭槽形熔喷模头下三维气流场的数值模拟计算成本较高[1],这给数值模拟研究工作带来很多不便,所以将狭槽形熔喷模头的气流场简化为二维气流场[2]。又因为狭槽形熔喷模头的二维气流场沿纺丝中心线(z 轴)对称,因此在实际数值模拟过程中计算二分之一流场即可(图 3-5),这样可使计算成本极大地减少。需要注意的是,对熔喷气流场进行数值模拟时,一般会忽略熔喷纤维的存在。

1.2.2.2　网格的划分

　　在 CFD 计算中,具有两种网格类型:结构化网格和非结构化网格。结构化网格是指网格区域内所有的点都具有相同的毗邻单元。其在拓扑结构上相当于矩形区域内的均匀网格,主要包括四边形网格(二维)和六面体网格(三维)。结构化网格可以很容易地实现区域的边界拟合,适用于流体和表面应力集中等方面的计算,且网格生成的速度快,质量好。缺点是适用范围比较窄,只适用于模拟区域较规则的区域网格划分。

与结构化网格的定义相对应,非结构化网格是指网格区域的内部点不具有相同的毗邻单元。非结构化网格没有规则的拓扑结构,主要包括三角形网格(二维)和四面体网格(三维)。非结构化网格对不规则区域具有灵活的适应性,不过计算时需要较大的内存。

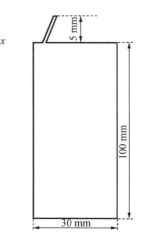

**图 3-5 狭槽形熔喷模头的
计算域**

考虑到狭槽形熔喷模头的二维气流场的计算域较为规则,因此在 ICEM CFD 网格划分软件中,采用四边形结构化网格对计算域进行网格划分。如图 3-6 所示,利用块工具将计算域划分为两个区域。区域 A 为远离气流入口区,不需要加密,网格节点的间隔设置为 0.2 mm。区域 B 为靠近气流入口区($x \times y$:6 mm×30 mm),需要进行网格加密,经网格加密工具进行加密后,网格节点的间隔为 0.1 mm。最后,采用长宽比和质量对网格质量进行检测,长宽比的最大值为 1.41,质量为 1,网格质量非常好。

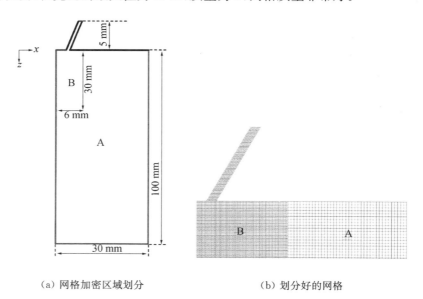

（a）网格加密区域划分   （b）划分好的网格

图 3-6 狭槽形熔喷模头下二维气流场的网格划分

1.2.2.3 湍流模型的选取

Shambaugh 团队[8]利用标准 k-ε 模型对狭槽形熔喷模头下的二维气流场进行数值模拟,并用试验结果对标准 k-ε 模型中的参数进行修正($C_{1\varepsilon}=1.24$,$C_{2\varepsilon}=2.05$),发现:

采用修正后的标准 k-ε 模型计算的模拟结果与他们之前的实验研究结果[3-4]比较吻合。因此,根据他们的研究[8],选用修正后的标准 k-ε 模型进行数值模拟分析。

1.2.2.4　边界条件设置

狭槽形熔喷模头下二维气流场的边界条件如图 3-7 所示,下面对其边界条件进行设置:

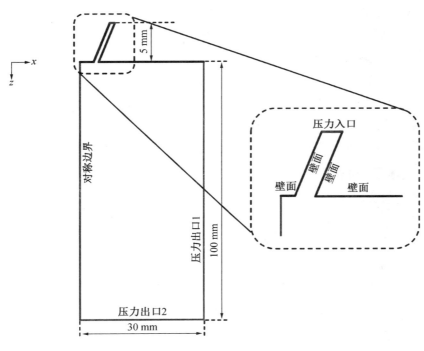

图 3-7　边界条件

（1）压力入口边界条件。熔喷设备通常通过空气压缩机或者风机来提供高温高速气体射流,因此在狭槽入口处给出的边界类型是压力入口边界。入口总压设置为 1.3 atm（1 atm ≈ 101.325 kPa）,温度为 538.15 K,速度方向与模头狭槽角度一致。在湍流项下,将湍流强度和湍流长度分别设置为 5% 和 0.114 mm。

$$I = 0.16(Re_{\mathrm{DH}})^{-\frac{1}{8}} \tag{3-57}$$

$$l = 0.07L \tag{3-58}$$

上式中,I 为湍流强度,Re_{DH} 为基于水力直径的雷诺数,l 为湍流长度,L 为管道的特征长度或水力直径。

（2）壁面边界条件。熔喷模头的金属壁面设置为无滑移壁面边界,壁面的温度设置为 538.15 K。

（3）对称边界条件。狭槽形熔喷模头的二维气流场沿纺丝中心线（z 轴）对称,因此沿纺丝中心线设置对称边界条件。

（4）压力出口边界条件。气体射流从模头狭槽喷出后，在喷嘴下方自由扩张，没有任何固体边界限制，因此气体射流是一种自由沉没射流。气体的出口边界就是大气环境，因此设定出口压力为 1.0 atm，温度为 300 K。在湍流项下，将湍流强度和湍流水力直径分别设置为 10% 和 10 mm。

（5）其他条件设置。①Fluent 为用户提供了基于压力求解器和基于密度求解器两种求解器。基于压力求解器又称为分离式求解器，按顺序逐一求解各方程，适用于低速、不可压缩流体。基于密度求解器又称为耦合式求解器，同时求解连续方程、动量方程、能量方程及输运组分方程的耦合方程组，然后逐一求解湍流等标量方程，适用于高速、可压缩流体。熔喷气流场是高速可压缩的气流场，因此采用基于密度求解器。②计算的终止条件通过残差给定，残差共有七项：1 个连续方程，3 个动量方程，1 个能量方程以及 k 方程和 ε 方程。熔喷气流场模拟的计算收敛条件为连续方程的残差达到 10^{-6}，其他方程的残差达到 10^{-5}。

1.2.2.5　网格无关性检验

网格疏密对数值计算结果的影响很大，只有当网格数增加对计算结果影响不大时，数值模拟计算结果才具有意义。因此在正式进行模拟计算前，需要对狭槽形熔喷模头的二维气流场的计算域进行网格无关性检验。

如图 3-8 所示，使用 ICEM CFD 网格划分软件，采用四边形结构化网格对狭槽形熔喷模头的二维气流场的计算域进行三种情况的网格划分：(a) 只有无网格加密区域 A，网格节点的间隔设置为 0.2 mm，网格单元总数为 76 116；(b) 同时存在无网格加密区域 A

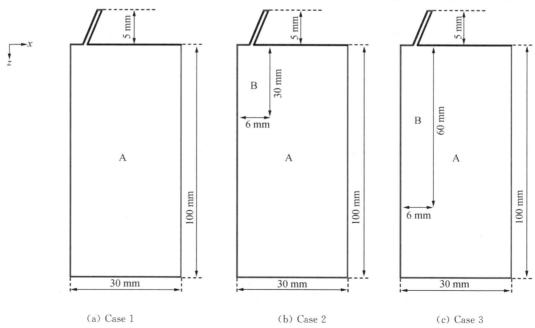

(a) Case 1　　　　　　　(b) Case 2　　　　　　　(c) Case 3

图 3-8　狭槽形熔喷模头二维气流场的网格划分

和网格加密区域 B,其中,区域 A 网格节点的间隔设置为 0.2 mm,区域 B 为靠近气流入口区($x \times y$:6 mm×30 mm),网格节点的间隔为 0.1 mm,网格单元总数为 90 864;(c)同时存在无网格加密区域 A 和网格加密区域 B,其中,区域 A 网格节点的间隔设置为 0.2 mm,区域 B 为靠近气流入口区($x \times y$:6 mm×60 mm),网格节点的间隔为 0.1 mm,网格单元总数为 105 264。

最后,采用纺丝中心线上的速度分布、温度分布以及湍流动能分布作为评价网格无关性的指标。如图 3-9 所示,Case 1、Case 2 和 Case 3 的网格总数分别为 76 116、90 864 和 105 264。网格总数 76 116 经网格加密为 90 864 后,纺丝中心线上的速度分布、温度分布以及湍流动能分布曲线变化较大,说明此时网格对数值模拟结果的影响较大。当网格总数 90 864 经网格加密为 105 264 后,纺丝中心线上的速度分布、温度分布以及湍流动能分布曲线不再有较大的变化,说明此时网格的疏密程度满足网格无关性检验的标准。因此,综合考虑数值模拟结果的准确性和计算成本,最终选择网格总数为 90 864 的 Case 2 进行下一步研究。

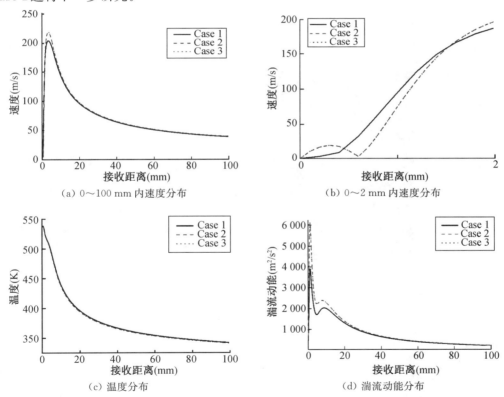

(a) 0～100 mm 内速度分布　　(b) 0～2 mm 内速度分布

(c) 温度分布　　(d) 湍流动能分布

图 3-9　带不同网格数量的狭槽形熔喷模头二维气流场纺丝中心线上

1.2.3　狭槽形熔喷模头下气流场的数值模拟结果与分析

1.2.3.1　狭槽形熔喷模头下气流场的速度分布

图 3-10 所示为狭槽形熔喷模头下二维气流场的速度分布,从图 3-10(a)、图 3-10

（b）可以看出，熔喷气流场在纺丝中心线上的速度分布基本呈现出先增大后减小的趋势，只是在靠近喷丝板的区域速度出现了波动。

从图 3-10（c）可以看出，熔喷气流场具有自由沉没的特性，高速气流从狭槽喷射出来以后，开始主要集中于喷嘴正下方区域，并且速度较高；随着气流与模头底面的距离增大，射流逐步向周围扩散，速度也减小，最终沉没于周围的环境中。

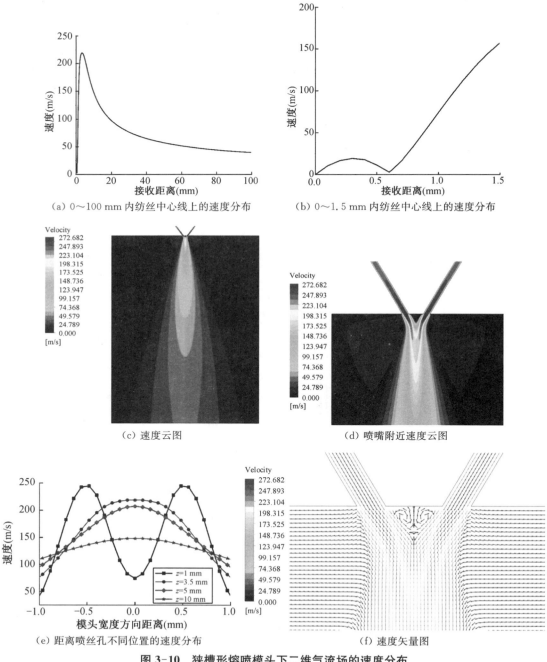

（a）0～100 mm 内纺丝中心线上的速度分布　　　　（b）0～1.5 mm 内纺丝中心线上的速度分布

（c）速度云图　　　　　　　　　　　　　　（d）喷嘴附近速度云图

（e）距离喷丝孔不同位置的速度分布　　　　　　　　（f）速度矢量图

图 3-10　狭槽形熔喷模头下二维气流场的速度分布

图 3-10(d)是喷丝板附近区域局部放大的速度云图,可以看出,高速气体射流从狭槽喷出后先单独运动一段距离,在达到某一位置时合并成一股射流,然后以相同速度向下运动。从图 3-10(e)可以看出,在 $z=1$ mm 的时候,速度曲线呈双峰形状,这对应两股射流;随着距离喷丝孔越来越远,在 $z=3.5$ mm 的时候,两股射流合并,这一点就是射流的"合并点";在"合并点"之后,速度曲线都呈单峰状,并且随着距离喷丝孔越来越远,速度不断下降。

图 3-10(f)为喷丝板附近区域的速度矢量图,可以看到,在"合并点"之前的区域,射流是单独运动的,且在两股射流之间的区域出现两个回旋气流。正是这两个回旋气流的出现,使得这一区域的流场不稳定,甚至出现反向的流动,造成这区域速度很小,而且由于射流没有完全合并,所以在同一水平位置上,速度最大的位置仍处于射流入射方向上。

1.2.3.2　狭槽形熔喷模头下气流场的温度分布

图 3-11 所示为狭槽形熔喷模头下二维气流场的温度分布。从图 3-11（a）可以看出,熔喷气流场在纺丝中心线上的温度分布呈现出不断下降的趋势。

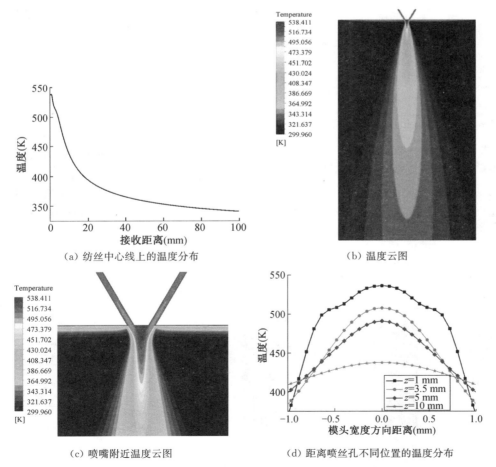

（a）纺丝中心线上的温度分布　　（b）温度云图

（c）喷嘴附近温度云图　　（d）距离喷丝孔不同位置的温度分布

图 3-11　狭槽形熔喷模头下二维气流场的温度分布

从图 3-11(b)与图 3-11(c)的温度云图可以看出,熔喷气流场的温度在喷丝板附近达到最大值,距离喷丝板越远,温度越低。

图 3-11(d)中显示的温度曲线具有与速度曲线不同的分布规律,距离喷丝孔不同位置的温度曲线一直呈单峰状分布,并没有出现单双峰更替的情况,且随着距离喷丝孔越来越远,温度呈现不断下降的趋势。显然,由于温度是标量,回旋气流并没有阻止热传递的进行,反而使得冷热气流的混合更加充分,并加快达到热平衡。这解释了图 3-10(e)和图 3-11(d)中在合并点之前速度值较小而温度值较高的现象。

1.2.3.3　狭槽形熔喷模头下气流场的湍流动能分布

湍流强度对熔喷非织造产品的性能具有很大的影响(导致纤维缠结、并丝),通常采用湍流动能这一指标来表征[5-6]。

图 3-12 所示为狭槽形熔喷模头下二维气流场的湍流动能分布。从图 3-12(a)可以看出,熔喷气流场在纺丝中心线上的湍流动能分布呈现出先增大后减小的趋势。

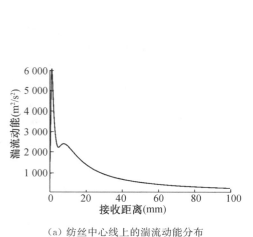

（a）纺丝中心线上的湍流动能分布

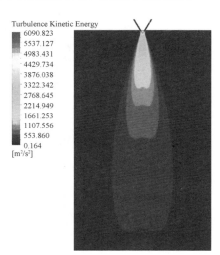

（b）湍流动能云图

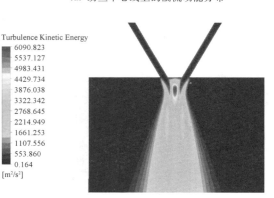

（c）喷嘴附近湍流动能云图

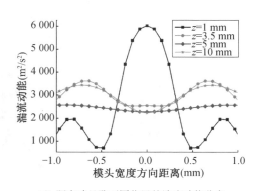

（d）距离喷丝孔不同位置的湍流动能分布

图 3-12　狭槽形熔喷模头下二维气流场的湍流动能分布

从图 3-12(b)和(c)中的湍流动能云图以及图 3-12(d)中距离喷丝孔不同位置的湍流动能分布,可以看出,熔喷气流场的湍流动能的峰值出现在"合并点"之前,且存在于两个回旋气流之间,正是回旋气流的出现使得这一区域的流场不稳定,导致湍流动能较大。之后,随着距离喷丝板越来越远,湍流动能呈现不断下降的趋势,并且由于周围环境气流的加入,在距离喷丝孔同一位置上,湍流动能的峰值分布在纺丝中心线的两侧。

1.2.4　环形熔喷模头的几何参数

环形熔喷模头也是熔喷非织造生产中常用的一种模头。环形熔喷模头的喷气孔呈圆环形,喷丝孔位于圆环形喷气孔的中心处。聚合物熔体细流从环形模头的喷丝孔挤出之后受到环形射流的作用力,被牵伸成超细纤维。图 3-13 所示为环形熔喷模头的结构。表 3-3 所示为常见的四种环形熔喷模头的结构参数。下面以环形熔喷模头 1 为例,对环形熔喷模头的气流场进行数值模拟分析:

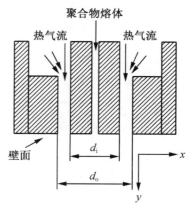

图 3-13　环形熔喷模头的结构

表 3-3　环形熔喷模头的结构参数

模头	d_o(mm)	d_i(mm)
环形熔喷模头 1	2.37	1.30
环形熔喷模头 2	2.46	1.27
环形熔喷模头 3	1.89	1.27
环形熔喷模头 4	2.75	2.25

1.2.5　环形熔喷模头下气流场的数值模拟

1.2.5.1　计算域的确定

与狭槽形熔喷模头下气流场的研究类似,在数值模拟过程中,选取环形熔喷模头下气流场的二分之一进行研究。具体的计算域如图 3-14 所示。

1.2.5.2　网格的划分

与狭槽形熔喷模头下二维气流场的计算域类似,环形熔喷模头下二维气流场的计算域同样较为规则,因此采用与本章 1.2.2 小节相同的网格划分方法对环形熔喷模头下二维气流场的计算域进行网格划分。

1.2.5.3　湍流模型的选取

Shambaugh 团队[7]采用 RSM 模型对环形熔喷模头下

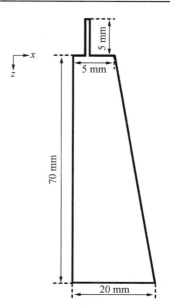

图 3-14　环形熔喷模头的计算域

的气流场进行数值模拟研究,并用实验结果进行验证,他们发现:环形熔喷模头下气流场中的湍流呈各向异性;利用 RSM 模型得到的模拟结果与实验数据非常吻合。标准 k-ε 模型、可实现 k-ε 模型、标准 k-ω 模型和 SST k-ω 模型等两方程模型,都建立在假定湍流呈各向同性的基础上。相对于 RSM 模型,这些两方程模型都不适合用于普通环形模头气流场和新型环形模头气流场的数值模拟研究。因此选用 RSM 模型对新型环形熔喷模头下的气流场进行数值模拟研究。

1.2.5.4 边界条件设置

环形熔喷模头的二维气流场的边界条件如图 3-15 所示,下面对其边界条件进行设置:

(1)压力入口边界条件。入口总压设置为 1.3 atm,温度为 538.15 K,速度方向与边界垂直。在湍流项下,根据式(3-57)和式(3-58)的计算结果,将湍流强度和湍流长度分别设置为 5% 和 0.074 9 mm。

(2)壁面边界条件。熔喷模头的金属壁面设置为无滑移壁面边界,壁面的温度设置为 538.15K。

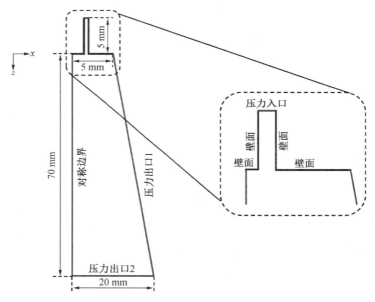

图 3-15　边界条件

(3)对称边界条件。环形熔喷模头的二维气流场沿纺丝中心线(z 轴)对称,因此在纺丝中心线上设置对称边界条件。

(4)压力出口边界条件。气体的出口边界为大气环境,因此设定出口压力为 1.0 atm,温度为 300 K。在湍流项下,将湍流强度和湍流水力直径分别设置为 10% 和 10 mm。

(5)其他边界条件。①根据前面对狭槽形熔喷模头气流场的求解,同样采用基于密度求解器来求解环形熔喷模头气流场。②计算的终止条件通过残差给定,除了连续方程

的残差需达到 10^{-6},其他方程的残差条件均设置为 10^{-5}。

1.2.5.5　网格无关性检验

如图 3-16 所示,与狭槽形熔喷模头类似,使用 ICEM CFD 网格划分软件,采用四边形结构化网格对环形熔喷模头下二维气流场的计算域进行三种情况的网格划分:(a)只有无网格加密区域 A,网格节点的间隔设置为 0.2 mm,网格单元总数为 9 525;(b)同时存在无网格加密区域 A 和网格加密区域 B,其中,区域 A 中网格节点的间隔设置为 0.2 mm,区域 B 为靠近气流入口区($x\times y$:6 mm×30 mm),网格节点的间隔设置为 0.1 mm,网格单元总数为 15 825;(c)同时存在无网格加密区域 A 和网格加密区域 B,其中,区域 A 中网格节点的间隔设置为 0.2 mm,区域 B 为靠近气流入口区($x\times y$:6 mm×60 mm),网格节点的间隔设置为 0.1 mm,网格单元总数为 21 900。

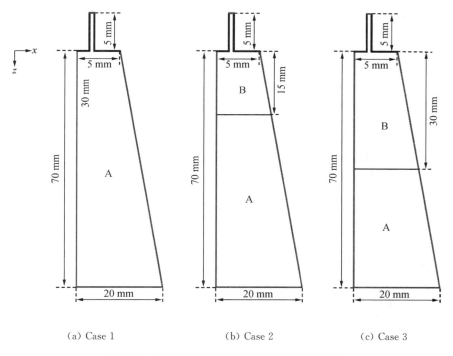

(a) Case 1　　　　　　　(b) Case 2　　　　　　　(c) Case 3

图 3-16　环形熔喷模头二维气流场的网格划分

最后,采用纺丝中心线上的速度分布、温度分布以及湍流动能分布作为评价网格无关性的指标。如图 3-17 所示,Case 1、Case 2 和 Case 3 的网格总数分别为 9 525、15 825 和 21 900。网格总数 9 525 经网格加密为 15 825 后,纺丝中心线上的速度分布、温度分布以及湍流动能分布曲线变化较大,说明此时网格对数值模拟结果的影响较大。当网格总数 15 825 经网格加密为 21 900 后,纺丝中心线上的速度分布、温度分布以及湍流动能分布曲线不再有较大的变化,说明此时网格的疏密程度满足网格无关性检验的标准。因此,综合考虑数值模拟结果的准确性和计算成本,最终选择网格总数为 15 825 的 Case 2

进行下一步研究。

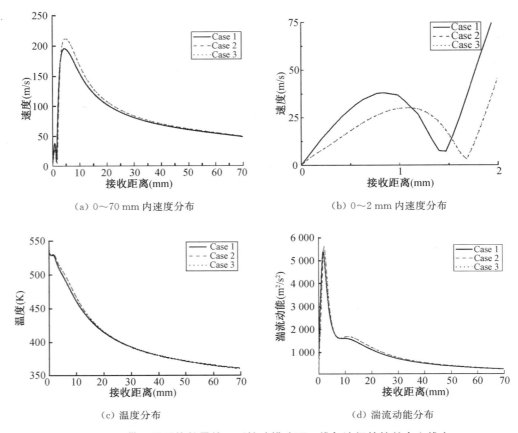

（a）0～70 mm 内速度分布

（b）0～2 mm 内速度分布

（c）温度分布

（d）湍流动能分布

图 3-17　带不同网格数量的环形熔喷模头下二维气流场的纺丝中心线上

1.2.6　环形熔喷模头下气流场的数值模拟结果与分析

1.2.6.1　环形熔喷模头下气流场的速度分布

环形熔喷模头的二维气流场与狭槽形熔喷模头的二维气流场具有类似的速度分布。图 3-18 所示为环形熔喷模头下二维气流场的速度分布。从图 3-18（a）、图 3-18（b）可以看出，熔喷气流场在纺丝中心线上的速度分布基本呈现出先增大后减小的趋势，只是在靠近喷丝板的区域，速度出现波动，这一波动主要受到回旋气流的影响。

从图 3-18（c）可以看出环形熔喷模头的气流场具有自由沉没的特性。高速气流从狭槽喷射出来以后，偏向纺丝中心线运动，并在模头下面汇合。随着气流与模头底面的距离增大，射流逐步向周围扩散，速度减小，最终沉没于周围的环境中。

图 3-18（d）是喷丝板附近区域经局部放大的速度云图，可以看出高速射流从狭槽喷出后先分别运动一段距离，在到达某一位置时合并成一股射流，然后以相同的速度向下运动。从图 3-18（e）可以看出，在 $z=1$ mm 的时候，速度曲线呈双峰形状且纺丝中心线

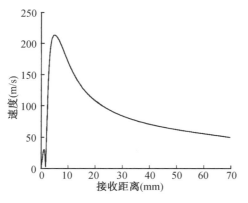

（a）0～70 mm 内纺丝中心线上的速度分布

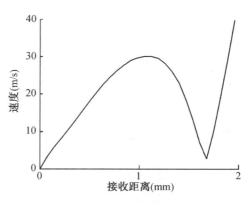

（b）0～2 mm 内纺丝中心线上的速度分布

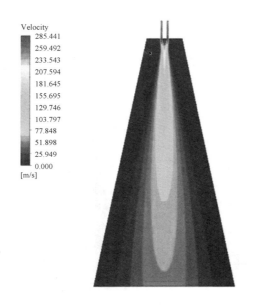

（c）速度云图

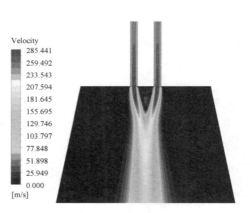

（d）喷嘴附近速度云图

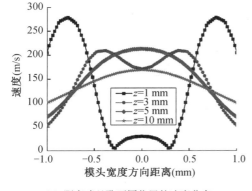

（e）距离喷丝孔不同位置的速度分布

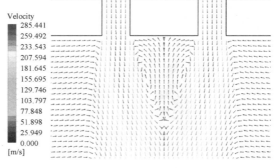

（f）速度矢量图

图 3-18 环形熔喷模头下二维气流场的速度分布

上的气流速度较低,这对应两股射流;随着距离喷丝孔越来越远,在 $z=5$ mm 的时候,两股射流合并,这一点就是射流的"合并点";在"合并点"之后,速度曲线都呈单峰状,并且随着距离喷丝孔越来越远,速度不断下降。

图 3-18(f) 为喷丝板附近区域的速度矢量图。可以看到,在"合并点"之前的区域,射流是单独运动的,并且在两股射流之间的区域出现两个回旋气流。正是这两个回旋气流的出现,使得这一区域的流场不稳定,甚至出现反向的流动,造成这区域速度很小,而且由于射流没有完全合并,所以在同一水平位置上,速度最大的位置仍处于射流入射方向上。

1.2.6.2　环形熔喷模头下气流场的温度分布

同样,环形熔喷模头下二维气流场与狭槽形熔喷模头下二维气流场具有类似的温度分布。图 3-19 所示为环形熔喷模头下二维气流场的温度分布。从图 3-19(a) 可以看出,熔喷气流场在纺丝中心线上的温度分布呈现出不断下降的趋势。

从图 3-19(b)、图 3-19(c) 展示的温度云图可以看出,熔喷气流场的温度在喷丝板附近达到最大值,距离喷丝板越远,温度越低。

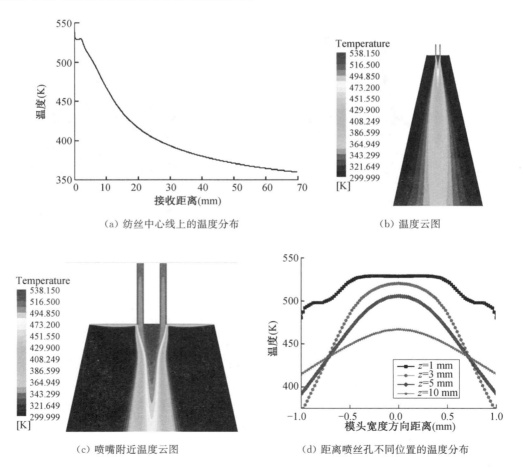

(a) 纺丝中心线上的温度分布　　　　　　　　(b) 温度云图

(c) 喷嘴附近温度云图　　　　　　　　(d) 距离喷丝孔不同位置的温度分布

图 3-19　环形熔喷模头下二维气流场的温度分布

图 3-19(d)显示的温度分布具有与速度分布不同的规律,距离喷丝板不同位置的温度曲线均呈单峰状分布,没有出现单双峰更替的情况,且随着距离喷丝板越来越远,温度呈不断下降的趋势。显然,由于温度是标量,回旋气流并没有阻止温度热传递的进行,反而使冷热气流混合得更加充分,并加快达到热平衡。这可解释图 3-18(e)和 3-19(d)展示的在合并点之前速度值较小而温度值较高的现象。

1.2.6.3　环形熔喷模头下气流场的湍流动能分布

图 3-20 所示为环形熔喷模头下二维气流场的湍流动能分布。从图 3-20(a)可以看出,熔喷气流场在纺丝中心线上的湍流动能分布呈现出先增大后减小的趋势。

从图 3-20(b)、图 3-20(c)给出的湍流动能云图以及图 3-20(d)展示的距离喷丝板不同位置的湍流动能分布可以看出,环形熔喷模头下气流场的湍流动能峰值出现在"合并点"之前,且存在于两个回旋气流之间,正是回旋气流的出现使得这一区域的流场不稳定,从而导致湍流动能较大。之后,随着距离喷丝板越来越远,湍流动能呈现不断下降的趋势。

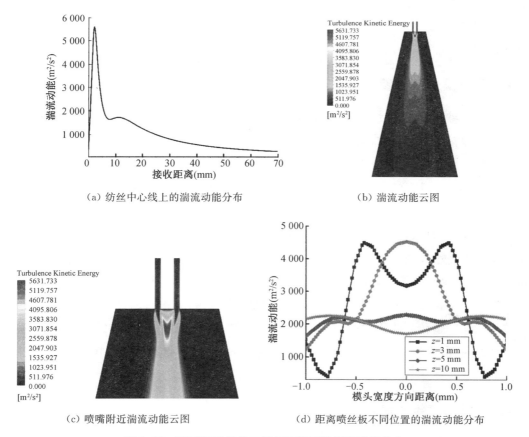

（a）纺丝中心线上的湍流动能分布　　　　　（b）湍流动能云图

（c）喷嘴附近湍流动能云图　　　　（d）距离喷丝板不同位置的湍流动能分布

图 3-20　环形熔喷模头二维气流场下的湍流动能分布

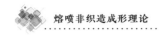

1.3 小结

对高速气流运动理论进行阐述,借助 CFD 软件对狭槽形熔喷模头和环形熔喷模头的二维气流场进行数值模拟,并对熔喷二维气流场的速度、温度及湍流动能分布进行详细分析。这些内容为后续章节关于熔喷气流场的优化以及熔喷纤维的牵伸模型研究奠定了基础。

2 熔喷气流场的优化设计

毫无疑问,熔喷气流场在熔喷工艺过程中承担着至关重要的作用。熔喷气流场为聚合物熔体的牵伸细化提供气流牵伸力及适合的温度场,并最终制得非织造布。熔喷气流场不仅受到施加的气流压力和气流温度的影响,还会因为熔喷模头的几何参数不同而形成不同的速度和温度分布。因此,需重点研究熔喷模头的几何参数(即狭槽宽度 e、狭槽角度 α、头端宽度 f、头端缩进量 S)对气流场的影响,并在此基础上对气流场进行优化设计。

2.1 熔喷模头几何参数对熔喷气流场的影响及参数的正交试验设计

熔喷纤维主要通过气流力来实现牵伸细化,所以模头下方气流场的分布对熔喷工艺设计来说非常重要。目前,对熔喷气流场的研究主要采用 CFD 数值模拟并结合实验验证的方法。以往的研究者[3,4,7-13]对熔喷气流场进行数值模拟或实验验证后,大多是用来计算气流场和纤维之间的作用力,而少有涉及如何通过设计模头几何形状来改善气流牵伸力。

工业用狭槽形熔喷模头长度超过 1 m,喷孔的直径很小,孔密很高,并且布满整个模头。本章 1.2 小节论证了采用熔喷模头下中心面的二维气流场代替三维气流场进行分析的可行性,这在分析工业用熔喷模头方面更有效,因为工业上使用的模头长度远远大于实验用模头长度。另外,由于三维流场的网格数较多,其求解时间过长,大约需要 40 h,这对后续的遗传算法优化造成一定难度,而采用二维气流场替代三维气流场,能有效减少计算时间,平均每代(10 个算例)只需 3 h。因此后续的讨论都是针对熔喷二维气流场展开的。

2.1.1 熔喷二维气流场的数值模拟

熔喷气流场的数值模拟采用与本章 1.2 小节相同的方法,这里不再赘述。值得注意的是,入口压力设置为 1.4 atm,温度为 583 K,壁面温度设置为 583 K,其他条件不变。

2.1.2　正交试验设计

如图 3-21 所示,狭槽形熔喷模头的几何参数为 3 个,每个参数选取 3 个水平,根据工业用熔喷模头的几何尺寸来选择参数水平,通常来说,狭槽宽度和头端宽度均为 1 mm 左右,狭槽角度小于 90°。因此确立了如表 3-4 所示的因子水平表,并根据正交表 $L_9(3^4)$ 得到试验方案,如表 3-5 所示。

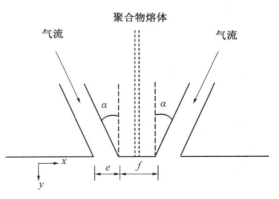

图 3-21　狭槽形模头横截面

表 3-4　因子水平表

因子	水平 1	水平 2	水平 3
狭槽宽度 e(mm)	0.5	1.0	1.5
头端宽度 f(mm)	0.75	1.5	2
狭槽角度 α(°)	30	45	60

表 3-5　正交试验方案

序号	因子		
	狭槽宽度 e	头端宽度 f	狭槽角度 α
1	1	1	3
2	1	2	2
3	1	3	1
4	2	1	2
5	2	2	1
6	2	3	3
7	3	1	1
8	3	2	3
9	3	3	2

2.1.3　正交试验结果

2.1.3.1　速度变化

对表 3-5 中的 9 个试验方案进行数值模拟,发现纺丝中心线上的速度分布都呈现出如图 3-22(a)所示的方案 5 的速度变化趋势,即速度迅速增加至最大值,然后缓慢减小。这是由于气流从对称的两个狭槽中喷出后经很短的距离就开始接触并最终混合成一股气流,然后由于气流与模头底面的距离增大以及外界空气的黏滞作用,气流速度缓慢下降。图 3-22(c)给出了方案 5 喷丝板附近的气流场速度矢量图,可以明显看到,在两股射流合并之前的区域内,存在两个气流回旋区域。在气流回旋区域,气流甚至出现反向流动。从图 3-22(d)可以看出,9 个方案得到的纺丝中心线上的速度大小存在较大的差别,不仅速度最大值不同,而且达到速度最大值时所处的位置也有变化。如方案 7 在 4 mm 处达到最大速度 549 m/s,而方案 2 在 4.75 mm 的位置达到最大速度,仅为 369 m/s,两者相差 180 m/s,从这里可以看出熔喷模头的几何参数设计对熔喷气流场的影响很大。

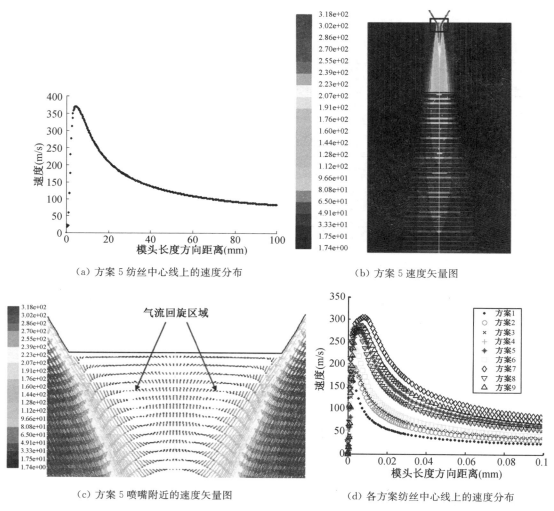

（a）方案 5 纺丝中心线上的速度分布　　　　　（b）方案 5 速度矢量图

（c）方案 5 喷嘴附近的速度矢量图　　　　　（d）各方案纺丝中心线上的速度分布

图 3-22　狭槽形熔喷模头下二维气流场的速度分布

2.1.3.2　温度变化

图 3-23 显示的是流场纺丝中心线上的温度变化规律。从此图可以看到,在模头底面附近 5 mm 的范围内,温度的衰减速率很大,但是九个方案的试验结果在这一阶段并无明显的差别;此后,各个方案的温度衰减规律开始发生变化,其中方案 7 的衰减速率最慢,在计算边界 100 mm 处,方案 7 的温度比方案 1 的温度高出 41.7 K,这在熔喷过程中是非常重要的,因为熔喷不同于传统纺丝,它所施加的气流要具有较高的温度,这样可以

延缓高聚物熔体的固化,因此方案7可使气流在较长的距离内维持比较高的温度,从而延长聚合物熔体的流动时间,使熔体的拉伸距离增加。

2.1.3.3 滞止温度

为了通过设计熔喷模头几何参数来得到优化的气流场,需要一个指标对气流场进行评价。熔喷过程中,高速气流提供将纤维拉伸变细的牵伸力,并且气流力与纤维和气流场的相对速度成平方关系[7],因此增加气流速度可以明显提高牵伸力。但是如前文所述,单纯提高气流速度不一

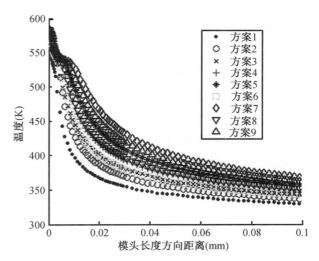

图 3-23 各方案流场纺丝中心线上的温度分布

定能够减小纤维的细度,因为气流温度同样会影响纤维的牵伸细化。实际上,在纤维牵伸过程中,伴随着热量传递,聚合物熔体在离开喷丝孔时,其温度开始衰减,在距离喷丝孔下方很短的位置,就会达到凝固点而停止牵伸,所以,如果气流温度较高,就可以减小聚合物熔体温度的衰减速率,从而提高纤维的牵伸距离,这有利于得到更细的纤维。

滞止温度是用来描述气流场中某一点滞止状态的一个参数,即在滞止点将气流的动能转化为内能并与该点的焓相加,从而得到滞止点的总内能。因此,滞止温度其实由两部分组成,即动态温度和静止温度,其定义式如下:

$$T^* = T + \frac{v_a^2}{2C_{pa}} \tag{3-59}$$

上式中,T^* 是滞止温度,T 是静止温度,$\frac{v_a^2}{2C_{pa}}$ 是动态温度,v_a 是气流速度,C_{pa} 是气体射流的比热容。从式(3-59)可以看出,滞止温度综合了气体射流的速度和温度,因此更适合用来描述气流场的性能。

图 3-24 所示是 9 个方案的滞止温度分布。可以看到,在喷丝孔附近,气流的滞止温度能够在某个值上维持一段距离,方案7不仅在这段范围内有最高的滞止温度,而且保持这

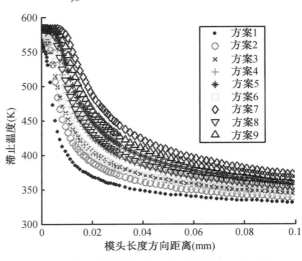

图 3-24 各方案流场纺丝中心线上的滞止温度分布

一状态的距离也最长,超过了 10 mm。在这个稳定状态之后,气流温度开始衰减,最终方案 7 的温度比方案 1 的温度高出 56.8 K。

2.1.3.4 正交试验结果分析

对 9 个方案的试验结果进行统计发现,流场纺丝中心线上最大的滞止温度在 578.4～586.5 K,这说明气体射流从狭槽喷出后具有相同的能量。那么在能量相同的前提下,由于不同的流场下气流的速度衰减和温度衰减规律不同,出口边界的滞止温度有显著差异。因此,采用出口边界的滞止温度来衡量流场的优劣。出口边界的滞止温度高,说明流场能量损失较小,反之则说明能量损失较大。

表 3-6 给出了根据正交表 $L_9(3^4)$ 得到的正交试验结果。从极差 R 可以看出,狭槽宽度 e 对滞止温度的影响最大,其次是狭槽倾斜角度 α,头端宽度 f 的影响相对其他两个因子几乎可以忽略。从图 3-34 可以看出,随着狭槽宽度的增加,滞止温度呈现上升的趋势;而随着狭槽倾斜角度增加,滞止温度呈下降趋势。根据直观分析,熔喷模头几何参数的正交试验得到的优化方案为 $e3f3\alpha1$。根据此优化方案进行验证性试验,得到的最大滞止温度为 583.95 K,出口边界的滞止温度为 371.8 K。值得注意的是,由此优化方案得到的静止温度为 380.3 K,最大速度为 500.1 m/s,结果都较好。

表 3-6 正交试验结果与分析

项目	因子			出口处滞止温度(K)
	e	f	α	
1	1	1	3	330.2
2	1	2	2	337.9
3	1	3	1	344.1
4	2	1	2	351.0
5	2	2	1	358.7
6	2	3	3	343.6
7	3	1	1	371.6
8	3	2	3	353.2
9	3	3	2	365.2
k_1	337.4	350.9	342.3	
k_2	351.1	349.9	351.4	
k_3	363.3	351.0	358.1	
R	25.9	1.0	15.8	

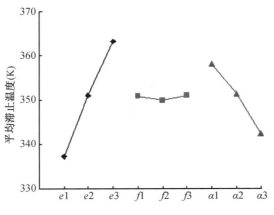

图 3-25　不同因子水平下的平均滞止温度

2.2　遗传算法优化熔喷模头

前文采用正交试验方法分析了熔喷模头几何参数对熔喷气流场的影响,并得到一个优化方案。但是一般情况下,正交试验只考察整个求解空间中的有限个可行解,很难保证得到的结果是其中的最优解。遗传算法比正交试验的量大(依据种群大小而不同),具有导向随机搜索功能,可对求解空间进行高效的搜索,优化结果也更接近真实解。

遗传算法是一种借鉴生物界自然选择和进化机制发展起来的高度并行、随机、自适应搜索算法。简单而言,它使用了群体搜索技术,将种群代表一组问题的解,通过对当前种群施加选择、交叉和变异等一系列遗传操作,产生新一代的种群,并逐步使种群进化到包含近似最优解的状态。由于其思想简单、易于实现以及表现出来的健壮性,遗传算法已应用于许多领域,特别是近年来,在问题求解、优化和搜索、机器学习、智能控制、模式识别和人工生命等领域,都取得了许多令人鼓舞的成就。

2.2.1　单目标遗传算法优化熔喷气流场

2.2.1.1　熔喷气流场的二维模型

利用遗传算法优化熔喷模头几何参数,除了狭槽宽度 e、头端宽度 f 以及狭槽角度 α 外,增加一个参数即头端缩进量 S,如图 3-26 所示。

遗传算法与正交试验在求解域的处理上有明显的不同,正交试验是按照数学方法枚举出有限个可行解,而遗传算法则是在一个连续的空间中求解。为了包括

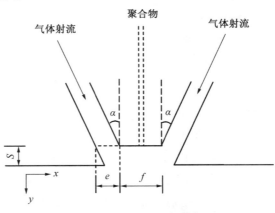

图 3-26　狭槽形熔喷模头横截面

模头所有的几何参数,将求解域的范围设置得尽可能大一些。表 3-7 列出了四个变量即狭槽宽度 e、头端宽度 f 以及狭槽角度 α 和头端缩进量 S 的求解域 $[a_i, b_i]$。

表 3-7 熔喷模头优化问题的求解域

项目	狭槽宽度(mm)	狭槽角度(°)	头端宽度(mm)	头端缩进量(mm)
a_i	0.1	10	0.5	0
b_i	2	80	5	1.5

2.2.1.2 单目标遗传算法参数的选择

如前文所述,滞止温度综合了速度和温度,本节优化的目标是得到边界上最大的滞止温度。通常来说,遗传算法优化结果是目标函数的最小值,所以熔喷气流场遗传算法优化的目标函数定义为:

$$J = -T^*(T, v_a) \tag{3-60}$$

式中:J 为目标函数,其他变量与前文一致。

遗传算法采用二进制编码,编码串的长度与自变量的数值精度有关,为保证求解数据的精度,将所求变量的精度设为 0.001。根据二进制编码串的计算公式,可得编码串的长度为 53。

一般来说,选择较大数目的初始种群可以同时处理更多的个体,因而容易找到全局最优解。但是种群越大,每次迭代的时间就越长,尤其是对一些复杂的、精度要求比较高的问题,种群数增加会导致计算量呈指数级增长。若种群过小,种群多样性下降,遗传算法陷入局部极值,导致早熟现象出现的可能性大大增加。通常,针对熔喷气流场的求解域,种群数可选择 10~100[15]。Huang 和 Tang[16] 采用种群数为 10 的遗传算法,成功地对熔融纺丝过程进行优化。因此种群数设置为 10。

图 3-27 给出了遗传算法优化熔喷流场的流程。计算开始于初始种群的 10 个个体,这些个体通过编码用二进制串表示。根据每个个体代表的几何尺寸建立熔喷流场模型,求解它们的目标函数值,然后对它们进行适应度计算。若未出现最佳个体,则开始产生下一代子种群,计算不停地在选择、交叉、变异和求解评价中循环,直至种群中出现最优个体。下面介绍遗传算法的具体计算过程:

遗传操作中有选择、交叉和变异,涉及一些概率和算法的设置。选择又称复制,即选择目标函数值较小的个体,适应度较高的个体被遗传到下一代种群中的概率较大,适应度较低的个体被遗传到下一代种群中的概率较小,这样可以使得种群中个体的适应度不断接近最优解。代沟的概率按照自然界种群数量的变化规律,有极限,设置为 0.9,意味着产生的子代群体数量是父代数量的 90%。

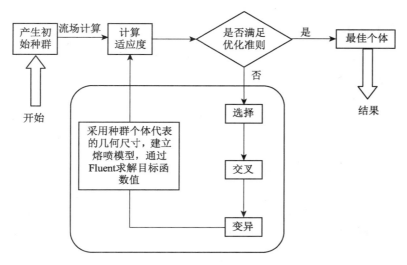

图 3-27　单目标遗传算法优化熔喷流场的流程

遗传算法使用交叉算子来产生新的个体。交叉又称重组,是按较大的概率从群体中选择两个个体,交换两个个体的某个或某些位置。交叉运算产生子代,子代继承父代的基本特征,从而形成两个新个体。交叉运算是遗传算法区别于其他进化运算的主要特征,它在遗传算法中起着关键作用。基本交叉算子有单点交叉、两点交叉与多点交叉、均匀交叉和算术交叉等。选用单点交叉,交叉概率为 0.7,即合并后子种群有 70% 的个体发生交叉。

遗传算法模仿生物遗传和进化过程中的变异环节。变异是以较小的概率对个体编码串上的某个或某些位置进行改变,将个体染色体编码串中的某些基因座上的基因值用该基因座的其他等位基因替换,从而形成一个新个体。交叉运算是产生新个体的主要方法,它决定了遗传算法的全局搜索能力;而变异运算只是辅助方法,它决定了遗传算法的局部搜索能力。交叉算子与变异算子相互配合,共同完成对搜索空间的全局搜索和局部搜索,从而使得遗传算法能够以良好的搜索性能完成最优化问题的寻优过程。

在遗传算法中使用变异运算,主要有以下两个目的:

(1) 改善遗传算法的局部搜索能力。遗传算法使用交叉操作,已经从全局的角度出发找到一些较好的个体解码结构,它们已接近或有助于接近问题最优解。但仅使用交叉运算无法对搜索空间的细节进行局部搜索。这时若再使用变异算子来调整个体编码串中的部分基因值,就可以从局部的角度出发使个体更加逼近最优解,从而提高遗传算法的局部搜索能力。

(2) 维持种群的多样性,防止出现早熟现象。变异算子用新的基因值替换原有基因值,从而可以改变个体编码串的结构,在接近最优解邻域时能加速向最优解收敛,并可以维持群体的多样性,这样有利于防止出现早熟现象。

变异的基本操作有基本位变异、均匀变异、边界变异、非均匀变异和高斯近似变异等。本节选用的变异方式为基本位变异,变异概率为 0.014,即合并后子种群有 1.4% 的个体发生变异。

前文提到种群中的个体是有差别的,类似于自然环境中物种对环境的适应性,遗传算法中的个体,基于它们对目标函数的适应性,也有优劣之分,因此需要采用一种数学方法来评价个体的优劣。目标函数值可以反映个体的适应性,但目标函数值通常会产生正负不稳定的情况。如本节中遗传算法采用的目标函数为负值,见式(3-61),这不利于遗传算法中的选择操作;并且个体间的目标函数值差别会很大,可能会产生极端的后代,导致算法过早收敛。因此在遗传算法中,通常采用对目标函数值进行映射或者尺度上的变化方法,从而达到遗传算法的要求。"适应度"这个概念在遗传算法中用来度量群体中各个个体在优化计算中能达到或接近或有助于找到最优解的优良程度。度量个体适应度的函数称为适应度函数,又称评价函数,是根据目标函数确定的用于区别群体中个体好坏的标准,是算法演化过程的驱动力,也是进行自然选择的唯一依据。适应度函数值始终是非负的,任何情况下,其值都越大越好。本节采用的适应度函数 $F(x_i)$($i=1,2,\cdots,10$)是根据个体在种群中的排序来确定的:

$$F(x_i) = 2 - MAX + 2(MAX - 1)\frac{x_i - 1}{N_{ind} - 1} \tag{3-61}$$

上式中:MAX 是一个变量,用来决定偏移或选择强度,通常在[1.1,2]取值,本节取 1.1;N_{ind} 是种群数量;x_i 是个体根据目标函数值排序后个体 i 所处的位置。

遗传算法是一种随机式的搜索算法,因此试图找到一个正式的、明确的收敛标准是很困难的。常用的方法是采用预先设定的迭代步数和根据问题定义测试种群中最优个体的性能。前一种方法比较主观,一般情况下,遗传算法优化的问题都是人们未知和不熟悉的,很难准确确定具体要迭代多少步才能终止算法;而后者要评价种群中最优个体的性能,在不知道真实解的情况下是很难实行的。事实上,遗传算法优化过程是逼近真正最优解的过程,在逼近真正最优解的时候,种群中最优个体的变化很小,这反映在代与代之间最优的目标函数值有很小的波动现象,因此本节采用每 10 代间的变异系数(CV)来判定计算结果是否收敛,收敛标准为 -5×10^{-5}。

2.2.1.3 单目标遗传算法优化结果

本节讨论的遗传算法优化熔喷气流场的工作是在东华大学曙光高性能集群计算机上完成的,它采用并行计算处理问题,共有 16 个计算节点,每个节点有 8 个主频为 2.0 GHz 的 Intel 中央处理器(CPU)可供同时工作。种群数设置为 10,在集群计算机上,每代的计算时间约为 3 h。

图 3-28 显示了目标函数 J 随着迭代的进行而不断优化的过程,图中的数据点是各代中最优个体的目标函数值。流场的速度和温度通过计算得到。从图 3-28 可以看出,遗传算法开始运行的时候,目标函数 J 收敛很快,但是到第 19 代之后,收敛速度逐步变小,最终在第 40 代得到最优个体的目标函数值为 -391.5663。

图 3-29 显示了从第 10 代开始的目标函数的 CV 值。图中第 10 代对应的 CV 值是取第 1 代到第 10 代的最优值计算得到的,第 11 代对应的 CV 值是取第 2 代到第 11 代的最优值计算得到的,以此

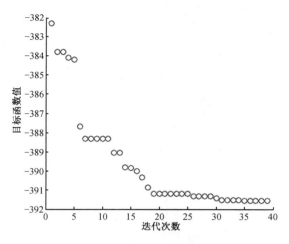

图 3-28　目标函数 J 随着迭代进行的变化

类推。图 3-29 与图 3-28 是对应的,在目标函数值变化比较大的区域,CV 值也较大,在计算的最后几代,由于目标函数值基本上稳定,得到的 CV 值也很小,最终第 40 代对应的 CV 值为 -4.642×10^{-5}。

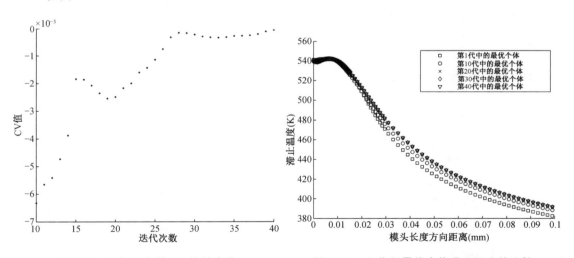

图 3-29　目标函数的 CV 值的变化　　　　图 3-30　几代间最优个体滞止温度的比较

单目标遗传算法优化共计算了 $40 \times 10 = 400$ 个熔喷流场,图 3-30 显示的曲线是从这 400 个(共 40 代)流场中选择有间隔的五代(即第 1、10、20、30 和 40 代)中的最优个体所绘制的滞止温度在流场中心线上的变化规律。前文已经述及,熔喷流场中心线上的速度变化规律是先增大后减小,而温度呈单调递减。滞止温度综合了速度和温度,它的变化规律与速度和温度的变化规律都不相同,图 3-30 中的滞止温度在中心线上的变化规律和正交试验结果类似。滞止温度在喷丝板附近区域首先稳定在一个值(540 K),并保

持大约 1 cm 的距离,然后开始下降。从图 3-30 还可以看出,这些个体在喷丝板附近基本上有相同的滞止温度,它们之间的主要区别在于在远离喷丝板的区域衰减规律不同。第 40 代中的最优个体在边界上的滞止温度为 391.6 K,在边界条件相同的情况下,这个结果比正交试验得到的优化结果(371.8 K)提高了近 20 K。

图 3-31 是单目标遗传算法优化熔喷气流场得到的最优个体的滞止温度等值图。图中熔喷模头的几何参数为狭槽宽度 $e = 1.981$ mm,狭槽角度 $\alpha = 10.009°$,头端宽度 $f = 4.770$ mm,头端缩进量 $S = 1.417$ mm。从此图可以看出,最优个体的滞止温度不只是在中心线上(喷丝板附近)保持稳定,而是在喷丝板附近的整个区域都保持稳定。

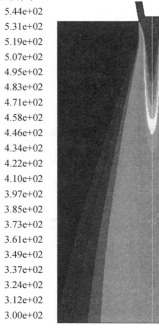

滞止温度(K)

图 3-31　最优个体的滞止温度等值图

2.2.3　多目标遗传算法优化熔喷气流场

熔喷气流场是由高温高压气体射流从喷丝板狭槽喷出,进入大气环境而形成的一种自由沉没射流场。熔喷工艺最关心的是气流场的速度分布和温度分布,而气流场的速度和温度与熔喷模头的几何参数相关,这在前文已经说明。另外,由于它们的关系很复杂,无法通过简单的解析形式进行表达,前文对流场的优化采用计算流体动力学和正交试验或者遗传算法相结合的方式。不管何种方法,都需要一个目标函数来衡量计算结果的优劣。前文采用滞止温度作为目标函数,滞止温度其实是温度和速度复合函数,将它们非线性地组合起来。事实上,这样的处理方式在优化设计中还有很多种,这将在下文中详细介绍。

熔喷气流场的气流速度提供了气流牵伸力,并且气流牵伸力和气流场与纤维的相对速度的平方成正比,提高气流场速度可以使气流力显著提高;而温度提高可以延缓聚合物熔体的固化,增加熔体的流动性,对纤维的拉伸变细过程也有重要的作用。因此,使熔喷气流场同时具有最大速度和最高温度的问题,是一个多目标优化问题。

2.2.3.1　多目标遗传算法简介

多目标函数的最优化问题中,各个目标函数的优化往往是互相矛盾的,甚至有时候会产生完全对立的情况,需要在各个目标函数的最优解之间进行协调,使各个分目标函数能均匀一致地趋向各自的最优值,以取得整体最优方案。

目前已经有多种基于遗传算法的多目标函数优化求解算法[17],包括以下几种:

(1)权重系数变换法。对于一个多目标优化问题,若给其每个子目标函数 $f(x_i)$ $(i=1,2,\cdots,n)$ 赋予权重 $\omega_i(i=1,2,\cdots,n)$,其中 ω_i 表示相应的 $f(x_i)$ 在多目标优化问题中的重要程度,则每个子目标函数 $f(x_i)$ 的线性加权和表示为:

$$u = \sum_{i=1}^{n} \omega_i f(x_i) \tag{3-62}$$

若将 u 作为多目标优化问题的评价函数,则多目标优化问题就可转化为单目标优化问题,即可以利用单目标优化的遗传算法求解多目标优化问题。但是对于未知问题,权重 ω_i 通常很难确定,并且权重 ω_i 不同,求解结果会有明显的差别,因此该方法的应用有诸多限制。

(2)并列选择法。该方法的基本思想是,先将群体中的全部个体按子目标函数的数目均等地划分为一些子群体,对每个子群体分配一个子目标函数,各个子目标函数在相应的子群体中独立地进行选择运算,各自选择出一些适应度高的个体并组成一个新的子群体,再将这些新的子群体合并成一个完整群体,在这个群体中进行交叉和变异运算,从而生成下一代完整群体,如此不断地进行"分割—并列选择—合并"操作,最终可求出多目标优化问题的最优解。

图 3-32 所示为多目标遗传算法优化问题的并列选择法。

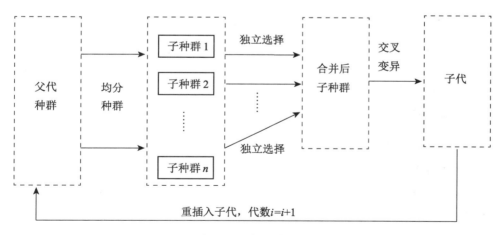

图 3-32 并列选择法

(3)排列选择法。该方法的基本思想是,基于最优个体,将群体中的个体进行排序,再依据这个排序结果进行进化过程中的选择计算,使得排在前面的最优个体有更多的机会被遗传到下一代群体中,经过一定代数的循环,最终可求出多目标优化问题

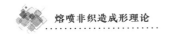
的最优解。

（4）共享函数法。求解多目标优化问题时，一般希望得到的解尽可能地分散在整个最优解集合内，而不是集中在最优解集合内一个较小的区域。为达到这个要求，可以利用小生境遗传算法技术来求解多目标优化问题。对于一个个体 X，它附近有多少种、多大程度相似的个体，是可以度量的，这种度量值称为小生境数。小生境数的定义式为：

$$m_X = \sum_{Y \leqslant n} s \left[d(X, Y) \right] \tag{3-63}$$

上式中，$s(d)$ 为共享函数，它是个体之间距离 d 的单调递减函数，$d(X, Y)$ 可以定义为个体 X 和 Y 之间的距离。

这种方法称为共享函数法，它将共享函数的概念引入求解多目标优化问题的遗传算法，算法对相同个体或类似个体的数量加以限制，以便能够产生出种类较多的不同的最优解。在计算出每个个体的小生境数之后，可以使小生境数较小的个体有更多的机会被遗传到下一代群体中，这样会增加群体的多样性，也会增加解的多样性。

（5）混合法。它的基本思想是，选择算子的主体使用并列选择法，然后通过引入保留最佳个体和共享函数，弥补只使用并列选择法的不足之处。

考虑到算法的复杂性及计算时间，选择基于并列选择法的多目标遗传算法来优化熔喷流场，目的是得到一个优化的熔喷流场，它具有较高的速度和温度。这是一个多目标（二目标）优化问题，其目标函数为：

$$\begin{cases} f_1 = -v_a(e, \alpha, f, S) \\ f_2 = -T(e, \alpha, f, S) \end{cases} \tag{3-64}$$

自变量的可行域与单目标遗传算法的求解域相同，见表 3-7。

2.2.3.2　多目标遗传算法参数设置和优化操作

图 3-32 显示的是采用并列选择法进行熔喷流场多目标遗传算法优化的流程。程序开始时，首先创建一个初始化种群，种群规模为 20 个个体，采用二进制编码；然后，这 20 个个体被随机地分成两个子种群，每个子种群的规模为 10 个个体。

前文讲到，并列选择法的思想就是分割得到的子种群平行、独立地进行计算，每个子种群都拥有自己的目标函数。上述分割的两个子种群的目标函数分别是速度 v_a 和温度 T，对两个子种群中共 20 个个体代表的熔喷模头几何参数分别建立模型并求解。熔喷气流场的计算区域大小和边界条件与前文相同。在得到所有个体的熔喷气流场之后，再分别对两个子种群中的个体进行适应度评价，适应度函数 $F(x_i)$ $(i=1, 2, \cdots, 10)$ 与单目标遗传算法采用的适应度函数相同，见式（3-61）。

同样地,为了下一代种群的产生和气流场优化的进行,当前种群需要进行遗传操作,即选择、交叉和变异。遗传操作涉及的概率问题都和单目标遗传操作使用的概率值相同,但是基于并列选择法的多目标遗传操作和单目标遗传操作流程有所不同。选择操作在每个子种群中单独、平行地进行,这样可以分别将那些对速度和温度适应性较好的个体保留下来,得到两个子种群,它们分别含有 9 个个体。然后将选择操作得到的两个独立的子种群合并为一个,这个子种群含有 18 个个体,再对这些个体实行交叉、变异以及重插入操作,从而得到新一代的 20 个个体。如果上述操作后还没有达到收敛终止条件,则开始新的循环。多目标优化操作的终止条件依然采用变异系数即 CV 值确定,计算终止在 CV 值为 -1.5×10^{-3} 时。

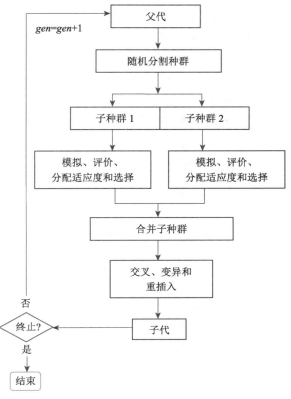

图 3-32 基于并列选择法进行熔喷流场多目标遗传算法优化的流程

2.2.3.3 多目标优化熔喷流场的结果及讨论

多目标遗传算法优化虽然在计算流程上与单目标优化有所不同,但是随着迭代的不断进行,新产生的种群总是比前一代更优秀,从而找到能够产生速度和温度都比较大的流场。图 3-33 给出了优化过程中目标函数 f_1 和 f_2 的变化曲线。从此图可以看到,程

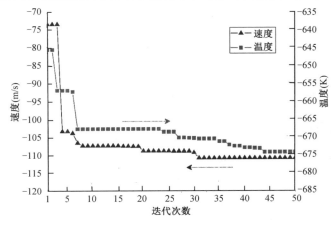

图 3-33 目标函数的变化曲线

序最终执行了 50 代,CV 值达到 -1.32×10^{-3}。考虑到每代的个体数为 20,那么多目标遗传算法优化操作共执行了 1 000 个熔喷气流场的计算。计算都在东华大学曙光高性能集群计算机上完成,每代需要的计算时间大概在 6 h。

从图 3-33 可以看出,目标函数 f_1 和 f_2 在开始计算的时候收敛速度比较快,随着计算的进行,第 8 代之后收敛速度明显减小。目标函数 f_1 在最后 10 代左右的结果几乎保持不变,第 50 代的结果为 -109.5 m/s;类似地,目标函数 f_2 在优化的最后阶段变化也很小,特别是最后 5 代的结果也很稳定,第 50 代的结果为 -395.3 K。

图 3-34 给出了目标函数 f_1 和 f_2 的 CV 值随迭代进行的收敛曲线。图中第 10 代对应的 CV 值是取第 1 代到第 10 代的最优值计算得到的,第 11 代对应的 CV 值是取第 2 代到第 11 代的最优值计算得到的,其余的以此类推。与图 3-33 相对应,在目标函数收敛速度比较大的区域,CV 值比较大,而在计算的最后阶段,由于目标函数值基本上保持稳定,因而 CV 值很小,接近于 0。

如前文所述,多目标优化问题的目标函数之间的变化通常是不一致的,有时候甚至是相对的。上述目标函数 f_1 和 f_2 就出现了这一情况,在目标函数 f_1 取得最小值,即速度取得最大值的时候,气流场的温度不是最大值;对应地,当目标函数 f_2 取得最小值,即温度取得最大值的时候,气流场的速度不是最大值。为了解决这一问题,引用目标规划法将二者统一。

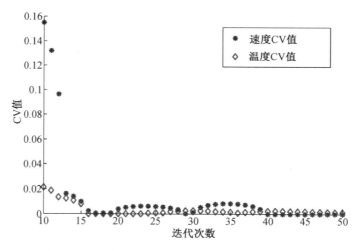

图 3-34 目标函数的 CV 值随迭代进行的收敛曲线

目标规划法[18]要求先求出各个目标函数的最优值 $f_i(x^*)$,然后根据多目标函数优化设计的总体要求,制定出理想的最优值 $f_i^{(0)}$。本节中各个目标函数的最优值已经通过多目标函数遗传算法优化得到,将已执行计算的 1 000 个熔喷气流场算例中出现的速度和温度最大值作为理想的最优值。那么统一目标函数可按下述平方和法构成:

$$f(\boldsymbol{x}) = \left(\frac{v_a - v_a^{(0)}}{v_a^{(0)}}\right)^2 + \left(\frac{T - T^{(0)}}{T^{(0)}}\right)^2 \tag{3-65}$$

式中：$f(\boldsymbol{x})$ 为目标规划法构建的统一目标函数；$v_a^{(0)}$ 和 $T^{(0)}$ 分别为速度和温度的理想最优值，分别是 288 m/s 和 594 K。

显然，从式（3-65）可以看出，当速度和温度分别达到各自的理想最优值 $v_a^{(0)}$ 和 $T^{(0)}$ 时，统一目标函数 $f(\boldsymbol{x})$ 的值最小。

表 3-8 列出了按照目标规划法处理的第 50 代种群中所有个体的数据，按照 $f(\boldsymbol{x})$ 的值由小到大排列。可见，最小的统一目标函数 $f(\boldsymbol{x})=0.489\,6$，其温度为 395.650 K，速度为 110.916 m/s，滞止温度为 401.8 K（比单目标遗传算法优化得到的滞止温度高 10.2 K）。此个体对应的模头几何参数为：狭槽宽度 $f=1.988$ mm，狭槽角度 $\alpha=12.28°$，头端宽度 $e=1.938$ mm，头端缩进量 $S=1.393$ mm。

表 3-9 列出了采用目标规划法处理第 10、20、30、40 和 50 代种群中最优个体的结果。可以看出随着迭代的进行，统一目标函数 $f(\boldsymbol{x})$ 值在不断地减小。

表 3-8 第 50 代种群中所有个体及其流场数据

狭槽宽度 e（mm）	狭槽角度 α（°）	头端宽度 f（mm）	头端缩进量 S（mm）	温度（K）	速度（m/s）	$f(x)$
1.988	12.28	1.938 4	1.393	395.650	110.916	0.489 6
1.997	11.74	1.885 7	1.393	394.909	109.650	0.495 8
1.988	11.19	2.014 7	1.393	395.316	109.479	0.496 1
1.988	12.22	1.938 5	1.393	394.500	109.065	0.498 8
1.988	12.28	1.938 4	1.393	394.462	109.036	0.499 0
1.958	11.13	1.938 5	1.393	394.454	108.482	0.501 4
1.988	11.19	1.938 4	0.207	393.765	108.612	0.501 6
1.959	11.45	4.557 0	1.393	399.259	106.777	0.503 4
1.988	11.46	4.556 3	1.455	398.733	106.202	0.506 5
1.974	11.14	4.557 1	1.455	398.558	105.743	0.508 7
1.968	11.45	4.557 6	1.258	397.903	105.259	0.511 6
1.974	12.91	4.564 2	1.400	397.520	105.277	0.511 9
1.974	12.91	4.599 3	1.393	397.541	105.219	0.512 2
1.959	11.45	4.564 2	1.400	397.934	105.061	0.512 4
1.974	11.46	4.557 6	0.908	397.512	105.125	0.512 6
1.974	11.82	4.557 6	0.908	397.328	105.043	0.513 2
1.569	11.46	1.938 5	1.393	384.343	93.559	0.580 4
1.974	43.53	4.563 6	0.207	378.028	85.452	0.626 8
1.997	43.26	1.935 5	1.393	369.404	80.208	0.663 5
1.052	12.28	1.938 4	1.393	369.357	71.087	0.710 3

161

表 3-9   目标规划法处理第 10、20、30、40 和 50 代种群中最优个体的结果

代 数	狭槽宽度 e(mm)	狭槽角度 α(°)	头端宽度 f(mm)	头端缩进量 S(mm)	温度(K)	速度(m/s)	$f(x)$
1	1.717	44.72	1.920	0.42	369.889	78.78	0.670
10	1.989	15.56	3.710 3	0.923	396.377	107.455	0.503 7
20	1.997	13.18	1.882 1	1.077	393.659	108.923	0.500 4
30	1.998	12.28	1.938 4	1.393	394.710	109.402	0.497 1
40	1.988	12.28	1.938 4	1.393	395.650	110.916	0.489 6
50	1.988	12.28	1.938 4	1.393	395.650	110.916	0.489 6

图 3-35 和图 3-36 分别比较了第 1、10、20、30、40 和 50 代中的最优个体的速度和温度在中心线上的变化规律。从图 3-35 可以看出,速度在中心线上的变化规律是先增加

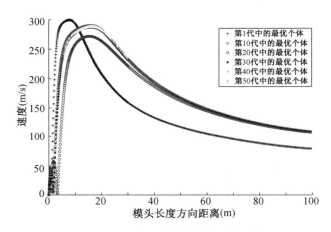

图 3-35   几代间最优个体速度的比较

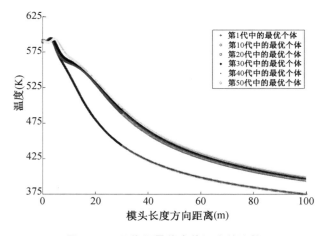

图 3-36   几代间最优个体温度的比较

后减小,这和本节中前文得到的结论相同。第1代中的最优个体虽然在中心线上有最大的速度,但是其速度衰减非常快。相比较而言,随着迭代的进行,第50代中的最优个体在中心线上的最大速度居中,其速度衰减也比较慢,最终在边界上拥有最高的速度。从图3-36可以看出,流场中心线上的温度在模头出口处的数值基本相同,但是它们的衰减规律有较大的差别。第50代中的最优个体在中心线上的温度衰减最慢,从而在边界上有最大的温度。

2.3　小结

简要地介绍与熔喷气流场相关的正交试验、单目标遗传算法和多目标遗传算法优化,提出采用计算流体动力学与上述算法相结合的方法来优化熔喷气流场,并得出优化结果。各种优化方法都有其特点,通过对熔喷气流场进行优化而得到的气流场的速度分布和温度分布都有显著提高。若以滞止温度作为评价三种优化方法的指标,则采用正交试验、单目标遗传算法和多目标遗传算法得到的边界处的滞止温度分别为371.8 K、391.6 K和401.8 K。可以看出,多目标遗传算法得到的结果最好,最优模头几何参数设计为:狭槽宽度$e = 1.998$ mm,头端宽度$f = 1.938$ mm,狭槽角度$\alpha = 12.28°$,头端缩进量$S = 1.393$ mm。相比较而言,正交试验由于计算量受到限制,并不能保证得到的结果是全局内的最优解,而遗传算法的计算量虽然稍有提高,但是该算法的搜索效率高,并且在连续空间的求解域进行优化计算,因而较为先进,得到的结果也优于正交试验结果。

3　新型熔喷模头设计

在整个熔喷过程中,熔喷气流场占据着基础性的地位。本章上一节主要讨论了熔喷模头的几何参数对气流场的影响,并在此基础上对气流场进行优化设计。本节将在对熔喷气流场的研究基础之上,分别揭示普通狭槽形熔喷模头和普通环形熔喷模头中影响生产能耗和纤维拉伸的因素,并设计新型狭槽形熔喷模头和新型环形熔喷模头,最终采用数值模拟方法对新型模头下的气流场进行分析。

3.1　新型狭槽形熔喷模头设计

3.1.1　问题的提出

钝模头是比较常见的狭槽形熔喷模头,被广泛应用于熔喷非织造布生产。如图3-37所示,本节采用的钝模头是东华大学自主设计的HDF-6D熔喷试验机上的狭槽形熔喷钝模头,其几何参数详见表3-10。

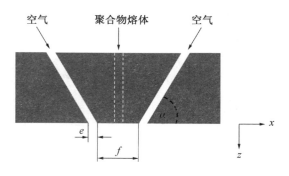

图 3-37　狭槽形钝模头

表 3-10　狭槽形钝模头的几何尺寸参数

狭槽宽度 e（mm）	头端宽度 f（mm）	狭槽角度 α（°）
0.65	1.28	60

通过对气流场的气动热力分析和湍流特性分析,得出狭槽形钝模头的两股射流存在两种动能损失。牵伸射流的这两种动能损失会影响熔喷气流场纺丝中心线上气流速度的提高和制约熔喷纤维的进一步细化。首先,如图 3-38 所示,狭槽形钝模头下方的气流场中存在三角回流区[1,2,19,20],且三角回流区内充满着分离涡,该流动结构在湍流理论中被认为是一种典型的动能损失。另外,三角回流区内的气流速度方向与熔喷模头喷丝孔挤出的聚合物熔体的牵伸方向相反,这对熔喷纤维的细化极为不利。

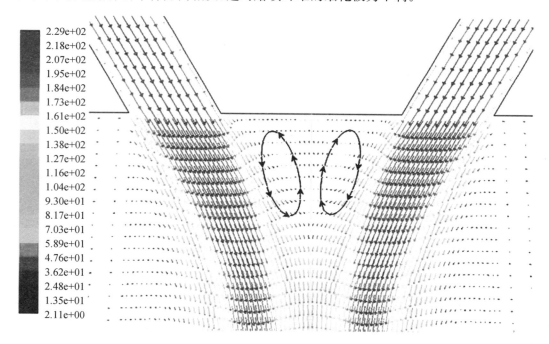

图 3-38　狭槽形钝模头附近的速度矢量图[1]

另一种动能损失是由于两股射流和周围环境中气流的相互作用[7]而产生的。在图 3-38 中,融合之前的气体射流向两侧扩散[2],它和周围环境产生质量和平均动量的交换。在这种交换过程中,气体射流卷吸着附近的气流冲击而下,而稍远的气流则会在其带动下绕其自身的核心发生旋转。射流向两侧的扩散使更多的气体加入运动中。虽然射流的总量越来越大,但是其动能却越来越小。

如图 3-39 所示,熔喷气流场中纺丝中心线上的温度衰减非常快,尤其是靠近模头底面的一段距离,它对熔喷纤维的最终直径起着关键性的作用。熔喷气流场中的温度对熔喷纤维的细化影响非常大,温度的快速衰减不仅不利于熔喷纤维的牵伸变细,同时还会造成能源利用率过低等问题[1,20]。

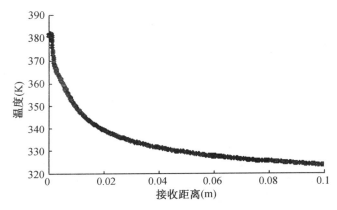

图 3-39 狭槽形钝模头气流场中纺丝中心线上的温度分布[1]

熔喷模头的几何结构最终决定了熔喷气流场中的速度和温度的分布,只要对熔喷模头的几何结构进行优化,就有望达到优化熔喷气流场的目的。因此,为了制备直径更小的熔喷纤维以及减少熔喷纤维生产过程中的能源消耗,设计了带有稳流件的新型双槽形熔喷气流模头[20-21]。

3.1.2 新型狭槽形熔喷模头设计方案

本节设计的新型狭槽形熔喷模头都是在普通狭槽形熔喷模头几何结构的基础上进行改进,因此其狭槽宽度 e、头端宽度 f 和狭槽角度 α 与对应普通狭槽形熔喷模头的相同。

图 3-40 所示为带有内稳流件的新型狭槽形熔喷模头 1 的几何结构。其中,内稳流件的剖面呈直角三角形,内稳流件的斜面与狭槽内壁平齐,是狭槽内壁的延伸。因此,内稳流件的斜面与水平面的夹角 β 与狭槽角度 α 相等。内稳流件的高度 I_h 为 0.76 mm。内稳流件可以与其他模头部件整体加工,也可以分离加工,然后通过焊接等技术手段连接在普通狭槽形熔喷模头上。内稳流件的设计旨在减少熔喷射流向内扩散。

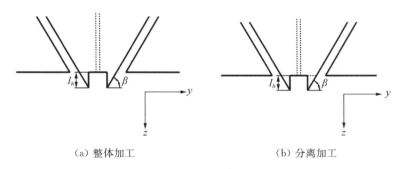

（a）整体加工　　　　　　　　　　（b）分离加工

图 3-40　新型狭槽形熔喷模头 1

图 3-41 所示为带有外稳流件的新型狭槽形熔喷模头 2 的几何结构。其中,外稳流件的斜面与水平面的夹角 γ 与狭槽角度 α 相等。外稳流件的高度 E_h 为 0.76 mm。与带有内稳流件的新型熔喷模头 1 一样,带有外稳流件的新型熔喷模头 2 可以采用整体式加工或分离式加工。外稳流件的设计目的是消除熔喷射流向外扩散,降低熔喷射流的动能损失。

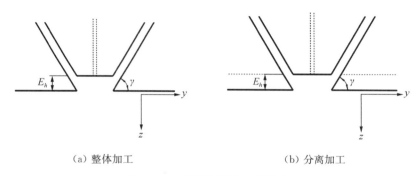

（a）整体加工　　　　　　　　　　（b）分离加工

图 3-41　新型狭槽形熔喷模头 2

图 3-42 所示为同时带有内稳流件和外稳流件的新型狭槽形熔喷模头 3 的几何结构。理论上,这种新型熔喷模头的设计最优,因为它能够同时防止熔喷射流向内外扩散和最大程度地降低熔喷射流的动能损失。

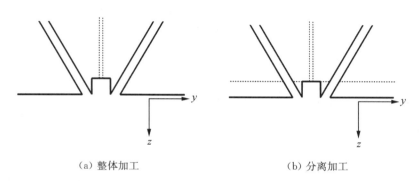

（a）整体加工　　　　　　　　　　（b）分离加工

图 3-42　新型狭槽形熔喷模头 3

需要注意的是,为了便于模拟结果的对比,本节中新型狭槽形熔喷模头的外稳流件的高度 E_h 与对应的内稳流件的高度 I_h 一致,均为 0.76 mm。

3.1.3　狭槽形熔喷模头下气流场的数值模拟

狭槽形熔喷模头气流场的数值模拟采用与本章 1.2 部分同样的方法,这里不再赘述。

需要注意的是,在狭槽形熔喷模头的气流场中,既有湍流核心区,又有近壁流动区。近壁流动区是熔喷气流场的重要组成部分,其对于熔喷纤维的拉伸和初始运动有非常重要的影响。SST k-ω 模型可以同时捕捉湍流核心区和近壁流动区内的流动,比较适合模拟含有分离流动的流场。因此,根据王玉栋[20]的研究,这里选用 SST k-ω 模型对数值模拟进行求解。

3.1.4　数值模拟结果与分析

3.1.4.1　新型狭槽形熔喷模头下气流场纺丝中心线上的速度分布

在熔喷非织造产品生产中,聚合物熔体细流从熔喷模头的喷丝孔中挤出后,立即受到高速高温气流的作用力而得到牵伸。在此牵伸过程中,熔体细流将克服各种阻力而被拉长细化。其中,熔体细流受到的牵伸力跟熔体细流和气流的相对速度成平方关系,而且纤维的运动路径主要在纺丝中心线附近[1],因此纺丝中心线上的气流场分布对于熔喷纤维的牵伸细化来说非常重要。在实际生产中,当其他工艺参数一定时,纺丝中心线上的气流速度越高,得到的熔喷纤维直径越小[22]。

Bansal 和 Shambaugh[22]分别采用高速闪光摄影技术和红外热成像技术对熔喷纤维的直径和温度进行了在线测量,结果发现:熔喷纤维的牵伸细化主要发生在距离模头 1.5 cm 的范围内,这一范围被称为主牵伸区。因此,对主牵伸区内熔喷气流场的速度、温度和湍流强度分布进行重点考察。

从图 3-43 可以看出,与普通钝模头相比,在带有内稳流件的新型熔喷模头 1 和带有外稳流件的新型熔喷模头 2 中,纺丝中心线上的最大气流速度均得到提高;而同时带有内稳流件和外稳流件的新型熔喷模头 3,其纺丝中心线上具有最大的气流速度。这说明在两股熔喷射流汇合前,减少射流向内或向外扩散,都能够有效地降低射流的动能损失,从而提高纺丝中心线上的气流速度。当同时减少射流向内和向外扩散,射流的动能损失会降低到最少,故而纺丝中心线上具有最大的气流速度。所以,相较于普通狭槽形熔喷模头,带有稳流件的新型狭槽形熔喷模头有助于制备更细的熔喷纤维。

带有内稳流件的新型狭槽形熔喷模头可以提高纺丝中心线上的最大气流速度的另一个原因是:内稳流件可以改变射流的运动方向和运动路线,从而影响射流融合点。对于自由射流来说,由于存在惯性作用,射流离开喷气孔后,将沿着喷气孔中心线方向继续

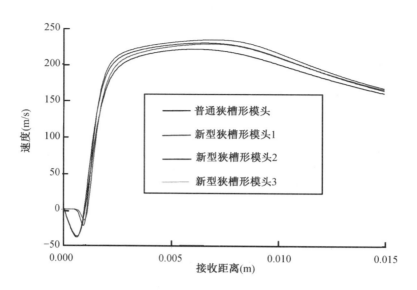

图 3-43　熔喷模头气流场中纺丝中心线上的气流速度分布

行进。但是,对于普通狭槽形熔喷模头来说,射流与水平方向之间形成一定夹角,而不是垂直于水平方向。由于科安达效应(也叫附壁效应),两股射流汇聚在模头头端附近,从而偏离喷气孔的中心线,这样射流与水平方向之间的夹角变小。王玉栋[20]的研究结果表明,纺丝中心线上的速度将随着狭槽角度变小而减小。内稳流件的存在,不仅阻止了射流向内扩散,而且消除了狭槽形模头头端对射流的影响。两股射流会沿着内稳流件的斜面流动,保持原有的运动方向,使射流与水平方向之间的夹角不变,而且使射流的融合点延后,从而在一定程度上增加了纺丝中心线上的气流速度。

　　图 3-44 为普通熔喷钝模头和其他三种带有稳流件的新型狭槽形模头气流场中的速度矢量图。对于带有内稳流件的新型狭槽形熔喷模头 1 和新型狭槽形熔喷模头 3 来说,其气流场中的反向回流区大大缩小,分离涡的数量也减少许多。与普通狭槽形熔喷模头相比,在带有内稳流件的新型狭槽形熔喷模头的气流场中,内稳流件占据了很大一部分回流区的空间,同时阻止了两股射流向内部扩散,抑制了分离涡的大量形成。这样不仅降低了两股射流的动能损失,而且减小了反向回流区的面积以及回流区内的逆向速度。对于带有外稳流件的新型狭槽形熔喷模头而言,其头端附近气流场中的反向回流区基本没有改变,所以相对于普通狭槽形熔喷模头,带有外稳流件的新型狭槽形熔喷模头纺丝中心线上的逆向速度没有变化。

　　总而言之,与普通钝模头对比,带有内稳流件的新型狭槽形熔喷模头不仅可以提高纺丝中心线上的气流速度峰值,而且还能降低回流区中的逆向速度;带有外稳流件的新型狭槽形熔喷模头只能增大气流场中心线上的最大气流速度,基本上不能改变模头附近的反向回流区;当狭槽形熔喷模头同时带有内稳流件和外稳流件时,可以得到效果最佳的

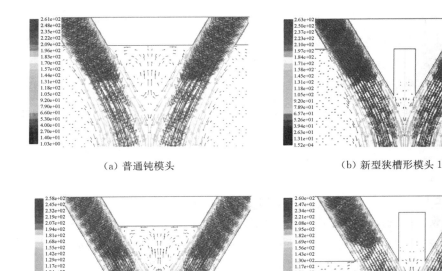

（a）普通钝模头　　　　　　　　　　　（b）新型狭槽形模头 1

（c）新型狭槽形模头 2　　　　　　　　　（d）新型狭槽形模头 3

图 3-44　普通钝模头和新型狭槽形模头的速度矢量图

气流速度场。由于气流场中心线上的速度优势，带有稳流件的新型狭槽形熔喷模头不仅可以制备直径更小的熔喷纤维，而且在生产相同细度的熔喷纤维时，可以减少压缩空气的用量，节省更多的能源。

3.1.4.2　新型狭槽形熔喷模头下气流场纺丝中心线上的温度分布

图 3-45 所示为普通狭槽形熔喷模头和对应的带有稳流件的新型狭槽形熔喷模头气流场纺丝中心线上的温度变化曲线。可以看出，在靠近模头头端的区域内，对于带有内稳流件的新型熔喷模头 1 或者同时带有内稳流件和外稳流件的新型狭槽形熔喷模头 3，其纺丝中心线上的温度远高于普通狭槽形熔喷模头，随着 z 值增加，两者在纺丝中心线上的温度差逐渐缩小；而在整个主牵伸区内，带有外稳流件的新型狭槽形熔喷模头 2 和普通狭槽形熔喷模头的纺丝中心线上的温度变化差别不大。

这是因为在普通钝模头和三种带有稳流件的新型狭槽形熔喷模头

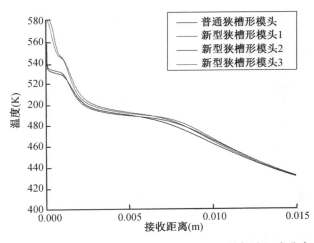

图 3-45　熔喷模头气流场中纺丝中心线上的气流温度分布

的气流场中,湍流传热在热量传递过程中占据主导地位,而且其热能传输的数量级要比热传导和热辐射大得多。对于普通钝模头和带有外稳流件的新型狭槽形熔喷模头2,气流场中的反向回流区较大,回流区中的逆向速度较大,气流速度的波动也较大(图3-46),在湍流传热的作用下带走更多的热量,因此在靠近模头的区域内,纺丝中心线上的温度下降得很快;而对于带有内稳流件的新型狭槽形熔喷模头1及同时带有内稳流件和外稳流件的新型狭槽形熔喷模头3,由于内稳流件的存在,回流区明显减小,流场中的逆向速度也降低很多,气流波动更小,湍流传热的效果会更差,因此这两种新型狭槽形熔喷模头在头端附近区域内流场中心线上的温度衰减得更慢。

纺丝中心线上温度的提高有利于生产细度更小的熔喷纤维[22]。另外,在熔喷纤维的实际生产中,大量热空气的使用造成熔喷非织造生产过程中的能耗很大。相较于普通钝模头,带有内稳流件的新型狭槽形熔喷模头气流场中,纺丝中心线上具有较高的气流温度。因此在保证产品质量的前提下,降低聚合物的初始温度和射流的初始温度,可以节约更多的能源和生产成本。

3.1.4.3 新型狭槽形熔喷模头气流场中心线上的湍流强度分布

湍流强度是衡量湍流强弱的相对指标,可以描述流体速度随时间和空间变化的程度,是描述流体湍流运动特性的最重要的特征量。

图3-46所示为普通钝模头和三种带有稳流件的新型狭槽形熔喷模头气流场中纺丝中心线上的湍流强度分布。对比图3-43,可以看出湍流强度峰值的出现位置在速度峰值之前。与普通钝模头相比,带有外稳流件的新型狭槽形熔喷模头2气流场中纺丝中心线上的湍流强度曲线相差较小,而带有内稳流件的新型狭槽形熔喷模头1及同时带有内稳流件和外稳流件的新型狭槽形熔喷模头3,其气流场中纺丝中心线上的湍流强度峰值低得多。

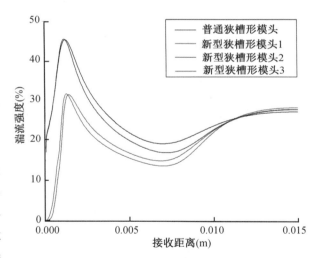

图3-46 熔喷模头气流场中纺丝中心线上的湍流强度分布

在熔喷气流场中,当空气射流的湍流强度较低时,气体流动相对平稳,气流速度波动较小。在熔喷非织造生产过程中,纺丝中心线上气流速度波动小有利于熔喷纤维的正常拉伸。尤其在靠近模头头端的区域,如果气流速度波动剧烈,不仅会增加纤维的断头率,而且容易使聚合物熔体黏附在模头上,或者使纤维黏附在一起,并在熔喷非织造布上形成大量的疵点。

3.2 新型环形熔喷模头设计

3.2.1 问题的提出

环形熔喷模头也是熔喷非织造生产中常用的一种模头。环形熔喷模头的喷气孔呈圆环形,喷丝孔位于圆环形喷气孔的中心处。聚合物熔体细流从环形模头的喷丝孔中挤出之后,受到环形射流的作用力,故被牵伸成超细纤维。图 3-47 是普通环形熔喷模头结构示意图。

参考 Shambaugh 团队的研究[7,14,23],发现环形熔喷模头与狭槽形熔喷模头一样,也存在一些不利于熔喷非织造生产的因素。首先,在环形熔喷模头气流场的纺丝中心线上,存在速度和温度下降过快等问题[14,23],这制约着熔喷纤维的进一步细化和生产能耗的降低。其次,Moore 和 Shambaugh[7] 在研究中发现环形熔喷模头下面的气流场中

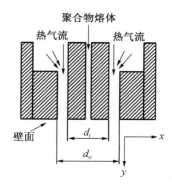

图 3-47 普通环形熔喷模头结构

也存在回流区,而回流区中气流的逆向速度不利于熔喷纤维的牵伸细化。最后,普通环形模头的几何结构决定了其不能发挥高速热气流的最大能效。如图 3-47 所示,与狭槽形熔喷模头不同,环形熔喷模头的喷气孔和喷丝孔都垂直于水平方向,两者的轴心线平行且有一定的距离。狭槽形熔喷模头中的射流汇聚在纺丝中心线上,而普通环形模头喷气孔中的高速射流不能直接作用在纺丝中心线上。从喷气孔喷出的高速射流向内扩散,带动气流场中心线上的气流运动;高速射流向外扩散则会引起射流动能损失。

为了解决这些问题,设计了带有内稳流件的新型环形熔喷模头,并对其气流场进行数值模拟研究[20,24]。

3.2.2 新型环形熔喷模头设计方案

根据图 3-47 所示,普通环形熔喷模头主要有两个结构参数:喷气孔的内径 d_i 和外径 d_o。 如表 3-11 所示,根据这两个结构参数,给出了四种普通环形熔喷模头的几何参数,并设计了四种相应的带内稳流件的新型环形熔喷模头。图 3-48 所示为带内稳流件的新型环形熔喷模头。新型环形熔喷模头的内稳流件的剖面呈直角三角形,其斜边与模头头端的水平面之间有一定的夹角。内稳流件紧挨环形模头喷气孔的内壁,并环绕着模头的喷丝孔。对于新型环形熔喷模头,内稳流件既可以与熔喷模头组合件整体加工,又可以独立加工后焊接在

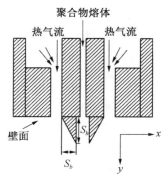

图 3-48 带内稳流件的新型环形熔喷模头结构

普通环形熔喷模头上。

表 3-11　普通环形熔喷模头和新型环形熔喷模头的结构参数

模头	d_o(mm)	d_i(mm)	S_h(mm)	S_b(mm)
环形熔喷模头 1	2.37	1.30	—	—
环形熔喷模头 2	2.46	1.27	—	—
环形熔喷模头 3	1.89	1.27	—	—
环形熔喷模头 4	2.75	2.25	—	—
新型环形熔喷模头 1	2.37	1.30	1.5	0.45
新型环形熔喷模头 2	2.46	1.27	1.5	0.435
新型环形熔喷模头 3	1.89	1.27	1.5	0.435
新型环形熔喷模头 4	2.75	2.25	1.5	0.925

3.2.3　环形熔喷模头下气流场的数值模拟

同样,环形熔喷模头下气流场的数值模拟采用与本章1.2.5部分同样的方法,这里不再赘述。湍流模型同样选用 RSM 模型。

3.2.4　数值模拟结果与分析

图 3-49 所示为普通环形熔喷模头和带有内稳流件的新型环形熔喷模头下气流场中纺丝中心线上的气流速度分布,变化规律基本相同,都是先降低到一个速度最小值,之后迅速增大到一个峰值,然后逐渐减小。相对于普通环形熔喷模头,带有内稳流件的新型环形熔喷模头在纺丝中心线上的逆向速度明显降低很多,这说明内稳流件的存在改善了模头附近的气流速度场。在气流场中的绝大部分区域内,新型环形模头在纺丝中心线上的气流速度都高于对应的普通环形模头在纺丝中心线上的气流速度。其中,新型环形熔喷模头 4 和普通环形熔喷模头 4 在纺丝中心线上的速度峰值相差最大,达到 30 m/s 以上。

3.2.4.1　新型环形熔喷模头下气流场中纺丝中心线上的速度分布

图 3-50 是普通环形熔喷模头 2 和新型环形熔喷模头 2 喷气孔附近区域内的速度矢量图。对于两个熔喷模头的气流场,其计算域中入口处的气流压力为 1.2 atm,温度为 400 K。从此图可以看出,普通环形熔喷模头的气流场中,回流区位于喷气孔下面的两股射流之间,其内有大量的涡团;而在带有内稳流件的新型环形熔喷模头的气流场中,回流区缩小,涡团大大减少。这是由于内稳流件占据了大部分涡团的位置,阻止射流向内扩散,从而减少了涡团,使回流区内的逆向速度降低到很小的数值。因此,新型环形熔喷模头可防止聚合物熔体细流被逆向气流推回到喷丝孔中或黏附在模头上,有利于熔喷加工的顺利进行。

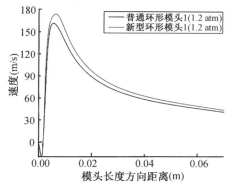

（a）普通环形熔喷模头 1 和新型环形熔喷模头 1

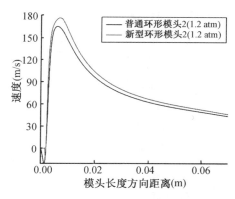

（b）普通环形熔喷模头 2 和新型环形熔喷模头 2

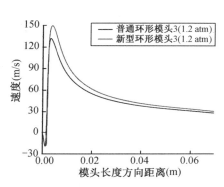

（c）普通环形熔喷模头 3 和新型环形熔喷模头 3

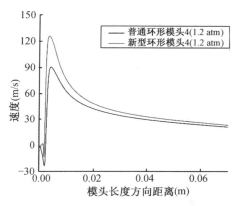

（d）普通环形熔喷模头 4 和新型环形熔喷模头 4

图 3-49　环形熔喷模头下气流场中纺丝中心线上的气流速度分布

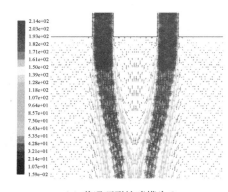

（a）普通环形熔喷模头 2

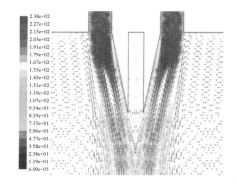

（b）新型环形熔喷模头 2

图 3-50　环形熔喷模头的气流速度矢量图

图 3-50（a）显示：在普通环形模头的气流场中，喷气孔喷出的射流也会偏向纺丝中心线，在模头下面汇合。射流喷出后，在向下流动时会带动周围的气体运动，而射流内侧的气流速度明显高于外侧的气流速度。根据伯努利方程，在气流速度较高的区域内，静

压较低,因此射流内侧的静压必小于射流外侧的静压。所以,在外侧气体压力的作用下,普通环形模头中的射流也会向内侧运动,从而导致涡团的产生。如图 3-50(b)所示,在新型环形熔喷模头的气流场中,由于科安达效应,射流会沿着内稳流件的斜面流动,快速在纺丝中心线处汇合。因此,内稳流件会使更多的高速气流集中在纺丝中心线附近,从而使新型熔喷模头的气流场中纺丝中心线上的气流速度有很大的提高。另外,内稳流件也能阻止射流向内部扩散,在一定程度上降低射流的动能损失,这也有助于增大纺丝中心线上的气流速度。所以,相对于普通环形熔喷模头,带有内稳流件的环形熔喷模头纺丝中心线上的气流速度较大,这有利于生产直径更小的熔喷纤维。

3.2.4.2　新型环形熔喷模头下气流场中纺丝中心线上的温度分布

在普通环形熔喷模头和新型环形熔喷模头的气流场中,气体存在三种热传递方式,分别是热传导、对流传热和热辐射,而起决定作用的热传递方式是对流传热。从图 3-49和图 3-50 可以看出,相对于普通环形熔喷模头,带有内稳流件的环形熔喷模头流场中的回流区得到改善,气流的逆向速度大大降低。因此,在新型环形熔喷模头的气流场内,对流传热的效果减弱了,从而在靠近模头的区域内纺丝中心线上的温度衰减变慢。这也证明了新型环形熔喷模头的内稳流件具有保温作用。因此,带有内稳流件的环形熔喷模头有助于制备更细的熔喷纤维,并能够降低熔喷过程中的热量损耗。

普通环形熔喷模头和对应的新型环形熔喷模头下气流场中纺丝中心线上的温度分布如图 3-51 所示。在距离模头 0.01 m 的区域内,相比对应的普通环形模头,四种新型环形模头气流场中纺丝中心线上的温度值较高。特别是在靠近模头喷丝孔的区域,新型环形熔喷模头的气流场占较大的温度优势,最大相差约 60 K。在远离模头的区域,普通环形熔喷模头和对应的新型环形熔喷模头的气流场中,气流温度相差很小,温度曲线几乎重合。

3.2.4.3　新型环形熔喷模头下气流场中纺丝中心线上的湍流强度分布

图 3-52 所示为普通环形熔喷模头和对应的新型环形熔喷模头下气流场中纺丝中心线上的湍流强度分布。从此图可看出,在靠近模头的区域内,新型环形熔喷模头气流场中

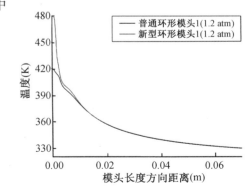

(a) 普通环形熔喷模头 1 和新型环形熔喷模头 1

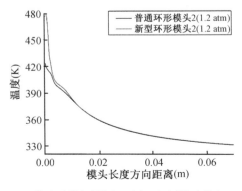

(b) 普通环形熔喷模头 2 和新型环形熔喷模头 2

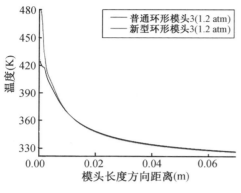

(c) 普通环形熔喷模头 3 和新型环形熔喷模头 3

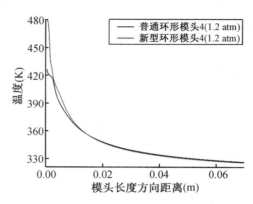

(d) 普通环形熔喷模头 4 和新型环形熔喷模头 4

图 3-51　环形熔喷模头下气流场中纺丝中心线上的温度分布

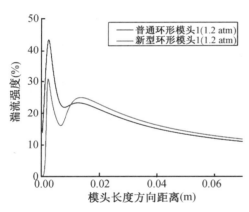

(a) 普通环形熔喷模头 1 和新型环形熔喷模头 1

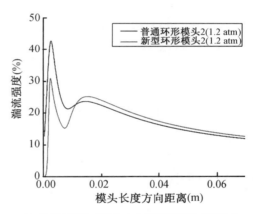

(b) 普通环形熔喷模头 2 和新型环形熔喷模头 2

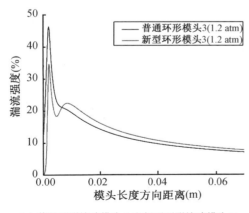

(c) 普通环形熔喷模头 3 和新型环形熔喷模头 3

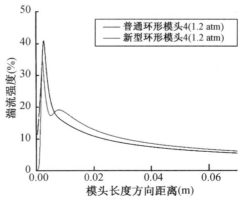

(d) 普通环形熔喷模头 4 和新型环形熔喷模头 4

图 3-52　环形熔喷模头下气流场中纺丝中心线上的湍流强度分布

纺丝中心线上的湍流强度明显小于对应的普通环形熔喷模头气流场中纺丝中心线上的湍流强度,且起始位置的湍流强度为 0;而在远离模头的区域内,新型环形熔喷模头气流场中纺丝中心线上的湍流强度会更高。这两种环形模头的气流场中,湍流强度也存在峰值,而相对于纺丝中心线上的速度峰值,湍流强度峰值出现的位置更靠近模头。

由于内稳流件的存在,新型环形熔喷模头气流场中的回流区大大缩小。另外,内稳流件减少了高速射流和内侧气体的相互作用,所以相对于对应的普通环形熔喷模头,在靠近模头头端的区域内,新型环形熔喷模头气流场中纺丝中心线上的气流速度波动降低,这有利于减小熔喷纤维黏附在模头上或者熔喷纤维之间相互纠缠的概率,并提高熔喷非织造产品的质量。在主牵伸区之外的区域,由于两种熔喷模头的气流场中纺丝中心线上的湍流强度相差不大,因此熔喷生产受到的影响不大。

3.3　小结

为了制备直径更小的熔喷纤维和减少熔喷生产中的能耗,分别对狭槽形熔喷模头和环形熔喷模头进行改进,设计了带有稳流件的新型狭槽形熔喷模头和新型环形熔喷模头,并借助 CFD 技术对熔喷模头气流场中纺丝中心线上的气流速度、温度和湍流强度进行模拟。结果表明:相对于普通模头,新型模头可以增大气流场中纺丝中心线上的气流速度,降低模头附近区域内气流的逆向速度,提高纺丝中心线上的气体温度,以及降低气流场中的湍流强度峰值。

4　本章小结

主要对高速气流运动理论进行阐述,借助 CFD 技术对两种典型的熔喷模头(狭槽形熔喷模头和环形熔喷模头)的二维气流场进行数值模拟,并对熔喷二维气流场中的气流速度、温度以及湍流动能分布进行详细分析。这可为后面章节关于熔喷气流场的优化以及熔喷纤维牵伸模型的研究奠定基础。

随后采用计算流体动力学与正交试验、单目标遗传算法和多目标遗传算法等相结合的方式,从熔喷模头的几何参数出发,对熔喷气流场进行优化设计。

采用添加辅助装置的方法,设计了带有稳流件的新型狭槽形熔喷模头和新型环形熔喷模头,并借助 CFD 技术对气流场中纺丝中心线上的气流速度、温度和湍流强度进行模拟。结果表明:稳流件可极大地优化狭槽形熔喷模头和环形熔喷模头的气流场,有利于制备直径更小的熔喷纤维,以及减少熔喷生产中的能耗。

符号标识

v：速度矢量

u：速度矢量 v 在 x 方向的分量

v：速度矢量 v 在 y 方向的分量

w：速度矢量 v 在 z 方向的分量

∇：哈密顿算子

t：时间

ρ：密度

div：散度

F：作用在流体微团上的合力

m：质量

a：加速度

f：单位质量流体微团上的体积力

f_x、f_y 和 f_z：体积力在 x、y、z 方向的分量

F_b：总体积力

F_x、F_y 和 F_z：总体积力在 x、y、z 方向的分量

F_s：总表面力

F_{sx}、F_{sy} 和 F_{sz}：总表面力在 x、y、z 方向的分量

σ：黏性应力

P：压力

$\dfrac{D}{Dt}$：物质导数（随体导数）

μ：流体的动力黏度（动力黏性系数）

ν：运动黏性系数

λ：第二黏度

grad：梯度

S_u、S_v、S_w：动量方程的广义源项

q：单位质量的体积加热率

λ：热导率（导热系数）

e：内能

T：温度

c_p：比热容

S_T：能量方程的黏性耗散项

R：气体常数，数值为 8.314 J/(mol·K)

ϕ：通用变量

Γ：广义扩散系数

S：广义源项

Re：雷诺数

μ_t：湍流黏性系数

δ_{ij}：克罗宁克(Kronecker delta)符号

k：单位质量流体的湍流动能

ε：单位质量流体的湍流耗散率

ω：比耗散率

C_μ：计算常数

$C_{1\varepsilon}$、$C_{2\varepsilon}$、$C_{3\varepsilon}$：经验常数

σ_k：湍流动能对应的普朗特数

σ_ε：湍流耗散率对应的普朗特数

S_k：湍流动能对应的源项

S_ε：湍流耗散率对应的源项

G_k：由平均速度梯度引起的湍流动能 k 的产生项

G_b：由浮力引起的湍流动能 k 的产生项

Pr_i：湍流普朗特数

β：热膨胀系数

Y_M：可压缩湍流中脉动扩张的贡献

M_t：湍流马赫数

C_{ij}：对流项

D_{ij}^T：湍流扩散项

D_{ij}^L：分子扩散项

P_{ij}：剪切应力产生项

G_{ij}：浮力产生项

Φ_{ij}：压力应变项

ε_{ij}：黏性耗散项

F_{ij}：系统旋转产生项

S_{user}：用户自定义源项

I：湍流强度

Re_{DH}：基于水力直径的雷诺数

l：湍流长度

L：管道的特征长度或水力直径

参考文献

［1］孙亚峰. 微纳米纤维纺丝拉伸机理的研究［D］. 上海：东华大学，2011.

［2］Krutka H M，Shambaugh R L，Papavassiliou D V. Analysis of a melt-blowing die：Comparison of CFD and experiments［J］. Industrial & Engineering Chemistry Research，2002，41（20）：5125-5138.

［3］Harpham A S，Shambaugh R L. Flow field of practical dual rectangular jets［J］. Industrial & Engineering Chemistry Research，1996，35(10)：3776-3781.

［4］Tate B D，Shambaugh R L. Modified dual rectangular jets for fiber production［J］. Industrial & Engineering Chemistry Research，1998，37(9)：3772-3779.

［5］Stull R B. An Introduction to Boundary Layer Meteorology［M］. Berlin：Springer,1988.

［6］Hao X，Yang Y，Zeng Y. Retarding the decay of temperature in the air flow field during the melt blowing process using a thermal insulation tube［J］. Textile Research Journal，2019，90(5-6)：606-616.

［7］Moore E M，Shambaugh R L，Papavassiliou D V. Analysis of isothermal annular jets：Comparison of computational fluid dynamics and experimental data［J］. Journal of Applied Polymer Science，2004，94(3)：909-922.

［8］Harpham A S，Shambaugh R L. Velocity and temperature fields of dual rectangular Jets［J］. Industrial & Engineering Chemistry Research，1997，36(9)：3937-3943.

［9］Krutka H M，Shambaugh R L，Papavassiliou D V. Effects of die geometry on the flow field of the melt-blowing process［J］. Industrial & Engineering Chemistry Research，2003，42（22）：5541-5553.

［10］Krutka H M，Shambaugh L，Papavassiliou D V. Effects of temperature and geometry on the flow field of the melt blowing process［J］. Industrial & Engineering Chemistry Research，2004，43（15）：4199-4210.

［11］Moore E M. Experimental and Computational Analysis of the Aerodynamics of Melt Blowing Dies［D］. University of Oklahoma，2004.

［12］Moore E M，Papavassiliou D V，Shambaugh R L. Air velocity，air temperature，fiber vibration and fiber diameter measurements on a practical melt blowing die［J］. International Nonwovens Journal，2004，13(3)：43-53.

［13］Tate B D，Shambaugh R L. Temperature fields below melt-blowing dies of various geometries［J］. Industrial & Engineering Chemistry Research，2004，43(17)：5405-5410.

［14］Uyttendaele M A J，Shambaugh R L. The flow field of annular jets at moderate Reynolds numbers［J］. Industrial & Engineering Chemistry Research，1989，28(11)：1735-1740.

［15］Goldenberg D E. Genetic Algorithms in Search，Optimization and Machine Learning［M］. Massachusetts：Addison Wesley Longman，1989.

［16］Huang C-C，Tang T-T. Parameter optimization in melt spinning by neural networks and genetic

algorithms[J]. The International Journal of Advanced Manufacturing Technology, 2006, 27(11-12): 1113-1118.

[17] 雷英杰, 张善文. MATLAB 遗传算法工具箱及应用[M]. 西安: 西安电子科技大学出版社, 2005.

[18] 郁崇文, 汪军, 王新厚. 工程参数的最优化设计[M]. 上海: 东华大学出版社, 2003.

[19] 陈廷. 熔喷非织造气流拉伸工艺研究[D]. 上海: 东华大学, 2003.

[20] 王玉栋. 熔喷气流场的分析与优化[D]. 上海: 东华大学, 2014.

[21] Wang Y, Wang X. Numerical analysis of new modified melt-blowing dies for dual rectangular jets [J]. Polymer Engineering & Science, 2014, 54(1): 110-116.

[22] Bansal V, Shambaugh R L. On-line determination of diameter and temperature during melt blowing of polypropylene[J]. Industrial & Engineering Chemistry Research, 1998, 37(5): 1799-1806.

[23] Majumdar B, Shambaugh R L. Velocity and temperature fields of annular jets[J]. Industrial & Engineering Chemistry Research, 1991, 30(6): 1300-1306.

[24] Wang Y, Wang X. Investigation on a new annular melt-blowing die using numerical simulation[J]. Industrial & Engineering Chemistry Research, 2013, 52(12): 4597-4605.

第四章 熔喷纤维及纤网成形理论研究

前文介绍了黏弹体在熔喷模头中的流动问题,也介绍了熔喷气流场的动力学问题。本章将这两者结合起来,介绍黏弹体在熔喷高速气流场中的动力学问题。早在 20 世纪,伴随熔纺技术的发展,这个问题就受到诸多关注。如 Ziabicki 等[1-3]、Susumu[4]、Matovich 等[5]学者,都提出了相应的动量方程、连续方程和能量守恒方程来描述这个复杂问题。在化纤纺丝过程中,聚合物的非牛顿特性也逐渐引发关注。Denn 等[6]发现黏弹性的聚合物熔体相对于牛顿流体在相同的纺丝条件下具有更高的内应力和德博拉数。随后,幂律黏度模型被引入用于描述这种黏弹特性[7-8]。

直到 1990 年,Uyttendaele 等[9]首次将熔纺模型改进后引入熔喷工艺,黏弹体在熔喷高速气流场中的动力学问题才正式进入学界视野。熔喷工艺中,纤维受到湍流效应,这导致其运动不稳定,发生无规律鞭动,而熔纺过程中纤维是相对稳定的。所以,Uyttendaele 等[9]提出的熔喷纤维理论模型只能描述纤维沿纺丝中心线的直径、速度、温度等物理量的变化,该理论因此被称为一维模型。随后,研究者引入纤维在其他方向的受力和运动,逐渐丰富了熔喷纤维理论模型。在这个过程中,出现了另外两种经典模型:Yarin 的准一维模型[10-11]和曾泳春的球链模型[12-13]。由于忽视了纤维在其他方向的运动,熔喷经典一维模型仅能用于描述纤维沿纺丝中心线的运动。所以,在模拟过程中,纤维其实是沿着直线运动并逐渐远离喷丝孔的。这与 Narasimhan 等[14]的描述不同,根据他们的观察,随着远离喷丝孔,纤维鞭动逐渐剧烈,并发生破裂,形成许多更细小的纤维,为了精确描述这个过程,经典一维模型需进一步改进。

Ju 等[15]通过实验测量了气流拉力沿纤维轴向和径向的分量,这为理论模型的改进提供了实验基础。随后,Rao 等[16]以 Ju 的实验研究为基础,将经典一维模型推广到二维空间。二维模型可以预测纤维在两个方向的运动,这完全符合环形模头的特点,因为环形模头半径方向的气流场速度和温度在各个方向都是相同的。但是,二维模型不适用于狭槽形模头,因为狭槽形模头的气流场并不处处相同,气流场速度与温度在狭槽宽度和长度方向并不一致。Marla 等[17-18]发现这个问题后,将二维气流场推广至三维空间。根据此模型可以模拟纤维在三维空间中的运动与形变,这在一定程度上解决了黏弹材料在高速气流中的动力学问题。

Chung 等[19]通过实验研究了纤维在喷丝孔附近的鞭动,他们发现如果不在模型中添加横向位移,纤维并不会发生鞭动。事实上,采用在模型中为纤维添加一定的假想横向位移从而模拟纤维在喷丝孔附近鞭动的方法,是理论研究中较为常见的。实验验证也说明横向位移几乎不会对纤维模拟结果如速度、直径、温度等产生明显影响。然而,该参数却对纤维在成网帘上的聚集形态产生明显影响。较大的纤维振幅和频率会直接导致纤维在成网帘上分布较为分散,反之则较为集中。目前,关于横向位移的大小和变化频率对纤维聚集形态结构的定量分析,未见报道。众多理论研究中,倾向于采用线性函数或正余弦函数来表达纤维的横向位移。

在本章中,首先提出高速气流中黏弹材料的动力学模型,追踪并模拟每个纤维段的速度、直径、温度等物理参数;再采用一种从实验中获得的分布函数,改进该动力学模型,并模拟纤维在成网帘上的聚集形态。

1 黏弹材料在熔喷高速气流中的动力学问题

在流体力学中,通常采用两种方法来描述流体:欧拉方法和拉格朗日方法。欧拉坐标是固定在空间中的参考坐标,又称空间坐标或固定坐标,它并不随着流体质点运动或时间流逝而变化。根据连续介质假设,流体质点在某一时刻必然占据某一空间坐标,此时,该空间坐标的物理量就是该流体质点的物理量。欧拉方法并不关注物理量属于流体中哪个质点。拉格朗日坐标则是随流体质点运动而一起变化的坐标,又被称为物质坐标或随体坐标。例如,若要测量水流的速度,欧拉方法是将测速仪直接插入水中读数,而拉格朗日方法则是将示踪粒子放入水中,测量粒子的速度作为水流的速度。

为了描述黏弹材料在气流中的动力学问题,建立了熔喷纤维拉伸模型,进而可以研究纤维这类黏弹材料在气流场中被拉伸后逐渐细化的规律、运动规律、纤维微元之间的相互作用及纤维在成网帘上的聚集形态,所以需要关注每根纤维的物理量变化,更适宜采用拉格朗日方法进行描述。

1.1 纤维基本物理参数

纤维形状并不是通常的杆状,其具有较大的长径比,并带有黏弹性和柔性。纤维的每个部分都能相对其他部分发生伸长、弯曲和扭转等黏弹性变形,如图 4-1 所示。为了精确模拟纤维的各项物理量,首先要提出合适的纤维模型。

依据聚合物黏弹力学理论[20],如图 4-2 所示,纤维被看成是由有限个球组成的,球之间通过 Maxwell 模型(即一个胡克弹簧和一个牛顿黏壶串联组成的器件)连接,球集中了纤维的各类物理量,如质量、速度、模量等。这样,通过给出合适的弹性模量和黏度,就可以准确描述聚合物熔体的黏弹性。本模型的默认材料为聚丙烯,以下所述物性参数(密度、黏度等),如无特殊说明,均使用聚丙烯材料的参数。当然,模型也适合其他材料,但需要将材料的物性参数做对应修改。结合模型,纤维和空气的基本物理参数可通过方程表达。

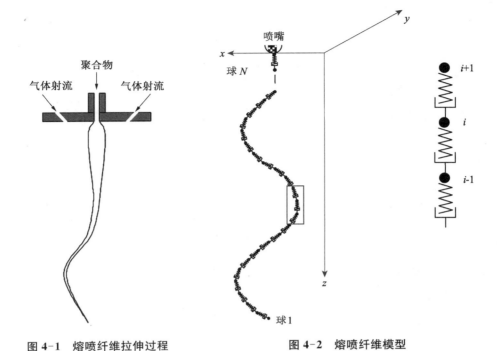

图 4-1　熔喷纤维拉伸过程　　　　　　　图 4-2　熔喷纤维模型

1.1.1　纤维的长度

相邻两个球 i 与 $i-1$ 构成纤维段 $(i-1,i)$，则其长度为：

$$l_{i-1,i} = \left[(x_i - x_{i-1})^2 + (y_i - y_{i-1})^2 + (z_i - z_{i-1})^2\right]^{1/2} \tag{4-1}$$

式中：x、y、z 分别为三维空间坐标；i 为球的序号，$i \in [1, N]$；N 为给定时间内整个系统中的球总数，其值随着计算的进行而不断增加。

新球总是从图 4-2 所示模型的顶端即喷丝孔中出来，新球的出现速度与聚合物熔体流量相关。每当一个新球进入系统，则球总数为 $N+1$。

1.1.2　纤维的质量

纤维段 $(i-1,i)$ 的质量为：

$$m_{i-1,i} = \frac{1}{4}\pi d_{i-1,i}^2 \rho_{f,i-1,i} l_{i-1,i} \tag{4-2}$$

其中：$\rho_{f,i-1,i}$ 为纤维段 $(i-1,i)$ 的密度；$d_{i-1,i}$ 为纤维段 $(i-1,i)$ 的直径。

1.1.3　纤维的密度

纤维的密度由晶区和无定形区的密度确定。在 Yamada 等[21] 以及 Bhuvanesh 等[22]

的研究中,聚合物的密度可表示为:

$$\frac{1}{\rho_f} = \left[\frac{1}{\rho_{f,am}}(1-X)\right] + \frac{1}{\rho_{f,c}}X \tag{4-3}$$

其中: X 为聚合物的结晶度; $\rho_{f,am}$ 为无定形区的密度; $\rho_{f,c}$ 为晶区的密度。

在熔喷工艺中,纤维由于受到高温气流牵伸作用,其晶区和无定形区与纤维温度有关,可用经验公式表达:

$$\frac{1}{\rho_{f,am}} = 1.145 + 9.03 \times 10^{-4} T_f \tag{4-4}$$

$$\frac{1}{\rho_{f,c}} = 1.059 + 4.5 \times 10^{-4} T_f \tag{4-5}$$

式中: T_f 为聚合物温度。

类似地,纤维段 $(i-1, i)$ 的密度可以表达为:

$$\frac{1}{\rho_{f,i-1,i}} = \left[\frac{1}{\rho_{f,am,i-1,i}}(1-X_{i-1,i})\right] + \frac{1}{\rho_{f,c,i-1,i}}X_{i-1,i} \tag{4-6}$$

1.1.4 纤维的黏度

Jarecki 等[23]提出了聚合物的经验黏度方程,即采用参考纤维温度和参考质均相对分子质量条件下的聚合物熔体黏度来模拟其他条件下的聚合物熔体黏度。

$$\frac{\eta_{f,i-1,i}}{\eta_{melt}(T_{ref}, M_{w,ref})} = \left(\frac{M_w}{M_{w,ref}}\right)^{3.4} \exp\left[\frac{E_a}{K_B}\left(\frac{1}{T_{f,i-1,i}} - \frac{1}{T_{ref}}\right)\right] \cdot \left(\frac{1}{1 - \frac{X_{i-1,i}}{X^*}}\right)$$

$$\tag{4-7}$$

式中: K_B 为玻耳兹曼常数; $\eta_{melt}(T_{ref}, M_{w,ref})$ 为参考纤维温度和参考质均相对分子质量条件下的聚合物熔体黏度; X^* 为聚合物熔体最终固化时的结晶度,在熔喷工艺中则为纤维落在成网帘上最终冷却时的结晶度。

1.1.5 空气的动力黏度

在熔喷工艺中,热空气以高达近 400 ℃ 的温度从气室中高速吹出,在短短的几十厘米距离内就下降到近室温,剧烈的温度变化对空气的黏度产生了强烈影响。所以,空气黏度在分析中不作为定值,它与温度有关。采用苏士南(Sutherland)定律来表达纤维段 $(i-1, i)$ 周围空气动力黏度与温度的关系,即:

$$\mu_{a,i-1,i} = \mu_{a0} \left(\frac{T_{a,i-1,i}}{T_{a0}} \right)^{3/2} \frac{T_{a0} + T_s}{T_{a,i-1,i} + T_s} \qquad (4-8)$$

式中：μ_{a0} 为空气在 1 个大气压下，温度为 T_{a0} 时的黏性系数；T_s 为苏士南常数。

1.1.6　纤维的应力松弛时间

应力松弛时间，指的是应变保持不变，应力衰减为初始应力的 $1/e$ 倍（e 是自然常数）所需的时间，它是代表纤维材料黏弹性比例的参数，其值越大，材料的黏性表现越显著。Jarecki 等[24]认为聚合物的应力松弛时间等于聚合物黏度与弹性模量之比，他们假设模量与聚合物温度和结晶度有关，所以纤维段的应力松弛时间可以表达为：

$$\lambda_{i-1,i} = \lambda_{melt}(T_{ref}, M_{w,ref}) \frac{T_{ref}}{T_{f,i-1,i}} \left(\frac{M_w}{M_{w,ref}} \right)^{3.4} \cdot$$
$$\exp \left[\frac{E_a}{K_B} \left(\frac{1}{T_{f,i-1,i}} - \frac{1}{T_{ref}} \right) - 3.2 \frac{X_{i-1,i}}{X_\infty} \right] \left(\frac{1}{1 - \dfrac{X_{i-1,i}}{X^*}} \right) \qquad (4-9)$$

式中：$\lambda_{melt}(T_{ref}, M_{w,ref})$ 为参考纤维温度和参考质均相对分子质量条件下的应力松弛时间；X_∞ 为聚合物的最大结晶度。

1.1.7　纤维的结晶

第一章"3.1"部分曾提到 Shambaugh 团队提出的熔喷纤维静态结晶方程不适用，这里采用动态结晶动力学模型，即：

$$X_{i-1,i}(t, T) = 1 - \exp \left\{ -C_n M_{i-1,i}(T)^{n_a} \left[N_{q,i-1,i} t^{n_a} + \right. \right.$$
$$\left. \left. \int_0^{t_s} N_{f,i-1,i}(s)(t-s)^{n_a} ds + N_{f,i-1,i}(t-t_s)^{n_a} \right] \right\} \qquad (4-10)$$

其中：$M_{i-1,i}(T) = M_0 \exp \left[-\frac{U^*}{R_g(T_{f,i-1,i} - T_\infty)} \right] \exp \left(-\frac{K_g}{T_{f,i-1,i} \Delta T} \right) \qquad (4-11)$

$$\ln N_{q,i-1,i} = a \Delta T_{i-1,i} + b \qquad (4-12)$$

$$N_{f,i-1,i} = C_0 N_{1,i-1,i} \qquad (4-13)$$

$$T_\infty = T_g - 30 \qquad (4-14)$$

$$\Delta T_{i-1,i} = T_m - T_{f,i-1,i} \qquad (4-15)$$

式中：C_n 是一个关于结晶速度的系数；$M(T)$ 是结晶线性增长速率，它仅与纤维温度有关；Nq 是静态条件下的活化晶核数目；$N_{f(s)}$ 为动态条件下的活化晶核数目；ΔT 为过冷度；T_∞ 是聚合物分子无法运动时的温度；T_g 为玻璃化转变温度；T_m 为纤维熔点；R_g 为气体常数；U^* 为与活化能有关的能量参数；M_0、K_g 和 C_0 分别是与聚合物物性有关的常数；t_s 是纤维从喷口至成网帘的运动总时间；N_1 是第一法向应力差；n_a 为阿弗拉米指数，与相变机制相关，其值一般在 $1 \sim 4$。

在熔喷工艺中，气流对纤维的作用可以分解成沿纤维轴向的牵伸作用和垂直于纤维轴向的挤压作用。上述模型主要用于描述纤维在牵伸作用下的结晶度变化情况，但是纤维在挤压作用下的结晶情况却无法模拟。在已报道的研究中，纤维在垂直于纤维轴向的挤压作用下的结晶变化情况没有涉及。考虑到垂直于纤维轴向的挤压作用对纤维材料熔点产生影响，进而间接影响纤维结晶，引入 Ito 等[25]提出的方程：

$$T_{m,i-1,i}^P = \alpha_p F_{p,i-1,i} + T_m \tag{4-16}$$

$$T_{g,i-1,i}^P = \alpha_p F_{p,i-1,i} + T_g \tag{4-17}$$

式中：α_p 是压强偏移因子（pressure shift factor）；F_p 是纤维受到的垂直于纤维轴向的应力，即压差阻力；T_m^P 和 T_g^P 分别是被压差阻力影响的纤维的熔点和玻璃化温度。

1.1.8　纤维的温度

聚合物熔体在拉伸固化过程中会向环境介质传热，从而影响熔体的速度分布和应力分布，决定成形纤维的分子取向和其他结构形成过程。温度也会直接影响纤维产品及非织造布的质量，因此它是熔喷气流拉伸过程控制的一个重要因素。运动的聚合物熔体和环境介质之间的传热有传导、对流和辐射三种形式。在纤维内部，热流因传导而发生；从纤维表面到环境介质，则主要为介质对流传热；当纤维与热流温差较大时，则会发生热辐射。此外，由于引入了结晶动力学方程，纤维的结晶热也必须考虑在内。所以，纤维能量守恒方程如下：

$$m_{i-1,i}C_{g,f,i-1,i}\frac{\mathrm{d}T_{f,i-1,i}}{\mathrm{d}t} = \Delta H\rho_{f,i-1,i}m_{i-1,i}l_{i-1,i}\frac{\mathrm{d}X}{\mathrm{d}z} - h_{i-1,i}S_{i-1,i}(T_{f,i-1,i} - T_{a,i-1,i}) - \\ BC_bS_{i-1,i}\left[\left(\frac{T_{f,i-1,i}}{100}\right)^4 - \left(\frac{T_{a,i-1,i}}{100}\right)^4\right]$$

$$\tag{4-18}$$

上式右端第一项为结晶热，第二项为纤维与空气的热交换，第三项为纤维热辐射；左端表示纤维的热量变化。$T_{a,i,i-1}$ 是纤维段 $(i-1, i)$ 附近空气的温度。

式（4-18）中的 $C_{g,f,i-1,i}$ 是纤维的热容，根据 Bhuvanesh 等[22]的研究，其与结晶区热容 C_c 和非晶区热容 C_{am} 有关：

$$C_{g,f,i-1,i} = C_{am,f,i-1,i}(1 - X_{i-1,i}) + C_{c,f,i-1,i}X_{i-1,i} \tag{4-19}$$

$$C_{c,f,i-1,i} = 0.318 + 2.66 \times 10^{-3} T_{i-1,i} \tag{4-20}$$

$$C_{am,f,i-1,i} = 0.502 + 8 \times 10^{-4} T_{f,i-1,i} \quad (110\ ℃ \leqslant T_{f,i-1,i} \leqslant 200\ ℃) \tag{4-21}$$

$$C_{am,f,i-1,i} = 0.44 + 2 \times 10^{-3} T_{f,i-1,i} \quad (0 \leqslant T_{f,i-1,i} < 110\ ℃) \tag{4-22}$$

式(4-18)中：$S_{i-1,i}$ 是参与热对流的纤维段的面积，它并不等同于纤维段的表面积，因为对于柱状纤维段，其上、下底表面并不参与气体的热交换，所以它实际上是圆柱表面积减去上、下底表面积，即 $S_{i-1,i} = \pi d_{i-1,i} l_{i-1,i}$；$B$ 是物体黑度，其与物体表面和温度有关，由于几乎没有研究涉及聚丙烯熔体的黑度，只能选择表面和温度与聚丙烯熔体相近的黄铜材料在 310 ℃ 时的黑度值 0.4 作为近似值；C_b 为黑体辐射系数。

1.2　纤维-气流动力学模型

从喷丝孔喷出的纤维受到的力有四种，即：气流拉伸力、黏弹力、表面张力和重力。下面逐一分析这四种力：

1.2.1　气流力

气流力是纤维从喷丝孔到成网帘期间受到的最主要的驱动力。气流力直接影响纤维最终成形时的直径以及纤维在气流场中的速度和位置。纤维段 $(i-1, i)$ 受到的气流力可以分解成压差阻力 $\boldsymbol{F}_{p,i-1,i}$ 和摩擦阻力 $\boldsymbol{F}_{f,i-1,i}$：

$$\boldsymbol{F}_{d,i-1,i} = \boldsymbol{F}_{f,i-1,i} + \boldsymbol{F}_{p,i-1,i} \tag{4-23}$$

摩擦阻力是由边界层的黏性剪切应力引起的。边界层是紧贴纤维壁面的薄层，因此摩擦阻力的方向沿着纤维轴向。压差阻力也称为形状阻力，当流体绕流过纤维时，先是沿着纤维长度方向黏附在纤维的一部分上，在某个点，边界层从纤维壁面分离出来，形成湍流，而在湍流中纤维末端受到的压力会显著地低于纤维头端受到的压力。下面详细介绍摩擦阻力和压差阻力的计算方法：

先对摩擦阻力进行分析。若气流场中有一长度为 l、直径为 d 的聚合物熔体细流，且细流与气流的运动方向完全平行，由于聚合物熔体细流在高速气流中运动时，其速度远低于气流速度，故其表面与气流之间因相对运动而产生摩擦力。假设气体射流作用在聚合物熔体单位表面的摩擦阻力为 σ_f，则从纤维头端(x)到末端$(x+l)$的纤维段受到的总摩擦阻力 $\boldsymbol{F}_f$ 为 σ_f 与纤维圆柱体的表面积之积：

$$\boldsymbol{F}_f = \sigma_f 2\pi d(x) l \tag{4-24}$$

σ_f 与纤维和空气之间的相对速度 v_{rt} 的平方成正比，即：

$$\sigma_f = \frac{1}{2} C_f \rho_a v_{rt}^2 \tag{4-25}$$

式中：ρ_a 是气体射流的密度；C_f 是摩擦阻力系数，它依赖于纤维的雷诺数 Re_{dt}。

利用边界层理论，可以推导出连续圆柱体表面上空气摩擦阻力系数的函数表达式：

$$C_f = f\left[(l/d)Re_{dt}\right] \tag{4-26}$$

$$Re_{dt} = \frac{\rho_a v_{rt} d}{\mu_a} \tag{4-27}$$

纺丝实验研究表明，摩擦阻力系数 C_f 不受纤维长度的影响，在纤维直径和运动速度恒定的情况下，总摩擦阻力 F_f 在纤维长度方向呈线性增加，说明摩擦阻力系数仅是雷诺数 Re_{dt} 的函数，即：

$$C_f = f(Re_{dt}) \tag{4-28}$$

根据 Uyttendaele 等[9]的研究，有：

$$C_f = \beta(Re_{dt})^{-n_b} \tag{4-29}$$

类似于摩擦阻力的分析过程，研究压差阻力 F_p 同样以长度为 l、直径为 d 的纤维段为研究对象。这段纤维的轴向与气体射流方向完全垂直，接触面积为 dl，纤维与气体射流之间的速度差为 v_{rn}，则压差阻力 F_p 可表示为：

$$F_p = \frac{1}{2}C_p \rho_a v_{rn}^2 dl \tag{4-30}$$

上式中的 C_p 是压差阻力系数，它也依赖于雷诺数 $Re_{dn} = \rho_a v_{rn} d/\mu_a$。选择采用另一种方法来计算 C_p。

事实上，压差阻力分布与纤维圆柱体表面的附面层性质有关，也与附面层脱体点的位置有关。当绕流雷诺数较低时，纤维圆柱体表面的附面层属于层流附面层，脱体点较靠前，压差阻力分布曲线较平坦。当绕流雷诺数很大，超过临界值时，附面层转变为湍流附面层。湍流附面层与主流进行能量交换的能力要比层流附面层强，这保证了由主流向附面层供应能量，提高了克服黏性阻滞的能力，使附面层脱离点向主体后部推移，从而流体对纤维圆柱体的绕流得到改善，而且纤维圆柱体后部的绕流得到提高。因此，不同的绕流雷诺数会使压差阻力系数产生非常大的变化。流体力学中，研究人员对圆柱体绕流情况做了大量实验[26]，得出了压差阻力系数随绕流雷诺数的变化曲线，如图 4-3 所示。

1.2.2　纤维方向的定义

在介绍摩擦阻力和压差阻力的过程中，采用了纤维速度方向与流场速度方向完全平行或垂直的极端假设，然而实际纺丝过程中纤维与流场的速度方向一般形成一定夹角。采用与 Malar 相同的方法来确定空间中的 f_t 和 f_n 两个方向。摩擦阻力及压差阻力的矢量形式为：

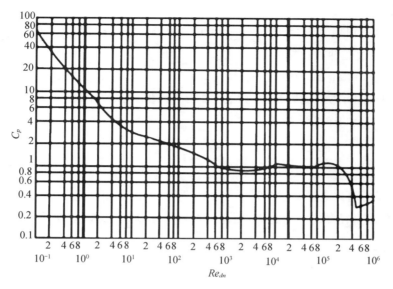

图4-3　压差阻力系数随绕流雷诺数的变化曲线[27]

$$\boldsymbol{F}_{f,i-1,i}=\frac{1}{2}C_{f,i-1,i}\rho_{a}v_{rt,i-1,i}^{2}\pi d_{i-1}l_{i-1,i}\cdot\boldsymbol{f}_{t} \tag{4-31}$$

$$\boldsymbol{F}_{p,i-1,i}=\frac{1}{2}C_{p,i-1,i}\rho_{a}v_{m,i-1,i}^{2}d_{i-1}l_{i-1,i}\cdot\boldsymbol{f}_{n} \tag{4-32}$$

其中 $v_{rt,i-1,i}$ 和 $v_{m,i-1,i}$ 是纤维段 $(i-1,i)$ 与气流场的相对速度 $\boldsymbol{v}_{ri,i-1}$ 沿纤维轴向和垂直于纤维轴向的两个分量。它们的表达式为：

$$v_{rti-1,i}=\boldsymbol{v}_{ri-1,i}\cdot\boldsymbol{f}_{t} \tag{4-33}$$

$$v_{mi-1,i}=\boldsymbol{v}_{ri-1,i}\cdot\boldsymbol{f}_{n} \tag{4-34}$$

为了计算气流力，首先需要依据式（4-33）和式（4-34）计算出纤维的速度分量 $v_{rt,i-1,i}$ 和 $v_{m,i-1,i}$，然后计算出纤维摩擦阻力系数 C_{f} 和压差阻力系数 C_{p}，再依据式（4-31）和式（4-32）分别计算出压差阻力 $\boldsymbol{F}_{p,i-1,i}$ 和摩擦阻力 $\boldsymbol{F}_{f,i-1,i}$，最后根据式（4-23）计算出纤维受到的气流力。

1.2.3　黏弹力

聚合物熔体具有一定的黏性和弹性，采用胡克弹簧表征其弹性，牛顿黏壶用来表征其黏性。对于纤维微元 $(i-1,i)$，其内应力 $\sigma_{i-1,i}$ 随时间 t 的变化关系可以通过下式描述：

$$\frac{\mathrm{d}\sigma_{i-1,i}}{\mathrm{d}t}=E\frac{1}{l_{i-1,i}}\frac{\mathrm{d}l_{i-1,i}}{\mathrm{d}t}-\frac{\sigma_{i-1,i}}{\lambda_{i-1,i}} \tag{4-35}$$

式中：E 是纤维弹性模量。

从式(4-35)可以看出，纤维段$(i-1, i)$的内应力 $\sigma_{i-1,i}$ 随时间 t 的改变量由两部分组成，即等式右边的两项。第一项是由急弹性变形引起的应力变化，它与纤维段$(i-1, i)$的长度变化量 $\mathrm{d}l_{i-1,i}/\mathrm{d}t$ 密切相关，即与球 i 和 $i-1$ 的相对速度相关。第二项是一个与历史应力有关的量，为内应力与应力松弛时间的比值。根据下式，可以计算出作用在纤维段$(i-1, i)$上的净黏弹力：

$$\boldsymbol{F}_{ve,i-1,i} = \frac{\pi d_{i-1,i}^2}{4}\sigma_{i-1,i}\left(\frac{x_i - x_{i-1}}{l_{i-1,i}}\boldsymbol{i} + \frac{y_i - y_{i-1}}{l_{i-1,i}}\boldsymbol{j} + \frac{z_i - z_{i-1}}{l_{i-1,i}}\boldsymbol{k}\right) \tag{4-36}$$

从式(4-36)可以看出，纤维段$(i-1, i)$受到的黏弹力只与直径、内应力和球 i 与 $i-1$ 的位置有关。直径和内应力越大，则黏弹力越大，而球间隔越远，黏弹力越小。

1.2.4　表面张力

聚合物熔体在气流场中拉伸细化的过程其实也是一个使熔体比表面积增大的过程，为了使体系自由能降低，表面张力要使熔体表面趋于最小，这是一种抗拒拉伸的行为。为了描述表面张力对球 i 的作用，需要采用由$(i-1, i)$和$(i, i+1)$组成的纤维片段。在正常纺丝过程中，纤维会在各个方向发生弯曲变形，而纤维弯曲变形会导致其比表面积增加，进而引起表面能和表面张力都增大，纤维段$(i-1, i)$增加的表面张力的表达式为：

$$\boldsymbol{F}_{s,i-1,i} = \frac{\theta\pi d_{i-1,i}^2 k_{i-1,i}}{4\left[\dfrac{(x_{i-1} + x_i)^2}{2} + \dfrac{(y_{i-1} + y_i)^2}{2}\right]^{1/2}} \cdot$$
$$\left[\boldsymbol{i}\left|\frac{x_{i-1} + x_i}{2}\right|\mathrm{sign}\left(\frac{x_{i-1} + x_i}{2}\right) + \boldsymbol{j}\left|\frac{y_{i-1} + y_i}{2}\right|\mathrm{sign}\left(\frac{y_{i-1} + y_i}{2}\right)\right] \tag{4-37}$$

式中：$k_{c,i-1,i}$ 是纤维段的平均曲率。

在计算过程中，一般认为 $k_{c,i-1,i}$ 为纤维段在球 i 处和 $i-1$ 处曲率的平均值，即 $k_{c,i-1,i} = \dfrac{1}{2}(k_{c,i} + k_{c,i-1})$。球 i 的空间位置 $\boldsymbol{r}_i$ 可以表示为 $\boldsymbol{r}_i = \boldsymbol{i}x_i + \boldsymbol{j}y_i + \boldsymbol{k}z_i$，其曲率为：

$$k_{c,i} = |\boldsymbol{r}_i' + \boldsymbol{r}_i''| \tag{4-38}$$

上式中 $\boldsymbol{r}_i'$ 和 $\boldsymbol{r}_i''$ 分别是位移的一阶导数和二阶导数，它们的表达式为：

$$\boldsymbol{r}_i' = \frac{\boldsymbol{r}_{i+1} - \boldsymbol{r}_{i-1}}{l_{i-1,i} + l_{i,i+1}} \tag{4-39}$$

$$\boldsymbol{r}_i'' = \frac{\boldsymbol{r}_{i+1} - 2\boldsymbol{r}_i + \boldsymbol{r}_{i-1}}{l_{i-1,i}l_{i,i+1}} \tag{4-40}$$

又因为 $\boldsymbol{r}'_i$ 和 $\boldsymbol{r}''_i$ 是互相垂直的两个量，所以式(4-38)还可以写成：

$$k_{c,i} = |\boldsymbol{r}'_i| \cdot |\boldsymbol{r}''_i| \tag{4-41}$$

1.2.5 流变应力

Denn 等[6]采用下式描述了熔纺条件下纤维段受到的流变应力：

$$\boldsymbol{F}_{rh,i-1,i} = \boldsymbol{N}_{2,i-1,i} \cdot \frac{\pi d_{i-1,i}^2}{4} \tag{4-42}$$

由张量分析可知，在理想拉伸状态下，有 $\boldsymbol{N}_2 = \boldsymbol{\tau}^t - \boldsymbol{\tau}^n$，其中 $\boldsymbol{\tau}^t$ 和 $\boldsymbol{\tau}^n$ 分别为轴向偏应力张量和法向偏应力张量。由于熔融聚合物的非牛顿性，为了计算这两个张量，可引入多种非牛顿流体本构方程，如：

UCM 方程：
$$\boldsymbol{\tau} + \lambda \overset{\triangledown}{\boldsymbol{\tau}} = 2\eta_f \boldsymbol{D} \tag{4-43}$$

PTT 方程：
$$f(tr(\boldsymbol{\tau})) \cdot \boldsymbol{\tau} + \lambda \overset{\triangledown}{\boldsymbol{\tau}} = 2\eta_f \boldsymbol{D} \tag{4-44}$$

Giesekus 方程：
$$\boldsymbol{\tau} + \frac{\xi\lambda}{\eta_f}(\boldsymbol{\tau} \cdot \boldsymbol{\tau}) + \lambda \overset{\triangledown}{\boldsymbol{\tau}} = 2\eta_f \boldsymbol{D} \tag{4-45}$$

Rouse-Zimm 方程：
$$\boldsymbol{\tau} + \lambda \overset{\triangledown}{\boldsymbol{\tau}} = NK_B \boldsymbol{TI} \tag{4-46}$$

式中：$\overset{\triangledown}{\boldsymbol{\tau}}$ 为 Oldroyd 随体导数；$\boldsymbol{T}$ 为纤维的拉伸应力张量；$\boldsymbol{I}$ 为单位张量。

Bird 等[20]认为 ξ 是一个模型参数，与各向异性的布朗运动或者各向异性的流体拉力有关，其值在 0 与 1 之间，若为 0，则 Giesekus 方程变为 UCM 方程（上随体方程），而 Shin 等[27]认为 $\xi = 0.9$。由于之前已经定义纤维方向，且仅为计算两个偏应力张量的分量，故本构方程即式(4-43)～式(4-46)中不再考虑纤维的旋转，仅考虑纤维的拉伸。假设纤维的拉伸为不可压缩流体的理想拉伸，则纤维在 z 轴方向被拉伸时必在 x、y 轴方向收缩，且收缩程度相同，即泊松比等于 0.5，则偏应力张量和形变速率张量可以写成：

$$\boldsymbol{\tau} = \begin{bmatrix} \tau^n & & \\ & \tau^n & \\ & & \tau^t \end{bmatrix} = \begin{bmatrix} T^n + p_f & & \\ & T^n + p_f & \\ & & T^t + p_f \end{bmatrix} \tag{4-47}$$

$$\boldsymbol{D} = \begin{bmatrix} -\dfrac{1}{2}\dfrac{\partial v_f}{\partial z} & & \\ & -\dfrac{1}{2}\dfrac{\partial v_f}{\partial z} & \\ & & \dfrac{\partial v_f}{\partial z} \end{bmatrix} \tag{4-48}$$

式中：上标"n"和"t"分别表示纤维的轴向和垂直轴向方向；p_f为熔体各向同性压力。

根据张量分解定理，有 $T = -PI + \tau$，$I = \begin{bmatrix} 1 & & \\ & 1 & \\ & & 1 \end{bmatrix}$。

将式(4-43)～式(4-48)代入式(4-42)，可分别求出不同非牛顿流体本构方程条件下的偏应力张量 τ 及其两个分量 τ^t 和 τ^n，进而求出流变应力。

1.2.6　纤维拉伸模型的控制方程

综上所述，聚合物熔体在熔喷过程中主要受到气流力、黏弹力、表面张力以及重力的作用。其中：气流力是气流场作用于聚合物熔体的，为主要的牵伸力；黏弹力及表面张力有阻碍拉伸的作用；重力在垂直向下的熔喷工艺中可以起到辅助拉伸作用。根据牛顿第二运动定律，物体随时间变化的动量变化率等于物体所受外力之和，因此纤维拉伸模型的控制方程为：

$$m_{i-1,i} \frac{\mathrm{d}^2(r_{i-1} - r_i)}{\mathrm{d}t^2} = F_{d,i-1,i} + F_{ve,i-1,i} + F_{b,i-1,i} + m_{i-1,i}g \qquad (4\text{-}49)$$

1.2.7　受力平衡条件

与经典的一维模型相同，当纤维处于"凝固点"时，纤维的合外力等于纤维内部的流变力，即：

$$F_{rheo} = F_d + F_{ve} + F_b + mg \qquad (4\text{-}50)$$

此时，纤维的各项物理性能稳定，不再变化。这也是纤维段各物理参数停止计算的条件。

1.3　纤维的初始扰动分布规律

Arkady[28]将纤维运动看成是随机运动，所以如果采用分布函数来描述纤维初始位置，则更显合理。美国俄赫拉荷马大学的 Chhabra 等[29]在研究熔喷纤网的结构时发现，成网帘静止时收集到的纤维在纤网中的幅宽方向（CD）和机器方向（MD）近似呈二维正态分布。Chhabra 等在不同位置收集纤网，都得到了同样的结果。由此得出结论：如果有一个接收面可以让气流和纤维完美通过，只在纤维通过的地方留下一个点，接收一段时间后，接收面上的点的分布即满足二维正态分布，并且该分布等于纤维在相同接收距离处接收的纤网中的分布。

根据他们的结论，提出一个方案：在距离喷丝孔 1 mm 的位置（Sinha-Ray 等[10]认为纤维扰动是从距离喷丝孔约 1 mm 处开始的）接收纤网，并测量纤维在该纤网中的分布，以获得相应的二维分布，再采用该二维分布在计算机中生成纤维的初始扰动振幅。然而在熔喷工艺中,喷丝孔附近的熔体被高速气流拉伸,其过程是相当快速甚至几乎是瞬时的,即使使用高速摄像机,也难以拍摄清楚。目前研究人员[10,30,31]拍摄到的纤维振动情况都是在距离喷丝孔一定位置出现的,纤维振幅频率下降,湍流作用减弱。所以,目前采用的实验方法中,要记录纤维在靠近喷丝孔的扰动情况,几乎是不可能的。

在尝试多次后,修正了提出的方案:在远离喷丝孔的不同位置接收纤网,并采用图像处理技术计算相应的二维正态分布,将二维正态分布参数与接收距离进行线性拟合,以获得分布参数与接收距离的相关函数,最终计算出喷丝孔附近 1 mm 处纤网的二维正态分布参数,并根据该参数写出二维正态分布函数,进而在计算机内生成纤维的初始扰动振幅。

1.3.1 纤网拍摄实验

第一步,打开 F-6D 型熔喷实验机,如图 4-4 所示。先打开控制电源开关,再打开加热电源开关。将相应仪表的示数调整到需要的数据,如螺杆挤出机的三个加热区的温度都调节到 260 ℃,空气加热器的温度设定为 380 ℃。于是,熔喷实验装置开始预热,螺杆挤出机和熔喷喷丝孔组合件开始加热升温。一段时间后,当所有加热部位均达到设定温度后,"恒温过程"指示灯点亮;再恒温 20 min 后,"恒温过程"指示灯熄灭,"恒温结束"指示灯点亮,可以启动计量泵进行试验。

图 4-4 F-6D 型熔喷实验机

第二步,纤网接收。设定牵伸气流出口压强为 0.15 MPa,熔体流量计的流量设定为 0.39 mL/min。将聚丙烯切片原料喂入螺杆挤出料斗,打开空气和熔体流量开关,待纺丝过程稳定后,将准备好的成网帘置于距离喷丝孔下方不同的位置(4 cm、5 cm、10 cm、15 cm、20 cm、25 cm),接收纤网。

第三步,获取纤网图像。将冷却后的纤网小心地从成网帘上取下,放置于透明玻璃板上,并在玻璃板上放置一暗箱,其顶部有一盏 LED 灯。玻璃板下方固定距离处有一数码相机,用来拍摄纤网图像。

第四步,采用图像处理方法获得纤维在纤网中的分布。该方法与曾跃民等[32]的研究类似,他们通过显微镜观察非织造布,发现了透射光强与纤网质量的关系,质量越大,透射光强越弱,反之则越强。所以在图像处理中,光强的变化直接影响灰度的变化,通过分析图像的灰度,可了解纤维在纤网中的分布情况。

1.3.2 纤网的灰度分布计算

图 4-5(a)为采用上一小节实验拍摄的一幅纤网图像,可以发现,纤网的中心区域较

暗,周边较亮。这是由于纤维在中心区域分布较多而在周围边区域分布较少而产生的。将图 4-5(a) 灰度化后,图像的灰度值在 0～255。0 代表黑,255 代表白。所以图像中心区域的灰度值较低,而周边区域的灰度值较高。这与纤维在纤网中的数量分布刚好相反。为了能让灰度值的变化与纤维分布的变化一致,需对图像进行"求反",即用"255"减去图像中的所有灰度值,得到图 4-5(b) 所示图像,其灰度值以矩阵形式 $(m_c \times n_c)$ 存储在 Matlab 中,如表 4-1 所示,$G_{i,j}$ 表示灰度值。该表既给出了图像的灰度值分布,也给出了纤网中的纤维分布。

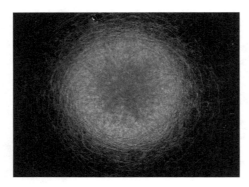

| (a) 原纤网图像 | (b) 处理后的纤网图像 |

图 4-5　纤网图像处理

表 4-1　灰度图像的存储形式

序号	1	2	3	...	n_c
1	$G_{1,1}$	$G_{1,2}$	$G_{1,3}$	...	G_{1,n_c}
2	$G_{2,1}$	$G_{2,2}$	$G_{2,3}$	...	G_{2,n_c}
3	$G_{3,1}$	$G_{3,2}$	$G_{3,3}$	...	G_{3,n_c}
...	...	...	...	...	...
m_c	$G_{mc,1}$	$G_{mc,2}$	$G_{mc,3}$	...	$G_{mc,nc}$

根据表 4-1,纤维分布参数可依下式计算:

$$p_x = \frac{\sum_{j=1}^{n_c} \left[(j - k_w) \sum_{i=1}^{m_c} G_{i,j} \right]}{\sum_{i=1}^{m_c} \sum_{j=1}^{n_c} G_{i,j}} \tag{4-51}$$

$$p_y = \frac{\sum_{i=1}^{m_c} \left[(i - h_w) \sum_{j=1}^{n_c} G_{i,j} \right]}{\sum_{i=1}^{m_c} \sum_{j=1}^{n_c} G_{i,j}} \tag{4-52}$$

$$S_x^2 = \frac{\sum\limits_{j=1}^{n_c}\left[(j-k_w-p_x)^2\sum\limits_{i=1}^{m_c}G_{i,j}\right]}{\sum\limits_{i=1}^{m_c}\sum\limits_{j=1}^{n_c}G_{i,j}} \tag{4-53}$$

$$S_y^2 = \frac{\sum\limits_{i=1}^{m_c}\left[(i-h_w-p_y)^2\sum\limits_{j=1}^{n_c}G_{i,j}\right]}{\sum\limits_{i=1}^{m_c}\sum\limits_{j=1}^{n_c}G_{i,j}} \tag{4-54}$$

$$\gamma = \frac{\sum\limits_{i=1}^{m_c}\sum\limits_{j=1}^{n_c}(j-k_w-p_x)(i-h_w-p_y)G_{i,j}}{S_xS_y\sum\limits_{i=1}^{m_c}\sum\limits_{j=1}^{n_c}G_{i,j}} \tag{4-55}$$

式中：p_x 为球 CD 方向的平均位置；p_y 为球 MD 方向的平均位置；纤网的中心位置为矩阵的第 h_w 行、第 k_w 列；m 与 n 分别是灰度矩阵的行列数；S_x^2 和 S_y^2 是分布方差；γ_c 是相关系数。

采用上述方法可计算不同接收位置的二维正态分布参数并加以拟合。

由于采用实验的手段很难接收到距离喷丝孔很近的纤网，根据拟合结果可以从理论上得到距离喷丝孔 1 mm 位置的纤维扰动的二维分布参数。模拟计算获得的分布参数为：$S_x^2 = 17\,561$，$S_y^2 = 17\,774$，$\gamma_c = -0.012\,9$，$p_x = 21$，$p_y = 15$。将此分布参数代入二维正态分布公式，即可以写出具体的分布函数：

$$p(x,y) = \frac{1}{2\pi\sqrt{S_x^2 \times S_y^2 \cdot (1-\gamma^2)}}e^{-\frac{1}{2(1-\gamma_c^2)}\left[\frac{(x-p_x)^2}{S_x^2}-2\gamma\frac{(x-p_x)(y-p_y)}{S_xS_y}+\frac{(y-p_y)^2}{S_y^2}\right]} \tag{4-56}$$

1.3.3 纤维初始扰动的计算机生成

根据获得的分布函数，可以采用计算机生成满足分布的纤维初始扰动的随机振幅。然而，由计算机生成的纤维初始扰动的随机振幅与实际情况仍有差别。原因如下：

假设某纤维段由球 1 和 2 组成，当球 1 在空间位置 A 处时，球 2 有很大概率在 A 处的附近，而只有很小的概率出现在远离 A 的位置。同理，与该纤维段相连的另一纤维段上的球 3 有很大概率出现在球 2 的附近。整个熔喷纤维由 N 个球以上述方式组合而成。然而，在计算机直接生成的纤维初始扰动振幅中，N 个球的振幅并无关联，而是完全独立的，这与实际情况不符。

虽然这样的结果也满足二维正态分布，但是物理意义却大不相同。为了确保各球之间的联系，采用蒙特卡洛抽样法生成纤维初始扰动振幅，具体步骤如下：

（1）步骤 1。根据上述获得的分布函数,首先随机生成一组两个方向的振幅 x_1 与 y_1,再假设与此组振幅接近的另一组振幅 x^* 与 y_1 满足标准二维正态分布。

（2）步骤 2。根据蒙特卡洛抽样法,计算接收率:

$$\zeta = \min\left[1, \frac{p(x^*, y_1)}{p(x_1, y_1)} \cdot \frac{q(x_1 \mid x^*)}{q(x^* \mid x_1)}\right] \tag{4-57}$$

上式中,p 为纤维初始扰动振幅的二维正态分布概率,q 为标准二维正态分布概率。

（3）步骤 3。依据均匀分布 $U(0, 1)$,产生一个数字 μ。如果 $\mu \leqslant \zeta$,则接受步骤 1 中的假设,认为振幅 x^* 与 y_1 满足标准二维正态分布,有 $x_2 = x^*$,否则 $x_2 = x_1$。

（4）步骤 4。假设与振幅 x_2 和 y_1 接近的一组振幅 x_2 和 y^* 满足标准二维正态分布。

（5）步骤 5。计算接收率:

$$\zeta = \min\left[1, \frac{p(x_1, y^*)}{p(x_2, y_1)} \cdot \frac{q(y_1 \mid y^*)}{q(y^* \mid y_1)}\right] \tag{4-58}$$

（6）步骤 6。依据均匀分布 $U(0, 1)$,产生一个数字 μ。如果 $\mu \leqslant \zeta$,则接受步骤 4 中的假设,认为 x_2 和 y^* 满足标准二维正态分布,有 $y_2 = y^*$,否则 $y_2 = y_1$。

根据上述步骤 1~6,计算 400 组振幅数据,如图 4-6 所示,该计算结果与 Xie 等[30]的测量结果相似。在熔喷纤网的成形过程模拟中,采用由 400 个球组成的球链模型模拟纤维,每当一个球到达距离喷丝孔 1 mm 的位置,即将计算的振幅赋予该球,使得该球的扰动符合实际。

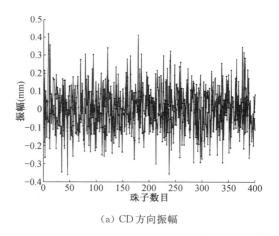

(a) CD 方向振幅

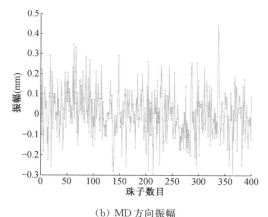

(b) MD 方向振幅

图 4-6　纤维初始扰动振幅

1.4　纤维与成网帘动力学模型

纤维在成网帘上集聚形成一种网状结构,这种纤维网作为熔喷非织造布的中间产物,其结构均匀性将直接影响最终产品的性能。如其面密度不匀将影响非织造布的力学性能,孔径分布不匀将影响非织造布的过滤效能。为改善熔喷纤维集聚形态的均匀性,关键是对其成形机理进行深入研究。近年来,国内外科研人员对熔喷纤维成形机理的研究虽日趋成熟,却鲜有研究将"纤维"拓展到"纤网"。所以,类似建立熔喷纤维拉伸的三维模型,建立了纤维集聚形态的理论模型。该理论模型关注纤维沉积在成网帘上后,纤维在来自成网帘下方的抽吸风和来自上方的喷射气流尾端的共同作用下的受力、运动与形变问题。

1.4.1 气流力

纤维在成网帘表面受到气流吹喷,该气流产生于成网帘下方的抽吸风和上方的喷射气流尾端。在笛卡尔坐标系下,纤维受到的气流力可分解为三个方向。其中一个是方向为 z 轴、垂直于成网帘表面的力,它使得纤维受压迫,并贴合于成网帘表面。另外两个方向的力在 x-y 面(即成网帘表面),其作用是使纤维在成网帘表面运动。此处讨论的气流力,即成网帘表面的气流力分量,如图4-7所示。

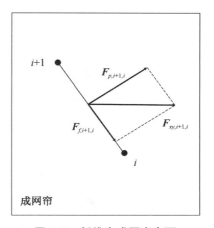

图4-7 纤维在成网帘表面受到的气流力

纤维受到的气流力在成网帘表面内可分解为纤维-气流的摩擦阻力 F_f 和沿纤维径向的推力 F_p,即:

$$\boldsymbol{F}_{xy,i-1,i} = \boldsymbol{F}_{f,i-1,i} + \boldsymbol{F}_{p,i-1,i} \tag{4-59}$$

$$\boldsymbol{F}_{f,i-1,i} = \frac{1}{2} C_{f,i-1,i} \rho_a \boldsymbol{v}_{rt,i-1,i}^2 \pi d_{i-1,i} l_{i-1,i} \tag{4-60}$$

$$\boldsymbol{F}_{p,i-1,i} = \frac{1}{2} C_{p,i-1,i} \rho_a \boldsymbol{v}_{rn,i-1,i}^2 d_{i-1,i} l_{i-1,i} \tag{4-61}$$

上式中各参数意义与本章"1.2"部分纤维-气流动力学模型中的参数意义相同。相对速度沿纤维轴向和径向的分量可采用下式计算:

$$\boldsymbol{v}_{rt,i-1,i} = \frac{|\boldsymbol{v}_{r,i-1,i}| \cdot \cos \psi}{|\boldsymbol{r}_i - \boldsymbol{r}_{i-1}|} \cdot (\boldsymbol{r}_i - \boldsymbol{r}_{i-1}) \tag{4-62}$$

$$\boldsymbol{v}_{rn,i-1,i} = \boldsymbol{v}_{r,i-1,i} - \boldsymbol{v}_{rt,i-1,i} \tag{4-63}$$

1.4.2 摩擦力

纤维在成网帘上运动时,还受到成网帘的摩擦力。根据库伦摩擦定律,纤维受到的摩擦力可表达为:

$$F_{s,i-1,i} = \gamma_{f,i-1,i}(F_{z,i-1,i} + m_{i-1,i}g) \tag{4-64}$$

式中：γ_f 是纤维与成网帘之间的摩擦系数；F_z 是气流产生的垂直于成网帘表面的压力，其与纤维重力的合力再乘摩擦系数即纤维在成网帘表面受到的摩擦力。

在 Waichiro 等[33]的研究中，有聚丙烯纤维的移动速度与其摩擦系数的实验，这里采用以下拟合方程将其实验数据进行处理：

$$\gamma_{f,i,i+1} = \frac{p_1 v_{f,i,i+1}^2 + p_2 v_{f,i,i+1} + p_3}{v_{f,i,i+1}^2 + q_1 v_{f,i,i+1} + q_2} \tag{4-65}$$

式中：p 和 q 都是模拟参数，其值分别为 $p_1 = 0.571\,4$，$p_2 = 0.028\,57$，$p_3 = 1.741 \times 10^{-4}$，$q_1 = 0.130\,8$，$q_2 = 2.935 \times 10^{-4}$。

但是，需要注意，实际的黏弹材料的摩擦行为是一种黏附摩擦，比库仑摩擦定律更为复杂。这里不讨论黏弹材料的摩擦行为，感兴趣的读者可自行阅读相关文献，进而改进式(4-64)。F_z 可依据式(4-31)写为：

$$F_{z,i,i+1} = \frac{1}{2} C_{p,i,i+1} \rho_a v_{az,i,i+1}^2 d_{i,i+1} l_{i,i+1} \tag{4-66}$$

1.4.3 基于牛顿第二运动定律的控制方程

纤维在成网帘上的控制方程为：

$$m_{i,i+1} \frac{\mathrm{d}^2(r_i - r_{i+1})}{\mathrm{d}t^2} = F_{xy,i,i+1} + F_{s,i,i+1} + F_{b,i,i+1} \tag{4-67}$$

式中：F_b 为表面张力，与式(4-36)的计算方法一致。

1.5 纤维集聚形态的参数计算方法

纤维-气流动力学模型的计算方法已发表相关论文，读者可查阅相应文献[34-36]。模型首先计算出所有纤维在成网帘上的位置，再利用计算机进一步统计分析纤维集聚形态结构参数，包括纤维直径分布、孔径分布、纤维取向分布、面密度分布和孔隙率等，各参数的具体计算方法如下：

1.5.1 纤维直径分布

纤维段 $(i-1, i)$ 的直径由模型通过计算 $d_{i-1,i}$ 得到，随后统计纤维集聚形态结构中各纤维段的直径，计算出平均直径、直径变异系数，并画出纤维直径分布直方图。

1.5.2 纤维取向分布

在接收平面内，纤维段 $(i-1, i)$ 的两端坐标已知晓，只需计算出纤维段

$(i-1，i)$ 所在直线与 x 轴的夹角(因为成网帘沿 x 方向运动)，该夹角即纤维段沉积在成网帘表面上的取向角，然后统计所有纤维段的取向角，并计算平均取向角及取向角变异系数，最后画出纤维取向分布直方图。

$$\arctan \psi_x = \left| \frac{y_i - y_{i-1}}{x_i - x_{i-1}} \right| \tag{4-68}$$

1.5.3　面密度分布

在测量面密度分布的实验中，一般将纤维网分割成等面积的小块，称取各小块的质量，计算单位面积质量，画出面密度分布图。在模型计算中，采用与实验相同的方法，将纤维的集聚模型划分为一个个小区块，统计各小区块内的纤维根数、长度，然后依据式(4-69)计算小区块内纤维总质量，再根据小区块位置画出立体的面密度分布图，最后计算出面密度分布参数、面密度均值和面密度变异系数。

$$BW = \pi \rho_f \sum_{i=1}^{n} \left(\frac{d_{i-1,i}}{2} \right)^2 l_{i-1,i} \tag{4-69}$$

1.5.4　孔径分布

孔径分布稍微复杂，如图 4-8(a)所示，若有几根纤维以此形态落在成网帘上，它们便围成 6 个封闭区域。纤维与纤维之间的交点如图 4-8(b)所示，以区域 6 为例，讲解计算机识别封闭区域，并计算其面积的流程。选择区域 6 中的一条边和一个点分别作为起始边和起始点。假设以 AB 为起始边，以 A 为起始点。A 点逆时针沿 AB 搜索与 A 共线的点，当搜索到 B 点后，第三个点有三个备选，分别为 C、D、E。此时，沿与 AB 顺时针方向夹角最小的路径搜索，即可准确定位到 C 点(若夹角为 0 则等价于180°)。随后，有 F、G 两个备选，同样，搜索与 BC 顺时针方向夹角最小的路径，即可准确定位到 G 点。反复执行上述搜索，可回到点 A，此时可以认为计算机搜索过的路径为一个封闭区域。为了计

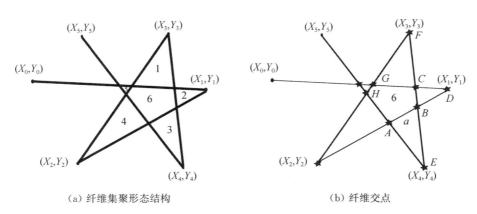

(a) 纤维集聚形态结构　　　　　　　　(b) 纤维交点

图 4-8　纤维集聚形态结构中孔径求解方法

算封闭区域的面积,可以将该区域划分为三个三角形,如图 4-9 所示,计算各三角形的面积。其中三角形 ACG 的面积可以依式(4-70)计算。将获得的三角形面积相加,可最终获得封闭区域的面积,即孔的面积。将该面积等效为一个同等面积的圆,并计算直径,即等效孔径。最后统计孔径分布,并计算孔径平均值和孔径变异系数,画出孔径分布直方图。

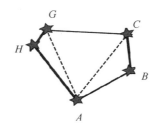

图 4-9 封闭区域面积求解方法

$$S_{ACG} = \frac{|\overrightarrow{AG} \times \overrightarrow{AC}|}{2} \tag{4-70}$$

1.6 模拟程序的运行

1.6.1 纤维在气流中的动力学模型程序运行方法

使用的模拟工具为 Matlab 2020 软件,将纤维-气流动力学模型方程编程并计算求解。在求解熔喷拉伸模型时,需要将熔喷气流场(包括速度场和温度场)的模拟结果作为已知条件导入 Matlab。下面介绍具体计算步骤:

步骤 1:基于第三章获得的熔喷气流场的速度和温度分布,拟合出速度和温度随空间坐标变化的六个方程。

步骤 2:在模拟初始阶段($t=0$),系统中已有两个球形成的一个纤维段,沿 z 轴分布,这两个球与喷丝孔中心位置(坐标原点)呈三点一线配置,并且球 1 到球 2 的距离与球 2 到喷丝孔中心位置的距离相等,为 l_0。赋予纤维段初始物理量,包括质量、温度和结晶度等。其他物理量诸如密度、黏度等可由相应公式计算。此时,纤维还没有开始运动,其所受合外力为 0。

步骤 3:计算开始时,读取球 1 和球 2 在空间中的位置。结合该位置与步骤 1 获得的气流场速度和温度的六个拟合方程,计算出球 1 和球 2 周围的气流场温度和速度,进而计算出纤维所受的力,包括气流力、黏弹力、重力、表面张力和流变应力。根据合力的大小和方向,模拟纤维下一步的位置。

步骤 4:一个时间步长 Δt 后,纤维段移动到步骤 3 模拟的位置,此时计算纤维在过去时间内的速度。由于时间非常短,可认为纤维做匀速运动,即采用位移除以时间的方法计算纤维在过去时间内的速度。由于移动到新位置,纤维周围空气温度和速度发生了变化,需要重新计算纤维新位置的空气速度和温度。

步骤 5:当球 2 与喷丝孔的距离达到一个定值时,在喷丝孔处增加球 3。此时,系统中有两个纤维段,即由球 1、球 2 形成的纤维段 1 和球 2、球 3 形成的纤维段 2。根据步骤 2 的方法,赋予纤维段 2 相应的物理属性。

步骤6：当某个球到达距离喷丝孔1 mm的位置时，将由式(4-57)计算得到的初始扰动赋给此球。

重复上述步骤4～6，当纤维段受到的合力等于流变应力时，纤维段"凝固"，其物理量不再变化，但速度仍受到合外力影响，当纤维段的z轴坐标达到接收距离时，则纤维段的速度归零，位置不再改变。当整个系统中参与计算的球总数达到400(球数量越多，计算结果越精确，所需的计算量也越大)，计算即停止。计算完成后，程序可输出每个纤维段在计算时间内的坐标、速度、直径、温度等物理量。

1.6.2 纤维在成网帘上的动力学模型程序运行方法

在计算前，仍需模拟计算出成网帘表面的气流场速度。纤维-气流动力学模型的计算方法与纤维成形理论模型的计算方法类似：

第一步，将纤维成形理论模型中纤维落在成网帘上的位置坐标、直径等导入纤维-气流动力学模型，作为初始数值。

第二步，读取纤维段$(i, i+1)$处的气流场速度，分别计算气流力、摩擦力、表面张力，并根据控制方程计算出纤维在下个时间段的速度。

第三步，根据成网帘的移动速度，计算出纤维与成网帘的相对速度，并求出纤维在下个时间段落在成网帘上的坐标。

第四步，反复执行第二步至第三步。当另一根纤维下落至成网帘上时，对该纤维执行相同步骤。直到所有的纤维落在成网帘上，则程序停止运行。

需要注意的是，纤维落在成网帘上的时间和速度是由纤维成形理论模型计算得到的。待计算完毕，纤维与纤维相互交叉形成网络结构，即模拟获得的纤维集聚形态结构。

2 工况条件对纤维物性及集聚形态结构的影响

基于建立好的模型，研究工况条件与纤维物性的关联，将工况条件(接收距离、初始气流压强、模头温度、聚合物流率)作为自变量，将纤维物性(纤维直径、温度、速度、结晶度、振幅等)作为因变量。此外，还要关注上述工况条件外的吸风负压、铺网速度对于成网帘上纤维聚集态结构参数的影响，包括直径分布、取向分布、面密度分布和孔径分布。

2.1 工况条件对纤维物性的影响

2.1.1 接收距离对纤维结构的影响

纤维沿着z方向结晶变化曲线如图4-10所示。纤维在$z=0$即喷丝孔位置，初始结晶度为 0,随后结晶度缓慢上升,直到纤维距离喷丝孔 2 cm 时,纤维结晶度开始快速升高,至 $z \approx 5$ cm 时,纤维结晶度达到最大值"0.1"。该模拟结果与 Jarecki 等[37]的模拟结果类似。在 $z = 0 \sim 5$ cm 范围内,纤维被高速喷射气流拉伸和挤压,纤维的物理性能变化最剧烈。纤维结晶度的快速增加是温度和合外力共同作用的结果。当纤维离开 $z = 0 \sim 5$ cm 区域后,纤维结晶度保持恒定,

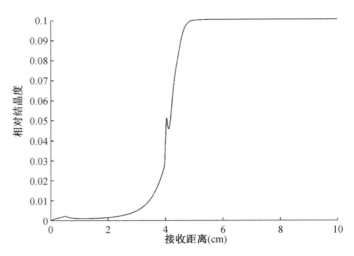

图 4-10　纤维结晶度沿纺丝中心线的变化

应是纤维逐渐固化,其物理性能逐渐趋于稳定的结果。

在 Sun 等[13]的模型中,纤维温度方程没有考虑纤维的结晶热和热辐射,模拟计算出的纤维温度变化如图 4-11 所示,纤维温度与 Marla 实验结果的偏离程度较大。随后,基于改进的能量方程进行分析,温度模拟结果与 Marla 实验结果的差距缩小。依据模拟结果,可以方便地分析纤维温度变化情况。熔体在流出喷丝孔后温度先上升,因为此时热空气的温度比纤维高,通过热对流和辐射将热量传递给纤维,导致纤维温度上升。随着纤维远离喷丝孔,气流与纤维的温度都逐渐衰减,但是纤维温度的衰减慢于气流温度,待气流温度低于纤维温度时,纤维开始辐射和对流放热并将热量传递给周围气流,其温度逐渐下降,直至与室温接近。

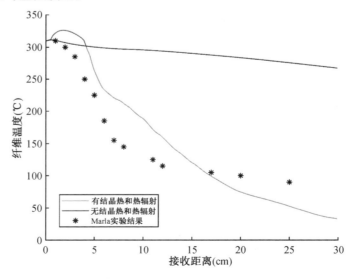

图 4-11　纤维温度沿纺丝中心线的变化

纤维速度模拟结果如图 4-12 所示,可以发现熔体自流出喷丝孔后,速度振荡上升。这是由于在喷丝孔处气流速度快,熔体流动速度慢,且熔体受到气流吹喷而产生鞭动效应,熔体速度振荡上升。距离喷丝孔约 5 cm 时,纤维速度达到最大(约 15 m/s),之后由于距离喷丝孔越远,气流速度越慢,气流对纤维的加速作用也逐渐减小,因此纤维速度也逐渐下降至 13～14 m/s。

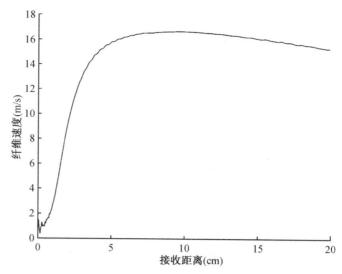

图 4-12 纤维速度沿纺丝中心线的变化

熔喷纤维直径不仅影响熔喷非织造布的性能,而且能体现出生产厂商的生产能力和水平,所以纤维直径往往是生产的关注重点,研究者也普遍关注纤维直径的模拟。图 4-13 中,纤维自喷丝孔喷出后,其初始直径为 400 μm(该值与喷丝孔直径相等),随后在距离喷丝孔 5 cm 的区域内,由于高速气流较大的牵伸力,纤维快速细化直至 100 μm 以下,这与 Uyttendaele 等[9]的研究结果一致,即熔喷纤维的细化主要发生在喷丝孔附近。随后,在距离喷丝孔超过 5 cm 的范围内,气流速度下降,牵伸力减小,纤维进一步缓慢细化。

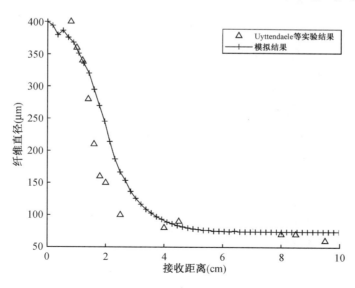

图 4-13 纤维直径沿纺丝中心线的变化

图 4-14 显示了纤维振动导致的纤维振幅变化曲线。纤维振幅通过计算珠子与纺丝中心线(自喷丝孔至成网帘的直线,垂直于成网帘平面)的间距得到。由图 4-14 可知,随

着纤维远离喷丝孔,其振幅呈逐渐增加的趋势。这主要是由于高速气流喷出后,附带的熔体细流有扩散趋势,造成纤维逐渐偏离纺丝中心线。较大的振幅导致纤维更容易落在成网帘的较大区域内,生成的纤网覆盖面积较大;同时,较大的振幅可能导致纤维飞出气流场,从而不受气流控制,形成"飞花"。

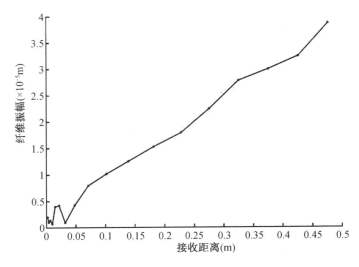

图 4-14 纤维振幅沿纺丝中心线的变化

纤维的内应力是指纤维的黏弹力与表面张力的增量之和。由图 4-15 所示,纤维内应力在喷丝孔附近达到最大,随着远离喷丝孔而逐渐下降并趋于稳定。由于两股高速射流在喷丝孔附近时速度最大,所以产生最大的气流拉伸应力,纤维受到这种强烈外应力作用时需要形变,故而内应力达到峰值。随着纤维远离喷丝孔,纤维周围气流速度逐渐衰减,其受到的外应力逐渐下降,内应力也下降。

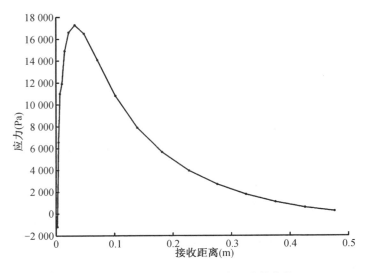

图 4-15 纤维内应力沿纺丝中心线的变化

2.1.2 气流压强对纤维物性的影响

图 4-16 展示了模拟的初始气流压强（狭槽附近的气流压强）对纤维直径的影响。熔体细流自喷丝孔喷出后逐渐被拉伸细化，纤维直径即纤维落在成网帘上的直径。纤维直径随着初始气流压强增加而减小，说明初始气流压强越大，对纤维的拉伸作用越剧烈。当初始气流压强为 400 kPa 时，获得的纤维直径最小可达约 6.8 μm。

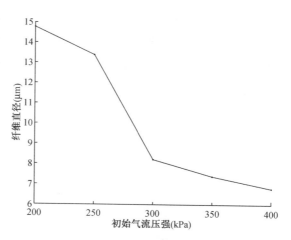

图 4-16 初始气流压强对纤维直径的影响

熔体细流自喷丝孔喷出后随气流运动，并逐渐被气流加速，直至达到最大速度，之后气流速度随着远离喷丝孔而逐渐衰减，纤维也减速直至落在成网帘上。图 4-17 展示了初始气流压强对纤维速度的影响，纤维速度随着初始气流压强增大而明显增大。

纤维振幅（喷丝孔至成网帘过程中纤维振幅平均值）随着初始气流压强增大而增大，由图 4-18 显示可知，当初始气流压强为 200 kPa 时，纤维振幅约为 2.7×10^{-5} m；而当初始气流压强为 400 kPa 时，振幅增大至约 4.9×10^{-5} m。该模拟结果说明初始气流压强越大，纤维鞭动越剧烈。

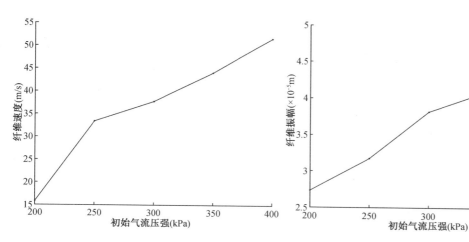

图 4-17 初始气流压强对纤维速度的影响

图 4-18 初始气流压强对纤维振幅的影响

2.1.3 气流温度对纤维物性的影响

图 4-19 和图 4-20 分别展示了模头温度（初始气流温度）对纤维直径和纤维温度（纤

维落在成网帘上的温度)的影响。通过模拟发现,初始气流温度越高,则气流温度在逐渐远离喷丝孔时衰减得越慢。纤维与气流之间的传热以对流和热辐射为主,气流温度随接收距离增加时下降缓慢,导致温度下降较难,所以最终的纤维温度较高。较高的纤维温度会导致纤维黏弹力较小,故而纤维更易被拉伸细化,所以初始气流温度越高,最终获得的纤维越细。

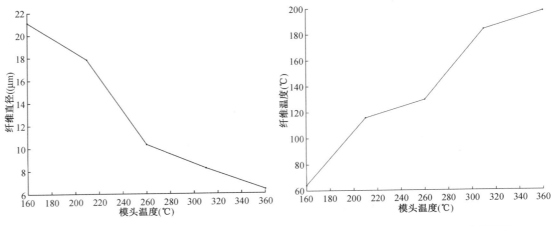

图 4-19 模头温度对纤维直径的影响　　　　图 4-20 模头温度对纤维温度的影响

2.1.4 聚合物流率对纤维结构的影响

聚合物流率越高,一定时间内流出喷丝孔的聚合物熔体就越多,这导致纤维直径越大,即纤维较粗。图 4-21 显示的模拟结果很好地证明了这一点。但是,模拟结果没有显示出聚合物流率对纤维温度、振幅等指标的影响。

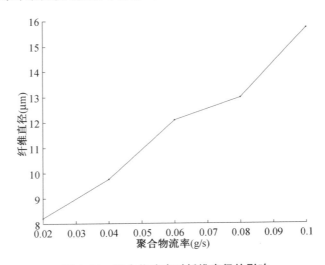

图 4-21 聚合物流率对纤维直径的影响

2.1.5　不同非牛顿流体本构方程模拟直径的区别

将 4 种非牛顿流体本构方程[式(4-43)～式(4-46)]用于计算流变应力,根据 Uyttendaele 等[9] 的研究,当纤维受到的合力等于流变应力时,纤维直径停止变化。下面结合该结论分析由不同的非牛顿流体本构方程得到的纤维直径。由图 4-22 所示,各类非牛顿流体本构方程中,Giesekus 方程获得的纤维直径与实验结果最为接近。但是模拟曲线在模头

下方 0～4 cm 区域内的纤维细化速度较慢,导致该区域内模拟结果与实验结果发生偏离。各类本构方程模拟的纤维直径分别为:Giesekus 方程 74.12 μm,PTT 方程 79.18 μm,UCM 方程 83.42 μm,Rouse-Zimm 方程 74.76 μm。造成纤维直径的模拟结果与实验结果有差距的原因可能是纤维-气流动力学模型没有考虑到纤维缠绕造成的纤维直径减小。Bresee 等[38-41] 以及其他研究者通过实验观察到,在商用的多孔熔喷过程中,纤维之间有明显的接触和缠绕,这些现象会使单根纤维直径减小。

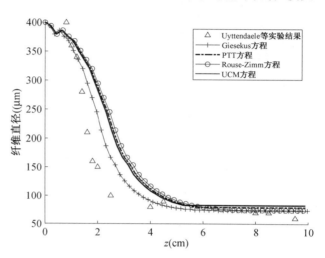

图 4-22　不同非牛顿流体效应下的熔喷纤维直径

2.2　工况条件对纤维集聚形态结构的影响

2.2.1　接收距离对纤维聚集形态结构的影响

通过模拟发现,纤维在成网帘上聚集时形成的纤网面密度分布总是体现出机器方向(MD)的变异系数较小,而垂直机器方向(CD)的变异系数较大的规律。这说明纤维在沉积时呈各向异性,在机器方向的面密度分布较均匀,而垂直机器方向的面密度分布较不匀。这主要是由成网帘运动导致的,熔喷纤维在机器方向被拉扯,因此机器方向的面密度均匀性大幅提升。

由于需要研究接收距离对纤网均匀性的影响,在模拟过程中,采用 5 个常用接收位置(50 cm、70 cm、90 cm、110 cm、130 cm)接收纤网。即在程序中设定多个 xy 面,它们分别在距离喷丝孔不同的位置,当珠子到达 xy 面时,记录该珠子的位置。随后,根据式(4-69)计算纤网面密度,并计算其变异系数。图 4-23 显示了模拟得到的面密度变异系数。面密度变异系数随着接收距离增加呈单调的增大现象。这意味着熔喷纤网随着接收距离的增加,其面密度均匀性逐渐变差。这一现象是符合实验结果的,当接收距离增

大后,纤维自喷丝孔至成网帘的路径较长,容易被气流吹散,引起纤网不匀。此外,纤网中的孔隙也随着接收距离增加而增多,同时分布更为分散,这也导致纤网面密度分布不匀。在模拟过程中,由于喷丝孔附近的珠子的横向振幅较小,纤维集中于纺丝中心线附近,纤网均匀性较好;随着接收距离增大,由于珠子的横向振幅也逐渐增大,远离纺丝中心线的纤维逐渐增多,纤网均匀性下降。

图 4-24 显示了随着接收距离增加,珠子可以轻松运动到更远的位置,在不增加珠子数目的前提下,落在成网帘上的纤维集合体的平均孔径逐渐增大。这与实验情况相符,接收距离增加会导致纤维在成网帘上的覆盖面积更大,纤维集合体更薄,纤维集合体中的大孔增多,平均孔径增大。

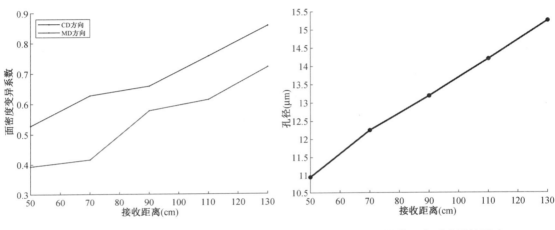

图 4-23 接收距离对面密度变异系数的影响   图 4-24 接收距离对孔径的影响

2.2.2 气流压强对纤维聚集形态结构的影响

气流压强对面密度的影响显示在图 4-25 中,面密度变异系数随着气流压强增大而减小。这种现象的出现应是由于气流压强增加会导致纤维变细。单位面积中,若纤维较细,则纤维数量较多,若纤维较粗,则纤维数量较少。纤维数量较多则分布相对均匀,纤维数量较少则分布相对不均匀。所以,纤网面密度变异系数随着纤维变细而减小。此外,图 4-26 显示了随着气流压强增大,孔径下降。细纤维更易在纤网中产生小孔隙,粗纤维则易产生大的孔隙。相对于大孔隙,小孔隙更易分布均匀,这是导致纤网面密度变异系数减小的另一个原因。

2.2.3 模头温度对纤维聚集形态结构的影响

在图 4-27 显示的模拟结果中,当模头温度低于 310 ℃时,面密度变异系数随着温度提高缓慢下降。这意味着纤网随着模头温度升高而逐渐变得均匀。但是当模头温度超过 310 ℃时,面密度变异系数则略微上升,此时纤网的均匀性随着温度升高而逐渐变差。

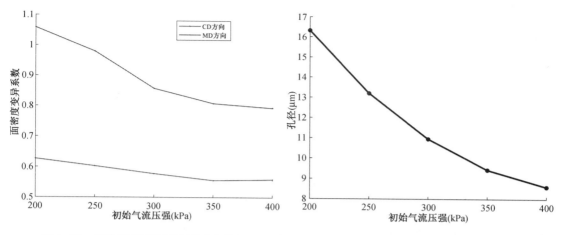

图 4-25　初始气流压强对面密度的影响　　　　图 4-26　初始气流压强对孔径的影响

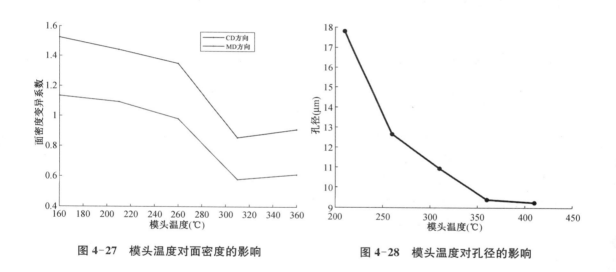

图 4-27　模头温度对面密度的影响　　　　图 4-28　模头温度对孔径的影响

模头温度对孔径的影响则是,温度越高,孔径越小(图 4-28)。这主要是由于,随着模头温度升高,气流温度也提高,得到的纤维更细,形成的纤网孔径越小。但随着气流温度逐渐增大至极限,纤维直径和纤网孔径不再减小,所以面密度变异系数不再下降。

2.2.4　聚合物流率对纤维聚集形态结构的影响

图 4-29 展示了模拟的不同聚合物流率条件下面密度变异系数。由于聚合物流率直接影响纤维直径,较高的流率导致纤维直径较大,反之较低的流率导致纤维直径较小。若纤维较粗,则单位面积内纤维数量较少,反之,则纤维数量较多。较少的纤维难以均匀分布,这是导致面密度变异系数上升的一个原因。图 4-30 显示,随着聚合物流率增加,纤维变粗,而粗纤维形成的纤网中会产生大孔隙,相对于小孔隙,大孔隙难以分布均匀,

这是导致面密度变异系数上升的另一个原因。

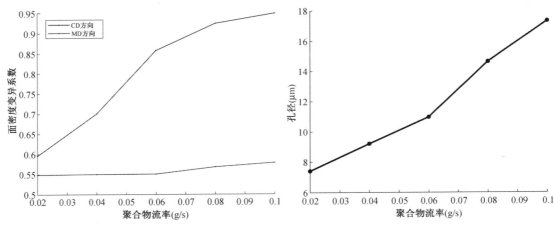

图 4-29　聚合物流率对面密度变异系数的影响　　　　图 4-30　聚合物流率对孔径的影响

2.2.5　网下吸风负压对纤维聚集形态结构的影响

根据图 4-31 和图 4-32 所示的模拟结果,随着网下吸风负压增大,面密度变异系数和孔径均下降,但是其下降速率逐渐变小。即吸风负压对纤网的均匀性有明显改善作用,但当吸风负压增大到一定程度后,改善效果并不明显,这与实验观察情况一致。网下吸风的主要作用是将纤维"固着"在成网帘上而不会乱飞。较大的吸风负压使得纤维难以运动到成网帘的边缘,因此纤维在成网帘上的分布较为集中,纤网面密度变异系数减小,变得较厚,平均孔径增加,均匀性得到改善。当吸风负压足够大时,大部分纤维已完全固着在成网帘上,继续增大吸风速度,其效用有限。

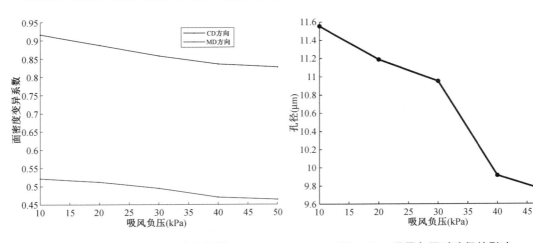

图 4-31　吸风负压对面密度的影响　　　　　图 4-32　吸风负压对孔径的影响

2.2.6　铺网速度对纤维聚集形态结构的影响

铺网速度能明显改善纤网的厚度,铺网速度越快,纤网越薄。当铺网速度较快时,由于铺网机运行沿着 MD 方向,故而纤网沿 CD 方向的面密度变异系数改善有限。此外,这也与纤网 CD 方向的均匀性较差有关。

如图 4-33 至图 4-35 所示,MD 方向的面密度变异系数随着铺网速度增大而下降,意味着 MD 方向的纤网均匀性得到改善。据实验观察,铺网时,熔喷纤维在纤网的 MD 方向更易被"拉长",这导致 MD 方向的均匀性大幅提升,而 CD 方向受到的影响较小。由于纤维沿 MD 方向被拉长,因此纤维以沿 MD 方向排列为主(即 90°),且铺网速度越大,平均取向度越趋近于 90°。此外,铺网速度越快,纤维集合体越薄,孔径越大;反之,纤维集合体越厚,孔径越小。

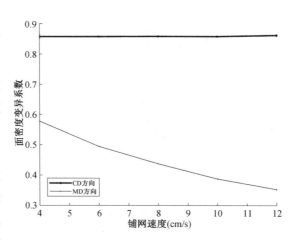

图 4-33　铺网速度对面密度的影响

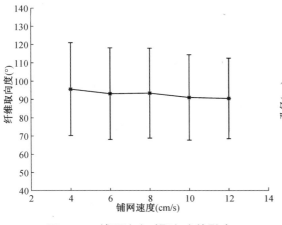

图 4-34　铺网速度对取向度的影响

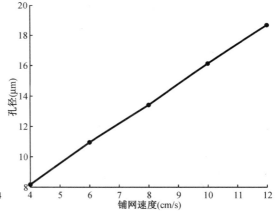

图 4-35　铺网速度对孔径的影响

3　黏弹材料在高速气流中的剪切形变理论

上一节提出的理论建立在黏弹材料在高速气流中受到拉伸作用的假设上。但是,也有学者提出,黏弹材料在高速气流中受到的是剪切作用。他们指出纤维在气流场中被认为是圆柱体,为了简化计算等方面的原因,只考虑熔体细流的外在形态因素,如熔体直径的变化,而涉及熔体其他性能的参数被忽略了。这样,熔体细化成纤维的机理简单地被看成由拉伸作用导致,熔体和空气之间的作用力被简化成拉伸力。如果将拉伸作用改变为剪切作用,则可以解释更多的实验现象,特别是纤维表观结构的变化。

3.1 熔体流场方程的建立

首先对熔喷工艺中高速气流和熔体之间的相互作用做进一步分析。图 4-36 展示了气流、熔体和它们的相对位置。由图 4-36(a)可以比较容易看出,高速气流围绕着高聚物熔体细流并冲击熔体细流。它们之间的相互作用发生在射流和熔体细流的接触面上,即高速空气射流施加给熔体细流的力作用在熔体细流的周围表面层上。表面层受到射流拖曳作用后,运动速度迅速增加,表层快速运动将拖曳并带动次表层快速运动。如此,高速空气射流施加给熔体表层的拖曳作用力和速度由熔体细流本身逐渐传递到中心。经过一段时间后,在横截面上,熔体细流各点速度形成一定的分布。

为了方便建立方程,先做一个假设,将高速气流与熔体细流之间的相互作用形式看成快速移动板对熔体细流的相互作用[图 4-36(b)],即拖曳作用。这样,即可将 Couette 流动原理引入,用来表征熔体细流的剪切流场特征。

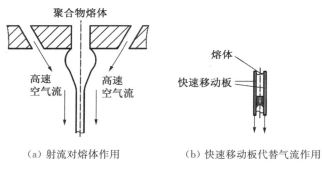

（a）射流对熔体作用　　　　（b）快速移动板代替气流作用

图 4-36　气流和熔体相互作用

为了进一步介绍方程的建立过程,需要选择一个熔体细流控制体。选择过程如下:

首先,将正在变细的熔体沿纵向分成许多微小的圆柱片段,任取其中一个圆柱片段,将该圆柱的纵截面(矩形平面)作为控制体,建立如图 4-37 所示的坐标系。控制体的长度为 d_z,宽度为熔体直径 d,v_{fz} 为控制体内任意一点速度的 z 方向分量。假定控制体周围的空气速度为 v_{az}。

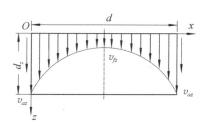

图 4-37　控制体和坐标系

为了方便方程的建立和求解,做下列假设:

(1) 熔体细流在细化过程中保持连续,没有断裂现象发生;

(2) 在熔体细流的细化过程中,熔体的密度和黏度不随温度变化;

（3）熔体细流的表面速度和快速移动板的移动速度相等；

（4）忽略重力。

关于熔喷工艺中熔体剪切流场的动量方程和连续性方程建立过程如下：

3.1.1 动量方程

控制体的应变张量 ∇_{zy} 和 ∇_{yz} 为：

$$\nabla_{zy} = \nabla_{yz} = \frac{\partial v_{fz}}{\partial y} \quad \text{（其他项都为零）} \tag{4-71}$$

控制体的应力张量 τ_{xy} 和 τ_{yx} 为：

$$\tau_{zy} = \tau_{yz} = \eta_f \frac{\partial v_{fz}}{\partial y} \quad \text{（其他项都为零）} \tag{4-72}$$

根据 Navier-Stokes 方程，动量方程如下：

z 轴方向：

$$\rho_f \frac{\partial v_{fz}}{\partial t} = -\frac{\partial p}{\partial z} + \frac{\partial \tau_{yz}}{\partial y} \tag{4-73}$$

y 轴方向：

$$0 = -\frac{\partial p_f}{\partial y} \tag{4-74}$$

假定沿 z 轴方向没有压力变化，所以：

$$\frac{\partial p_f}{\partial z} = 0 \tag{4-75}$$

将式（4-75）代入式（4-73），得到：

$$\rho \frac{\partial v_{fz}}{\partial t} = \frac{\partial \tau_{yz}}{\partial y} \tag{4-76}$$

将式（4-72）代入式（4-76），得：

$$\rho_f \frac{\partial v_{fz}}{\partial t} = \eta_f \frac{\partial^2 v_{fz}}{\partial z^2} \tag{4-77}$$

式（4-77）即控制体的动量方程。

3.1.2 连续方程

$$Q = \frac{\pi}{4} \bar{v}_{fz} d^2 \tag{4-78}$$

其中:Q 为熔体体积流率;$\bar{v}_{fz}$ 为控制体内各位置的平均速率。

$$\bar{v}_{fz} = \frac{1}{d_f} \int_0^d v_{fz} \mathrm{d}y \tag{4-79}$$

上述理论的初始条件和边界条件:

$$v_{fz}(y, 0) = \varphi(y), \quad 0 \leqslant y \leqslant d \tag{4-80}$$

$$v_{fz}(0, t) = v_{az}, \; v_{fz}(d, t) = v_{az}, \quad t \geqslant 0 \tag{4-81}$$

3.1.3　动量方程的数值解

通过选择动量方程即式(4-77)中参数的适当数值,运用 Matlab 软件求解动量方程,得到的数值解如图 4-38 所示。

图 4-38 中,u 轴为速度轴,表示速度值;y 轴为宽度轴,表示熔体直径数值;t 轴为时间轴,表示时间变化。

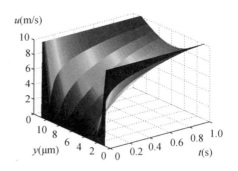

图 4-38　动量方程即式(4-77)的数值解

3.1.4　方程解的分析

用解析法求解控制体的动量方程即式(4-77),先根据边界条件即式(4-80)和式(4-81),齐次化偏微分方程的边界条件,再求解方程得到:

$$v_{fz}(y, t) = v_{az} + \sum_{n=1}^{\infty} C_m \mathrm{e}^{-\frac{n^2 \pi^2 \eta_f^2}{\rho_f^2 d^2} t} \sin \frac{n \pi y}{d} \tag{4-82}$$

其中:

$$C_m = -\frac{2}{d} \int_0^d \varphi(y) \sin \frac{n \pi \xi}{d} \mathrm{d}\xi, \quad n = 1, 2, \cdots \tag{4-83}$$

式(4-82)即动量方程的解。

将动量方程的解方程即式(4-82)的两边分别对 y 求偏导数,得到熔体的切变速率关系式:

$$\frac{\partial v_{fz}(y, t)}{\partial y} = \sum_{n=1}^{\infty} \frac{n \pi}{d} C_m \mathrm{e}^{-\frac{n^2 \pi^2 \eta_f^2}{\rho_f^2 d^2} t} \cos \frac{n \pi y}{d} - \sum_{n=1}^{\infty} \frac{2}{d} \mathrm{e}^{-\frac{n^2 \pi^2 \eta_f^2}{\rho_f^2 d^2} t} \sin \frac{n \pi y}{d} \int_0^d \varphi'(y) \sin \frac{n \pi \xi}{d} \mathrm{d}\xi$$

$$\tag{4-84}$$

剪切流场内部速度分布轮廓线呈近似反抛物线形,其中速度最大值分布在控制体的两侧而最小值分布在中央。这个结论和 Yao 等[42]的研究结果一致。然后,反抛物线的

形状随着时间 t 的增加而逐渐变化,即抛物线的中心速度逐渐增加,其值逐渐靠近两侧的速度,曲线的弯曲程度由大变小。因此,控制体的平均速度 $\bar{v}_{fz}$ 随着时间 t 的增加而逐渐增加。最后,当时间趋向于无穷大时,剪切流场变成平行流场,即所谓的拉伸流场,控制体内部的速度值都相等,都等于两侧的分速度值。在熔喷工艺中,熔体细流的直径沿 z 轴方向逐渐减小,结合动量方程和连续方程进行分析,可以推论出控制体内速度分布轮廓线,除了随着时间变化其弯曲程度变小之外,还将发生 y 轴方向的尺寸收缩变小现象。将这个结论用于描绘正在细化的熔体细流在纵截面内流动速度场分布状况,得到熔喷工艺中熔体内部流场分布规律(图 4-39),即正在变细的熔体细流纵截面速度场轮廓线呈一系列类似反抛物线,在熔体直径较大的区段,速度场轮廓线中心处的速度值和两侧的速度值相差较大,轮廓线弯曲程度较大;在熔体直径较小的区段,速度场轮廓线中心处的速度值和两侧的速度值相差较小,轮廓线弯曲程度较小;熔体的平均速度逐渐增大,在熔体直径较大的区段,熔体的平均速度较小,而在熔体直径较小的区段,熔体的平均速度较大。具体大小顺序如式(4-85)～式(4-87)所示。这个熔体内部流场规律与分裂纺丝中熔体细流内部流场速度分布轮廓线相似。

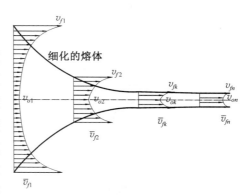

v_{fk} —表面速度;v_{ok} —中心速度;
$\bar{v}_{fk}$ —横截面平均速度

图 4-39 纵截面上熔体内部速度分布

表面速度:

$$v_{f1} \geqslant v_{f2} \geqslant \cdots \geqslant v_{fk} \geqslant \cdots \geqslant v_{fn} \qquad (4-85)$$

中心速度:

$$v_{o1} \leqslant v_{o2} \leqslant \cdots \leqslant v_{ok} \leqslant \cdots \leqslant v_{on} \qquad (4-86)$$

横截面平均速度:

$$\bar{v}_{f1} \leqslant \bar{v}_{f2} \leqslant \cdots \leqslant \bar{v}_{fk} \leqslant \cdots \leqslant \bar{v}_{fn} \qquad (4-87)$$

3.1.5 流场的速度分布

为了描述熔体在细化成纤过程中内部剪切流场的规律,下面用剪切流场中的速度等值线表述:

3.1.5.1 纵向

首先,需要将剪切流场中速度等值线描绘出来,速度等值线的绘制原则和过程如下:

以正在细化的熔体纵截面上速度分布(图 4-40)为基础,根据流场沿轴线的对称性,取上半部分,在上半部分中将某一速度相等的点用线段逐一连接起来,则形成如图 4-40

（a）上半部分中某一速度值的等值线。由动量方程的解析解［式（4-82）］或数值解（图4-39）可知，正在细化的熔体内部流场速度分布规律是，无论是沿着熔体的径向还是熔体的轴向，速度分布都呈非线性变化，而不是线性变化，所以，这根速度等值线不是直线，而是略带弯曲的曲线，而且它和熔体轴线不是近似平行，而是和熔体轴线形成一个较小的夹角。按同样的方法，将不同速度的等值线绘制出来，形成一系列略带弯曲的速度等值线簇，速度等值线之间互不相交。如果假定相邻两条速度等值线之间速度差值相等，那么整个纵截面的上半部分速度等值线，连同下半部分对称的速度等值线如图4-40（b）所示。

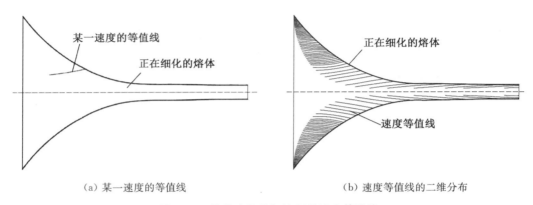

（a）某一速度的等值线 　　　　（b）速度等值线的二维分布

图 4-40　熔体内部剪切流场的速度等值线

图4-40（b）为熔体在纵截面上速度等值线的二维分布示意图。由图4-40（b）可知，纵截面上的速度等值线不是一系列直线，而是一系列曲线，等值线上各点的切线方向和该点的速度矢量方向形成一个较小角度。整个流场的速度等值线关于熔体中心线对称分布，上半部分的速度等值线和下半部分对称的等值线构成一系列类似反"V"字形条纹。

3.1.5.2　横向

通过分析图4-40可知，首先，速度分布轮廓线关于熔体细流轴线对称，分析其中一半的速度分布规律，就可以知道全部的速度分布规律；其次，在熔体细流的同一横截面上，半径值相同的点，其切变速率相同，因此可以推知熔体横截面上一定存在环形切变速率分布的等高线；最后，切变速率值存在沿熔体径向的分布梯度，随着半径值增大而增加，在熔体细流中心取得最小值（为零），而在熔体表面取得最大值。根据上述分析，将熔体横截面上的速度等值线画出，如果相邻两条等值线之间速度差值相同，则熔体横截面上速度等值线分布如图4-41所示。由此图可以看出，熔体横截面上的速度等值线呈一系列环形线（或

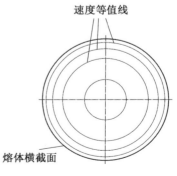

图 4-41　熔喷工艺中熔体横截面上速度等值线

圆周线），等值线密度随着半径值增大而增加，在熔体中心，等值线密度最小，在靠近熔体边缘位置，等值线密度最大。

3.1.5.3 速度场三维等值线分布

综合速度场的纵向和横向等值线分布规律，可以推出速度场三维等值线分布，如图4-42所示。从图4-42可以看出，熔体横截面上速度等值线分布呈一系列圆形线，而熔体纵截面上速度等值线分布呈一系列反"V"字形条纹线。通过分析，可以得到整个剪切流场中不同位置速度等值线的密度分布规律：沿熔体轴向，在靠近喷丝孔处（即熔体直径变化率较大处）的速度等值线密度大于距离喷丝孔较远处（即熔体直径变化率较小处）的速度等值线密度；沿熔体径向，熔体表面附近（即切变速率较大处）的速度等值线密度大于中心处（即切变速率较小处）的速度等值线密度。这种速度等值线分布规律表示，熔体在细化过程中，中心速度沿径向的梯度小，而表层速度沿径向的梯度大；开始细化时，速度沿轴向的梯度大，而在拉伸细化快结束时，速度沿轴向的梯度减小。

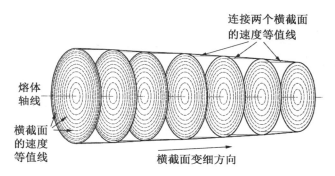

连接两个横截面的速度等值线

熔体轴线

横截面的速度等值线

横截面变细方向

图4-42　熔体内部剪切流场的速度等值线三维分布

一般常识是，在纯剪切流场即图4-43（a）中，速度等值线即图4-43（b）是一系列直线，速度等值线平行于其上每点的速度方向。其等值线密度分布规律是：沿管道轴向，速度等值线密度几乎不变；沿管道径向，速度等值线密度随着半径逐渐增大而增大，中心处的速度等值线密度最小，而管道壁处的速度等值线密度最大。由于管道轴向没有速度梯度，所以这个方向上不会出现流体横截面直径变化现象，即管道剪切流场不能拉伸细化管道流熔体。

在纯拉伸流场即图4-44（a）中，速度等值线即图4-44（b）也是一系列直线，等值线垂直于其上每点的速度方向。其等值线密度分布规律是：沿熔体径向，速度等值线密度几乎不变；沿熔体轴向，速度等值线密度沿着熔体细化方向逐渐变小。由于熔体轴向存在速度梯度，所以这个方向上出现熔体因拉伸而直径逐渐变小现象。速度梯度越大，熔体直径变小程度越大，即熔体细化程度也越大。因此，从速度等值线分布特征可以看出，熔喷剪切流场是介于纯剪切流场和纯拉伸流场之间的一种流场，更接近纯剪切流场规律。

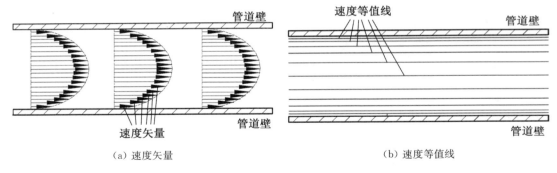

（a）速度矢量   （b）速度等值线

图 4-43　管道流场的速度矢量和速度等值线

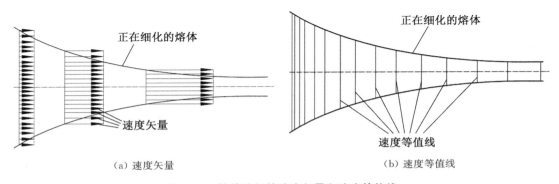

（a）速度矢量   （b）速度等值线

图 4-44　拉伸流场的速度矢量和速度等值线

3.2　实验验证

为了验证熔体细化过程中的速度分布规律,需要进行熔喷工艺实验和熔喷纤维测定实验。由于直接测定熔体细化过程中的速度分布规律比较困难,只能通过间接测定方法,即对该速度分布规律产生的直接结果进行测定验证,从而间接验证速度分布规律。先对该速度分布规律结论做进一步的推演,使推演出来的现象或结果能够被熔喷实验证实。

根据相关文献[43-44]可知,在熔体流动时,剪切速度能够有效增加熔体的动力学结晶,所以剪切速度的分布可以直接影响熔体结晶微区的分布。同时,剪切速度也直接影响聚合物熔体大分子的伸直度和取向度。如果将熔体内部大分子的动力学结晶、大分子伸直度和大分子取向度统称为熔体内部微观结构,那么可以得到,在熔体流动时,剪切速度能够影响或决定聚合物熔体的微观结构的分布。根据这个结论,可以进一步推出,在熔体横截面上,剪切速度的分布规律可能和熔体微观结构的分布规律相同,即在同一横截面上,剪切速率相等点的地方,其微观结构参数(结晶度、伸直度或取向度)的值也相同。因此,根据剪切速度等值线分布(图 4-42)可以推论得到该横截面上的微观结构分布规律,如图4-45所示。即熔喷工艺纤维的横截面上存在和速度等值线相似的环形微观结构参数等值线,也存在沿径向的微观结构分布梯度,而且等值线密度在纤维中心处最小,在靠近纤维表面处最大。同理,在熔体纵截面上,熔体微观结构分布呈一系列类似反"V"字形条纹。

在通常情况下,并没有观测到熔喷工艺纤维横截面上存在环形微观结构和纵截面上存在反"V"字形微观结构分布现象,主要原因可能是传统熔喷工艺条件弱化或消除了微观结构梯度现象。通过分析认为,能够消除这种微观结构梯度现象的传统熔喷工艺条件主要有两个。一是传统的纤维接收网帘。在熔喷工艺中,高温高速空

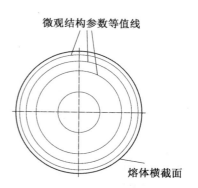

图4-45　熔喷工艺中熔体横截面上微观结构

气射流快速冲击高温熔体细流,对细流形成快速拉伸作用力。当高温熔体细流固化成超细纤维,就凝聚在接收网帘上。这时纤维的温度仍然很高,远远高于熔体的熔点或玻璃化温度。在该高温条件下,纤维内部的大分子热运动非常剧烈,大分子解伸直、解取向和解结晶运动会发生。这种热运动会大大减弱熔体细流被拉伸细化时大分子伸直、取向和诱导结晶程度,使许多大分子链或链段伸直形状被破坏,恢复到屈曲状态;许多大分子的取向被瓦解,回到杂乱取向状态;许多微区的诱导结晶区被解结晶,重新回到比较无序杂乱的排列状态。二是接收网帘上纤维的无张力状态。在熔喷工艺中,当超细纤维被收集在成网帘上时,其温度还很高,几乎处于无张力状态。熔体细流就是在这种无张力状态下逐渐固化成纤的。无张力作用的固化使得大分子解伸直、解取向和解结晶更加容易进行,进而使剪切流动对熔体内部大分子及其排列产生的有限程度的、局部的有序状态更容易回复到杂乱的无序状态。如果想观测到这种微观结构梯度现象,需要设计特殊的熔喷工艺条件——快速冷却工艺条件。在快速冷却工艺条件下,上述两种情况几乎不会发生,剪切流动是唯一影响熔体内部微观结构(大分子伸直、取向和结晶)的因素,并且大分子的伸直、取向和结晶状态能够在纤维固化成形后被保留下来。

为了验证上述关于熔喷纤维内部存在纵横截面上的反"V"字形和环形微观结构分布的推论,设计快速冷却工艺条件并且进行相关的熔喷实验。

3.2.1　熔喷实验

熔喷实验包括快速冷却工艺条件的熔喷实验和传统工艺条件的熔喷实验。快速冷却工艺条件的熔喷实验的目的是证实快速冷却工艺条件下熔喷纤维在纵横截面上的反"V"字形和环形微观结构分布现象。传统工艺条件的熔喷实验的目的是对比快速冷却工艺条件的熔喷实验,让快速冷却工艺条件的熔喷实验结果更加清晰。

3.2.1.1　实验装置

熔喷实验装置采用F-6D型熔喷实验机,参见前文图4-4所示。

3.2.1.2 实验原料

熔喷实验使用的原料是聚丙烯(PP)切片,其熔融指数为1 500。

3.2.1.3 实验条件设计

为了用实验证实熔喷纤维截面上存在微观结构分布现象,需要设计快速冷却工艺条件。快速冷却工艺条件的熔喷实验设计如下:

(1)采用常温空气(未加热)代替传统高温空气。传统熔喷工艺中采用高温空气射流对熔体细流进行拉伸细化。Shambaugh团队的研究[45]表明,高温空气和高温熔体接触时会发生氧化反应,使熔体形成有分子量差异的皮芯结构。为了避免这种情况对熔体结晶度分布的影响,采用低温空气射流,即常温未加热空气。但是在熔喷实验中,熔喷模头温度较高,使得未加热的空气射流在通过双槽气缝后其温度有些升高,所以实际拉伸高温熔体的空气射流温度比室温稍高。因为实际熔喷装置设备条件的限制,没有测定实际空气射流温度。

(2)采用冷水水面代替传统接收网帘。

传统熔喷工艺采用的接收装置是网帘。熔喷纤维凝聚在接收网帘上时,温度较高,几乎没有受到张力作用。大分子热运动会削弱剪切流场对熔体细流内部微观结构的影响。用冷水水面接收纤维的主要目的是快速降温纤维,减少纤维在接收网帘上因高温无张力状态而发生的大分子解伸直、解取向和解结晶运动,使熔喷工艺中由剪切流场形成的纤维内部微观结构得到快速固化而保存下来,以便通过测试仪器进行观测。

熔喷实验的工艺条件见表4-2。

表4-2 熔喷实验的工艺条件

实验类型	模头组合件温度(℃)	螺杆挤出机温度(℃)			空气温度(℃)	熔体流量(mL/min)	空气压力(atm)	接收方式
		一区	二区	三区				
快速冷却熔喷实验	260	260	260	200	常温	6.5	4	冷水水面
常规熔喷实验	260	260	260	200	200	6.5	4	网帘

3.2.1.4 实验过程

先进行快速冷却工艺条件的熔喷实验,然后再进行传统工艺条件的熔喷实验。因为F-6D型熔喷实验机的空气加热器需要的加热时间长,从较高温度降到室温需要的时间更长。

(1)快速冷却工艺条件的熔喷实验。

首先,开机。先打开控制电源开关,再打开加热电源开关。将相应仪表的示数调整到需要的数据,如螺杆挤出机的三个加热区的温度都调节到260℃,空气加热器的温度设定为0(表示采用未加热室温空气),熔体流量计的流量设定为 6.5 mL/min。于是,熔喷实验装置开始预热,螺杆挤出机和熔喷模头组合件开始加热升温。

一段时间后,当所有加热部位全部达到设定温度时,"恒温过程"指示灯点亮;再恒温20 min,"恒温过程"指示灯熄灭,"恒温结束"指示灯点亮,可以启动计量泵进行实验。

其次,实验。将冷水水面接收装置置于熔喷模头下方,其距离可按实际情况调整,以空气射流冲击冷水水面并且不将水吹起而溅出容器为准。将 PP 切片喂入螺杆挤出料斗,打开空气和熔体流量计开关,进行熔喷实验,开始纺丝。

待熔喷实验装置正常纺丝时,将水面接收的熔喷纤维收集起来,准备用于下一步测试实验。当收集纤维量达到预定要求时,就准备停止实验。

关闭空气和熔体流量计开关。快速冷却工艺条件的熔喷实验完毕。

(2)传统工艺条件的熔喷实验。

打开空气加热器控制开关,将温度设定为 200 ℃,等待加热器升温。等空气加热器温度达到设定温度时,打开空气和熔体流量计开关,进行熔喷实验,开始纺丝。待熔喷实验装置正常纺丝时,用接收网帘接收纤维。当收集纤维量达到预定要求时,就准备停止实验。关闭空气和熔体流量计开关。常规工艺条件的熔喷实验完毕。

3.2.1.5　熔喷纤维测定

纤维纵向测定主要验证反"V"字形微观结构,适用仪器包括扫描电镜、光学显微镜、偏光显微镜;纤维横截面测定主要验证环形微观结构,主要采用光学显微镜。为便于观察分析,将熔融纺丝工艺纤维、纺黏工艺纤维和传统熔喷工艺纤维做对比。扫描电镜是场发射扫描电镜,型号为 FE-SEM S-4800。光学显微镜即纤维检测系统,由一台光学显微镜连接一台计算机构成,其型号为 YG002C。偏光显微镜也是由一台偏光显微镜连接一台计算机而构成,其型号是 DM750P。

3.2.2　实验结果与讨论

3.2.2.1　纤维纵向测定结果

图 4-46 为四种纤维的场发射扫描电镜照片,其中(a)、(b)、(c)、(d)分别对应熔融纺丝工艺、纺黏纺丝工艺、传统条件的熔喷工艺和快速冷却条件的熔喷工艺。可以看出,四种纤维直径不完全相同,表面都比较光滑。快速冷却条件的熔喷纤维表面光滑,说明剪切流场下熔体细化过程不会影响最终纤维的表面光滑程度。

图 4-47 为四种纤维的光学显微镜照片,其中(a)、(b)、(c)、(d)分别对应熔融纺丝工艺、纺黏纺丝工艺、传统条件的熔喷工艺和快速冷却条件的熔喷工艺。可以看出,熔融纺丝工艺、纺黏纺丝工艺、传统条件的熔喷工艺得到的纤维光在学显微镜下呈现表面光滑和亮度均匀等相似的外观特征;而快速冷却条件的熔喷工艺得到的纤维具有新奇的表观形态,表面亮度不均匀,似有条纹,而且条纹基本关于轴线对称,看起来似反"V"字形。

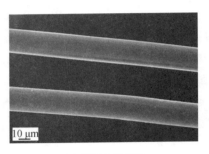

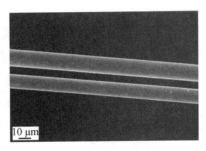

（a）熔融纺丝工艺　　　　　　　　　　　　（b）纺黏纺丝工艺

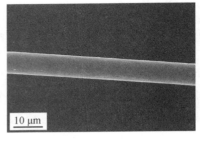

（c）传统条件的熔喷工艺　　　　　　　　　（d）快速冷却条件的熔喷工艺

图 4-46　四种纤维的场发射扫描电镜照片

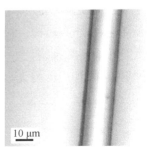

（a）熔融纺丝工艺　　　　　　　　　　　　（b）纺黏纺丝工艺

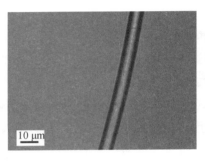

（c）传统条件的熔喷工艺　　　　　　　　　（d）快速冷却条件的熔喷工艺

图 4-47　四种纤维的光学显微镜照片

图 4-48 为四种纤维的偏光显微镜照片,其中(a)、(b)、(c)、(d)分别对应熔融纺丝工艺、纺黏纺丝工艺、传统条件的熔喷工艺和快速冷却条件的熔喷工艺。可以看出,熔融纺丝工艺、纺黏纺丝工艺和传统条件的熔喷工艺制得的纤维都具有均匀的亮度,而快速冷却条件的熔喷工艺得到的纤维也有新奇的形态,与图 4-47(d)相似,表面亮度偏深且不均匀,类似条纹,看起来也似反"V"字形。

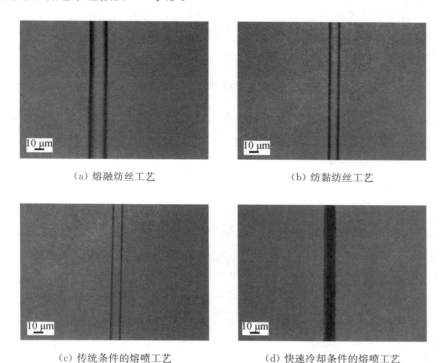

(a) 熔融纺丝工艺　　　　　　　　　　　(b) 纺黏纺丝工艺

(c) 传统条件的熔喷工艺　　　　　　　　(d) 快速冷却条件的熔喷工艺

图 4-48　四种纤维的偏光显微镜照片

结合图 4-46、图 4-47、图 4-48 可知,快速冷却条件的熔喷工艺纤维与其他三种纤维的扫描电镜结果相似,纤维表面都比较光滑,但是其光学显微镜和偏光显微镜的观察结果有明显不同,出现与熔体纵截面上速度等值线的二维分布相似的反"V"字形条纹,参见图 4-40(b)。光学显微镜和偏光显微镜观察结果是光透过纤维后的成像,既然纤维表面光滑,那么反"V"字形条纹显然是快速冷却条件的熔喷工艺纤维内部微观结构的一种反映,说明纤维内部存在类似反"V"字形条纹的微观结构。

3.2.2.2　纤维横截面测定结果

图 4-49 为两种工艺条件下熔喷纤维横截面的光学显微镜照片,其中(a)和(b)分别对应传统工艺条件和快速冷却工艺条件。

由图 4-49(a)可以看到,传统工艺条件下熔喷纤维的横截面具有两方面的特点。一方面,纤维粗细不一,直径呈分散性。另一方面,每根纤维横截面上的光学亮度基本一致。显然,在传统熔喷工艺中,纤维直径的分散性是一个基本特征。每根纤维横截面上的

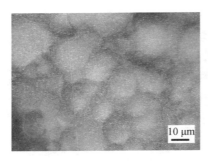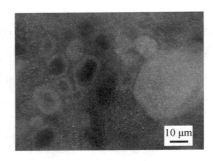

（a）传统工艺条件　　　　　　　　　　（b）快速冷却工艺条件

图 4-49　两种工艺条件下熔喷纤维横截面的光学显微镜照片

亮度一致说明纤维内部微观结构在横截面上基本均匀分布。这也是熔喷工艺中的常识性现象。由图 4-49（b）可以看到,快速冷却工艺条件下熔喷纤维的横截面也具有两方面的特征。一方面,纤维的直径呈分散性,和图 4-49（a）一样。另一方面,每根纤维横截面上的光学亮度和图 4-49（a）有很大的差别。按横截面上的光学亮度特点,图 4-49（b）中的纤维可以分为两类。一类纤维横截面上的亮度一致,和图 4-49（a）中的纤维相似。这类纤维的数量只占纤维总数量的很少一部分。另一类纤维横截面上的亮度不一致,和图 4-49（a）中的纤维完全不同,相对于传统工艺条件下的熔喷纤维,属于新型纤维。这类纤维的数量占纤维总数量的绝大部分,其光学亮度的主要特点是,同一根纤维的横截面上同时存在明亮部分和黑暗部分,黑暗部分位于横截面的中心,明亮部分位于横截面的周围,呈环状。两个部分的面积比例各不相同。纤维横截面的中心和周围黑白分布不同的形式说明纤维微观结构存在中心和周围的差异,这种微观结构梯度形式和理论上关于纤维横截面存在微观结构梯度的推断基本符合。

熔喷实验和纤维测定结果表明,快速冷却工艺条件下熔喷纤维的纵截面上存在反"V"字形微观结构分布现象,横截面上存在环形微观结构分布现象。这证明了熔喷工艺中关于聚合物熔体剪切流场的假设正确,关于表征剪切流场的理论方程正确。

4　本章小结

主要对纤维和纤网成形机理进行梳理,随后基于球链模型对纤维和纤网的各物理量进行预测,并分析了工况条件对纤维及其集合体的结构的影响。模型在阐述纤维在气流场和成网帘上的动力学问题基础上,能很好地模拟出纤维及其集合体的结构参数。虽然,熔喷纤维与纤网成形机理的研究已经日趋成熟,模型不仅可以模拟纤维的各类物理量,还可以模拟纤网的形态结构。然而,当前的模拟大多局限于单喷丝孔纺丝,很少有涉及多喷丝孔纺丝的。这主要是由于多喷丝孔纺丝时,纤维容易相互接触,而理论上还没有对这种接触机制做出解释。另一方面,对纤网结构的模拟还局限于二维结构,而无法模拟纤网的三维结构,这导致模拟计算得到的结构参数与实验结果仍有差异。

此外,以剪切作用为假设,建立相应剪切流场动量方程和连续性方程。然后用解析方法和数值方法求解动量方程,对两种求解结果进行分析,得到相应剪切流场速度分布规律。为了使该剪切流场速度分布规律可以被实验证实,对该规律做了进一步推演,得到快速冷却工艺条件下熔喷纤维纵截面上存在反"V"字形微观结构分布现象,横截面上存在环形微观结构分布现象。最后,进行了熔喷实验(包括传统工艺条件和快速冷却工艺条件)和纤维测试实验,结果表明,快速冷却工艺条件下熔喷纤维的纵截面上存在反"V"字形微观结构分布现象,横截面上存在环形微观结构分布现象。这证实了熔喷工艺中熔体细化成纤流场可能是剪切流场。

符号标识

A:纤维的横截面积

v_{fz}:纤维沿 z 方向的运动速度

Q:聚合物流率

d:纤维直径

τ^{zz}、τ^{xx}:外应力在 x 和 z 方向的分量

ρ_a:气流密度

ρ_f:熔体密度

v_r:气流与纤维的相对速度

g:重力加速度

j:与拉伸力方向有关的参数

h:对流传热系数

T_f:纤维温度

T_a:空气温度

C_{pf}:纤维比热容

C_f:摩擦阻力系数

C_p:压差阻力系数

K:高熔体流速下应力渗透(stress saturation)有关的参数

β、n_b:固定系数

Re:空气雷诺数

Re_{dt}:与熔体轴向速度有关的聚合物熔体雷诺数

Re_{dn}:与熔体径向速度有关的聚合物熔体雷诺数

μ_a:空气黏度

η_f：聚合物剪切黏度

η_X：结晶相关的黏度

λ：聚合物应力松弛时间

n_s：剪切变稀系数

G：聚合物剪切模量

E：聚合物弹性模量

ρ_{am}：纤维非定形区密度

ρ_c：晶区密度

X：聚合物结晶度

η_0：经验系数

E_a：活化自由能

X^*：纤维固化时的结晶度

n：幂律指数

F_s：表面张力

Δh：单位质量的结晶热

$\boldsymbol{P}$：内应力张量

P_f：熔体压力

$\boldsymbol{D}$：形变速率张量

l：纤维段的长度

d_m：纤维平均直径

ψ：纤维轴与 $\boldsymbol{v}_r$ 的夹角

ψ_x：纤维轴与 x 轴的夹角

$\boldsymbol{f}_n$：垂直于纤维轴向的单位矢量

$\boldsymbol{f}_t$：纤维轴向的单位矢量

$\boldsymbol{F}_e$：弹性回复力

$\boldsymbol{F}_b$：弯曲回复力

k_e：有关弹性模量的系数

k_b：有关纤维弯曲刚度的系数

Δl_e：纤维段的净拉伸长度

Δl_b：纤维段的净弯曲长度

$\boldsymbol{F}_d$：气流拉伸力

θ：表面张力系数

k_c：相邻纤维段的曲率

$\boldsymbol{q}_\tau$：拉伸力分量

$\boldsymbol{q}_n$：提升力分量

r：纤维长度方向的运动距离

H：纤维径向的运动距离

l_f：单个圈的周长

p_f：圈距

V_f：纱线下落速度

V_c：传送带的移动速度

i：球的序号

N：整个系统中的球总数

$\rho_{f,am}$：无定形区的密度

$\rho_{f,c}$：晶区的密度

K_B：玻尔兹曼常量

η_{melt}：聚合物参考黏度

μ_{a0}：空气在 1 个大气压下，温度为 T_{a0} 时的黏性系数

T_s：苏士南常数

λ_{melt}：参考应力松弛时间

X_∞：聚合物最大结晶度

C_n：有关结晶速度的系数

M：结晶线性增长速率

Nq：静态条件下活化晶核数目

$N_{f(s)}$：动态条件下活化晶核数目

ΔT：过冷度

T_∞：聚合物分子无法运动时的温度

T_g：聚合物玻璃化转变温度

T_m：聚合物熔点

R_g：气体常数

U^*：与活化能有关的能量参数

M_0、K_g、C_0：与聚合物物性有关的常数

t_s：纤维从喷丝口至成网帘的运动总时间

N_2：第二法向应力差

n_a：阿弗拉米指数

a_p：压强偏移因子

F_p：压差阻力

F_f：摩擦阻力

T_m^p：被压差阻力影响的纤维熔点

T_g^p：被压差阻力影响的纤维玻璃化温度

C_c：结晶区热容

C_{am}：非晶区热容

S：参与热对流的纤维段的面积

B：物体黑度

C_b：黑体辐射系数

$\boldsymbol{\sigma}$：内应力

$\boldsymbol{F}_{ve}$：黏弹力

$\boldsymbol{r}$：球在空间中的位置

$\overset{\triangledown}{\boldsymbol{\tau}}$：Oldroyd 随体导数

ξ：模型参数

$\boldsymbol{T}$：纤维的拉伸应力张量

$\boldsymbol{I}$：单位张量

a：初始振幅

ω：初始振动频率

M_w：质均相对分子质量

p_x：球 CD 方向的平均位置

p_y：球 MD 方向的平均位置

m_c：灰度矩阵的行数

n_c：灰度矩阵的列数

S_x^2、S_y^2：分布方差

γ_c：相关系数

p：纤维初始扰动振幅的二维正态分布概率

q：标准二维正态分布概率

γ_f：纤维与成网帘之间的摩擦系数

$\boldsymbol{F}_z$：气流产生垂直于成网帘表面的压力

T_c：红外相机的温度读数

$\bar{D}$：平均毛细管等效孔径

Δp：空气通过纤网前后的压力降

h_c：纤网厚度

c：纤维体积与纤网体积之比

模型参数

模型在计算过程中需要使用较多参数和初始值，经过多次模拟，参数和初始值宜采用下列附表中的值：

附表 1　模型参数

参数名称	符号	数值	单位
系统内球总数	N	400	个
质均相对分子质量	M_w	165 000	g/mol
参考质均相对分子质量	$M_{w,ref}$	300 000	g/mol
参考纤维温度	T_{ref}	493	K
黏流活化能	E_a	7.3×10^{-20}	J
玻尔兹曼常数	K_B	1.38×10^{-23}	J/K
参考条件下聚合物熔体黏度	η_{melt}	3 000	Pa·s
固化的聚合物熔体结晶度	X^*	0.1	—
温度为 T_{a0} 时空气的黏性系数	μ_{a0}	1.72×10^{-5}	Pa·s
参考空气温度	T_{a0}	273.16	K
苏士南常数	T_s	124	
聚合物弹性模量	E	28	kPa
表面张力系数	θ	0.7	kg/s^2
参考条件下应力松弛时间	λ_{melt}	0.035	s
聚合物能达到的最大结晶度	X_∞	0.55	—
有关结晶速度的系数	C_n	$4\pi/3$	—
聚合物玻璃化转变温度	T_g	254	K
聚合物熔融温度	T_m	458	K
气体常数	R_g	8.314	J/(mol·K)
—	K_g	5.5×10^5	K^2
—	M_0	283	m/s
—	C_0	10^{-6}	Pa^{-1}·s^{-1}·m^{-3}
能量参数	U^*	6 270	J/mol
阿弗拉米指数	n	3	
—	b	15.1	m^{-3}
—	a	0.156	m^{-3}·K^{-1}
压强偏移因子	α_p	0.3	K/MPa

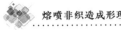

（续表）

参数名称	符号	数值	单位
纤维结晶热	ΔH	146.5	J/g
空气导热率	k_a	0.033 65	—
纤维黑度	B	0.4	—
黑体辐射系数	C_b	5.67	$W/(m^2 \cdot K^4)$
空气密度	ρ_a	1.205	kg/m^3
模型参数	ξ	0.9	

附表 2　模型初始值

参数名称	符号	数值	单位
初始直径	d_0	400	μm
初始长度	l_0	2	mm
初始纤维温度	T_{f0}	583	K
初始纤维结晶度	X_0	0	—
聚合物流率	Q	0.1	m/s
初始纤维速度	v_{f0}	0.06	m/s
初始纤维振频	ω	1×10^{-4}	s^{-1}
初始纤维振幅	A	2×10^{-3}	mm

参考文献

[1] Ziabicki A, Kedzierska K. Mechanical aspects of fibre spinning process in molten polymers — Part II: Stream Broadening after the Exit from the Channel of Spinneret[J]. Kolloid Zeitschrift, 1960, 171(2): 111-119.

[2] Ziabicki A, Kedzierska K. Mechanical aspects of fibre spinning process in molten polymers — Part I: Stream diameter and velocity distribution along the spinning way[J]. Kolloid Zeitschrift, 1960, 171(1): 51-61.

[3] Ziabicki A. Mechanical aspects of fibre spinning process in molten polymers — Part III: Tensile force and stress[J]. Kolloid Zeitschrift, 1961, 175(1): 14-27.

[4] Susumu Kase T M. Studies on melt spinning. I. Fundamental equations on the dynamics of melt spinning[J]. Journal of Polymer Science, 1965, 3(7): 2541-2554.

[5] Matovich M A, Pearson J. Spinning a molten threadline. Steady-state isothermal viscous flows[J]. Industrial & Engineering Chemistry Fundamentals, 1969, 8(3): 512-520.

[6] Denn M M, Christopher J. Petriel S, et al. Mechanics of steady spinning of a viscoelastic liquid [J]. AIChE J, 1975, 21(4): 791-799.

［7］Fisher R J，Denn M M．A theory of isothermal melt spinning and draw resonance[J]．AIChE J，1976，22(2)：236-246．

［8］Gagon D K，Denn M M．Computer simulation of steady polymer melt spinning[J]．Polymer Engineering & Science，1981，21(13)：844-853．

［9］Uyttendaele M A J，Shambaugh R L．Melt blowing：General equation development and experimental verification[J]．AIChE J，1990，36(2)：175-186．

［10］Sinha-Ray S，Yarin A L，Pourdeyhimi B．Meltblowing：I-basic physical mechanisms and threadline model[J]．Journal of Applied Physics，2010，108(3)：21-82．

［11］Yarin A L，Sinha-Ray S，Pourdeyhimi B．Meltblowing：II-linear and nonlinear waves on viscoelastic polymer jets[J]．Journal of Applied Physics，2010，108(3)：1-10．

［12］Zeng Y，Sun Y，Wang X．Numerical approach to modeling fiber motion during melt blowing[J]．Journal of Applied Polymer Science，2011，119(4)：2112-2123．

［13］Sun Y，Zeng Y，Wang X．Three-dimensional model of whipping motion in the processing of microfibers[J]．Industry & Engineering Chemistry Research，2011，50(2)：1099-1109．

［14］Narasimhan K M，Shambaugh R L．The melt blowing of polyolefins．Presented at the 59th Annual Meeting of the Society of Rheology，Atlanta，GA；Society of Rheology：New York，1987．

［15］Ju Y D，Shambaugh R L．Air drag on fine filaments at oblique and normal angles to the air stream [J]．Polymer Engineering & Science，1994，34(12)：958-964．

［16］Rao R S，Shambaugh R L．Vibration and stability in the melt blowing process[J]．Industry & Engineering Chemistry Research．1993，32(12)：3100-3111．

［17］Marla V T，Shambaugh R L．Modeling of the melt blowing performance of slot dies[J]．Industry & Engineering Chemistry Research，2004，43(11)：2789-2797．

［18］Marla V T，Shambaugh R L．Three-dimensional model of the melt-blowing process[J]．Industry & Engineering Chemistry Research，2003，42(26)：6993-7005．

［19］Chund C，Kumar S．Onset of whipping in the melt blowing process[J]．Journal of Non-Newtonian Fluid Mechanics，2013，192：37-47．

［20］Marrucci G，Bird R B，Curtiss C F，et al．Dynamics of polymeric liquids[J]．AIChE J，1989，35(8)：1399-1402．

［21］Yamada N，Sano Y，Nanbu T．The analysis of quenching process in polypropylene melt spinning [J]．Sen'i Gakkaishi，1966，22(5)：197-205．

［22］Bhuvanesh Y C，Gupta V B．Computer simulation of melt spinning of polypropylene fibers using a steady-state model[J]．The Journal of Applied Polymer Science，1995，58(3)：663-674．

［23］Jarecki L，Ziabicki A，Lewandowski Z，et al．Dynamics of air drawing in the melt blowing of nonwovens from isotactic polypropylene by computer modeling[J]．The Journal of Applied Polymer Science，2011，119：53-65．

［24］Jarecki L，Lewandowski Z．Mathematical modelling of the pneumatic melt spinning of isotactic polypropylene．Part III：Computations of the process dynamics[J]．Fibres and Textiles in Eastern Europe，2009，72(1)：75-80．

［25］Ito Y T，Minagawa K，Takimoto J，et al. Simulations of polymer crystallization under higher pressure［J］. Colloid & Polymer Science，1995，273：811-815.

［26］Mott Robert L. Applied Fluid Mechanics［M］. Ohio：Bell & Howell Company，1979.

［27］Shin D M，Lee J S，Jung H W，et al. Analysis of the effect of flow-induced crystallization on the stability of low-speed spinning using the linear stability method［J］. Korea-Australia Rheology Journal，2005，17(2)：63-69.

［28］Arkady C. Analysis and simulation of nonwoven irregularity and nonhomogeneity［J］. Textile Research Journal，1998，68(4)：242-253.

［29］Chhabra R，Shambaugh R L. Probabilistic model development of web structure formation in the melt blowing process［J］. Journal of Engineered Fibers and Fabrics，2004，13(3)：24-34.

［30］Xie S，Zeng Y. Turbulent air flow field and fiber whipping motion in the melt blowing process：Experimental study［J］. Industry & Engineering Chemistry Research. 2012，51(14)：5346-5352.

［31］Bresee R R，Ko W-C. Fiber formation during melt blowing［J］. Journal of Engineered Fibers and Fabrics，2003，12(2)：21-28.

［32］曾跃民，刘丽芳. 基于计算机图象处理的非织造布质量检测与控制技术［J］. 非织造布，2001，9(3)：37-40.

［33］Waichiro T，Kyoko Y，Shigeko A. The coefficients of friction of various fibers by roeder's method［J］. Sen'i Gakkaishi，1985，41：211-220.

［34］Sun G，Yang J，Sun X，et al. Simulation and modeling of microfibrous web formation in melt blowing［J］. Industry & Engineering Chemistry Research，2016，55(18)：5431-5437.

［35］Sun G，Yang J，Xin S，et al. Influence of processing conditions on the basis weight uniformity of melt-blown fibrous webs：Numerical and experimental study［J］. Industry & Engineering Chemistry Research，2018，57(29)：9707-9715.

［36］Sun G，Ruan Y，Wang X，et al. Numerical study of melt-blown fibrous web uniformity based on the fiber dynamics on a collector［J］. Industry & Engineering Chemistry Research，2019，58(51)：23519-23528.

［37］Jarecki L，Ziabicki A. Mathematical modelling of the pneumatic melt spinning of isotactic polypropylene：Part II — Dynamic model of melt blowing［J］. Fibres & Textiles in Eastern Europe，2008，16(70)：17-24.

［38］Breser R R，Qureshi U A. Influence of processing conditions on melt blown web structure. Part 1 — DCD［J］. Journal of Engineered Fibers and Fabrics，2004，13(1)：49-55.

［39］Breser R R，Qureshi A，Pelham M C. Influence of processing conditions on melt blown web structure：Part 2 — Primary airflow rate［J］. Journal of Engineered Fibers and Fabrics，2005，14(2)：11-18.

［40］Breser R R，Qureshi U A. Influence of processing conditions on melt blown web structure. Part III — Water quench［J］. Journal of Engineered Fibers and Fabrics，2005，14(4)：27-35.

［41］Breser R R，Qureshi U A. Influence of process conditions on melt blown web structure. Part IV — Fiber diameter［J］. Journal of Engineered Fibers and Fabrics，2006，1(1)：32-36.

［42］ Yao D G，Wang Y J. Ultra-fine filament yarns made by supersonic jet splitting［J］. National Textile Center Research Briefs，2008：1-3.

［43］ Yu F，Zhang H，Wang Z，et al. Prediction of the flow-induced crystallization in high-density polyethylene by a continuum model［J］. Journal of Polymer Science，2009，47(5)：531-538.

［44］ Daisuke Y，Toshinori K，Tadashi I，et al. Shear-enhanced nucleation of isotactic polypropylene in limited space［J］. Journal of Macromolecular Science Part B-Physics，2006，45(1)：85-103.

［45］ Kelley S L，Shambaugh R L. Sheath-core differences caused by rapid thermoxidation during melt blowing of fibers［J］. Industrial & Engineering Chemistry Research，1998，37(3)：1140-1153.